MATLAB과 응용

김경중 지음

KYOWOOSA
教友社

머 리 말

Matlab을 이용하여 수치적 이론을 구체화 하는 강의를 지난 몇 년간 해 왔습니다. Matlab의 내용을 제대로 익히기 위해서는 1학기 이상의 기간이 필요합니다. 그러나 1학기 내내 Matlab의 구성과 체계만을 집중 탐구하면 Matlab의 장점이 제대로 보이지 않고 다른 프로그램 언어와 큰 차이를 느끼지 못하게 됩니다. 사실 Matlab의 장점은 수치적으로 얻은 결과를 그래프로 보여주는 과정이 다른 컴퓨터 언어와 비교하여 탁월할 정도로 간결하다는 것입니다. 예를 들어, 미분 방정식의 해를 수치적 해법으로 해결할 때 이론적 내용에 따라 Matlab 프로그램을 작성하여 실행하면 수치적 결과를 얻게 됩니다. 이러한 수치적 결과를 얻을 때 특별한 과정이 별도로 필요 없이 몇 개의 명령어를 이용하여 수치적 결과를 완벽하게 그래프로 표현합니다. 그래프에서 나타나는 곡선은 직접적으로 미분 방정식 해의 위치를 표시 합니다. 이 책은 이러한 Matlab의 장점을 빠른 시간 내에 볼 수 있도록 구성되었습니다. 적어도 하나의 컴퓨터 언어를 공부하였고 Advanced Calculus에서 학습하는 상미분 방정식의 해법을 알고 있다면 이 책의 내용을 빠르게 습득할 수 있습니다. 컴퓨터 언어에 처음 입문하는 과학도에게도 Matlab이 어떤 언어인지 이 책의 순서를 따른다면 빠른 습득이 가능 합니다. 상미분 방정식 해법에 대한 이론 이해가 부족한 과학도의 내용 이해를 위하여 기본적인 상미분방정식 해법 이론도 설명하였습니다. 세부적인 내용 구성은 다음과 같습니다.

- **제 1 장** : Matlab의 가장 핵심적인 대상인 배열, 연산자, 프로그램 흐름 제어와 같은 Matlab의 기본성질이 설명되었습니다.
- **제 2 장** : M-파일의 종류, 구조와 생성방법과 명령어를 이용한 그래프 제어에 관한 Matlab의 여러 가지 함수가 소개되었습니다. 또한 전역변수와 함수핸들 사용법에 관해서도 설명되었습니다.

- **제3장** : 고객관리 프로그램, 학생 성적 관리 프로그램과 같은 분야에서 사용될 수 있는 데이터 입력 또는 출력과 관계한 명령어를 설명합니다.
- **제4장** : 1계 상미분 방정식의 수치적 해법으로 Euler Method 가 소개되고 예를 통하여 초기치 상미분 방정식의 해를 Matlab 프로그램으로 구합니다.
- **제5장** : 1계 상미분 방정식의 고차 수치적 해법의 이론적 근거를 설명합니다.
- **제6장** : 초기치 상미분 방정식의 해를 구하는 수치적 해법으로서 Midpoint, Modified Euler, Heun Method 와 같은 2차 Runge-Kutta Method 를 유도하고 실제 예에 Matlab 프로그램을 적용합니다.
- **제7장** : 상미분 방정식의 수치적 해법으로 4차 Runge-Kutta Method 를 소개합니다.
- **제8장** : 주어진 데이터를 지나는 곡선을 1차, 2차 Spline 으로 생성하여 보고 그 배경의 이론적 내용을 설명합니다.
- **제9장** : 곡률의 개념이 도입되는 3차 Spline의 정의와 존재성 및 그 활용성이 소개됩니다.

위와 같은 내용을 이해하기 위한 가장 좋은 방법은 책의 내용을 따라 매틀랩 프로그램을 함께 실행하며 이해하는 것입니다. 그러나, 매틀랩 프로그램이 없다 하더라도 책의 내용에 실행 결과를 보여줌으로써 그 내용을 이해하기 쉽게 구성하였습니다. 예상보다 많은 시간과 노력을 기울여야 했고 논리적 전개를 쉽게 하기 위하여 깊은 생각을 하였습니다. 하루하루의 삶을 항상 감사하게 생각하며 본 도서의 탄생을 준비하였습니다. 이러한 완성의 뒤에는 사랑하는 가족이 항상 제 곁에서 힘이 되어 주었기 때문에 가능한 일이라고 생각 합니다. 최선의 노력을 하였지만 혹시라도 책과 관련하여 조언이나 질문이 있으신 경우 출판사로 연락하여 주시기 바랍니다. 이 책의 내용이 많은 과학도에게 도움이 되기를 바랍니다.

2010년 5월

한국항공대학교 교수 김 경 중

차 례

Chapter 01 기본 성질 1

Chapter 03 자료 입력, 출력과 관련 명령어 149

Chapter 04 1계 미분 방정식 수치적 해법 173

Chapter 05 1계 미분 방정식 고차 수치적 해법 211

MATLAB과 응용

Chapter 01

MATLAB

기본 성질

1.1 개요

매틀랩(Matlab)이라는 용어의 기원은 'Matrix Laboratory'에 있다. 용어 기원에서 추측할 수 있듯이 매틀랩은 행렬을 가지고 하는 계산에서 다른 언어와 비교 시 큰 강점을 나타낸다. 많은 수의 곱셈 계산을 통합의 형태로 표현한 것이 행렬을 이용한 연산이었다. 기존의 컴퓨터 언어로 행렬 연산 관련 프로그램을 작성할 때와 매틀랩으로 같은 내용을 프로그램화 할 때를 비교하면 그 편리함이 상대적으로 크게 느껴진다. 아마도 포트란(Fortran)이나 C 관련 언어에 익숙한 독자라도 한번 매틀랩을 이용해 보면 복잡한 계산을 아주 쉽게 수행하고 그래프 출력을 위하여 수행하여야 할 명령어의 간편함에 매료되어진다. 더욱이 다양한 분야의 이공학적 문제에서 수치적 해를 얻었을 때에도 그 해를 쉽게 그래프로 표현한다. 기존의 프로그램들은 이 과정에서 상당한 노력을 기울여야 한다. 그러나 매틀랩은 단지 몇 개의 명령어를 통하여 쉽게 수치적 해를 그래프로 나타낼 수 있다. 이러한 과정에서 다른 언어와 비교 시 매틀랩의 장점을 잘 느낄수 있다. 이러한 장점을 가진 매틀랩 내용 설명을 위하여 매틀랩에 내장된 매뉴얼([MAT]: 매틀랩 실행 후 아이콘 'Help' 내의 'Using the Desktop'을 선택해서 'Contents'와 'Index' 이용)과 서적 [MAG], [Z1], [Z2], [Z3], [Z4]을 참고하였다. 먼저, 매틀랩에서 사용하는 변수의 기본 구조인 배열의 생성과 의미를 먼저 알아보자.

1.2 배열

벡터는 1차원 배열(Array)이다. 성분 원소가 차례로 1, 2, 3, 4, 5 인 1차원 배열 변수(Array Variable) a는

```
>> a = [1 2 3 4 5]
a =
     1     2     3     4     5
```

와 같이 정의한다. 배열 변수 a를 만들 때 기호 [ ](Brackets)가 사용된 것을 기억하여야 한다. 또는

```
>> b = [1,2,3,4,5]
b =
     1     2     3     4     5
```

와 같은 배열 변수 b 역시 a와 같은 값을 갖는다. 즉, 배열의 성분과 성분을 구별하기 위하여 성분 사이를 빈 공간(Blank Spaces) 또는 성분 사이에 Comma(기호로 ,)를 표기한다. 변수 a의 첫 번째 성분을 변수 af에 대입하기 위하여

```
>> af = a(1)
af =
     1
```

와 같이 하여야 한다. 모든 1차원 배열의 첫 번째 성분에 대응하는 첨자(index)는 1 이다. 첨자는 0 나 마이너스 부호를 가질 수 없다는 것을 명심하기 바란다. a의 세 번째 성분을 참조하기 위하여 a(3)로서 접근하여야 한다. 아래의 행렬은 2차원 배열이고 3×4 행렬 M 이

$$M = \begin{pmatrix} 1 & 2 & 3 & 4 \\ 5 & 6 & 7 & 8 \\ 9 & 10 & 11 & 12 \end{pmatrix}$$

와 같이 표현되기 위한 M에 관한 매틀랩 정의는

```
>> M = [ 1 2 3 4; 5 6 7 8; 9 10 11 12 ]
M =
     1     2     3     4
     5     6     7     8
     9    10    11    12
```

이다. 위의 표기에서 행렬의 행을 구분하기 위하여 Semicolon(기호로 ;)이 사용된 것을 명심한다. 위와 똑같은 결과를 얻기 위해

```
>> M1  = [ 1 2 3 4
           5 6 7 8
           9 10 11 12 ]
```

와 같이 입력할 수도 있다. 즉, 행렬 M과 M1은 같은 대상이다.

매틀랩은 2, 3차 이상의 다차원 배열을 제공한다. 그러나 3차원 이하의 배열이 가장 많이 사용되므로 3차원 배열 구조까지만 알아보자. 다음 그림 1 과 같이 메모장 첫 번째, 두 번째, 세 번째 페이지에 숫자들이 적혀 있다고 가정하여 보자. 그림 1 과 같은 구조를 가지는 3차원 배열을 다음과 같이 배열명 M3로 생성하여 보자.

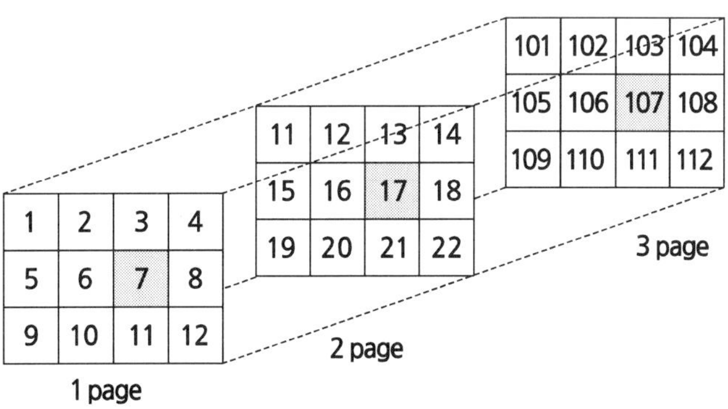

그림 1

```
>> M3(:,:,1) = [ 1 2 3 4; 5 6 7 8; 9 10 11 12 ];
>> M3(:,:,2) = [ 11 12 13 14; 15 16 17 18; 19 20 21 22];
>> M3(:,:,3) = [ 101 102 103 104; 105 106 107 108; 109 110 111 112];
```

위의 내용을 입력 후 실행하면

```
>> M3
M3(:,:,1) =
     1     2     3     4
     5     6     7     8
     9    10    11    12

M3(:,:,2) =
    11    12    13    14
    15    16    17    18
    19    20    21    22

M3(:,:,3) =
   101   102   103   104
   105   106   107   108
   109   110   111   112
```

의 결과를 볼 수 있다. 또한 **그림 1** 에서 색이 칠해진 성분을 참조하기 위하여 3차원 배열변수 M3의 첨자는 다음과 같다:

```
>> M3(2,3,1)
ans =
     7

>> M3(2,3,2)
ans =
    17
```

```
>> M3(2,3,3)
ans =
   107
```

예를 들어, M3(2,3,3)은 그림 1 세 번째 페이지에서 2행, 3열에 있는 성분을 가리키므로 107 이란 수가 대응되었다. 결과적으로 변수 M3의 세 번째 위치의 첨자는 그림(메모장)의 페이지 수를 의미하는 것을 알 수 있다. 그림 1 과 같은 구조를 가지는 3차원 배열 변수 정의법을 잘 기억하도록 하자.

1.3 변수명(Variable Name)

변수명에 관한 규칙을 알아보자. 각 변수명은 영어 알파벳의 대문자 또는 소문자로 시작해서 그 뒤로 대문자, 소문자, 수(Number), Underscore(기호로 _)의 조합이 나타날 수 있다. 사용자가 생각하는 하나의 변수명 사이에 빈 공간(Blank Spaces)이 존재해서는 안된다. 쉬운 실수 중에 하나는 변수명을 수로 시작하는 경우이다. 예를 들어 28abc와 같은 변수명은 에러가 된다. 변수명은 같은 글자라 하더라도 대, 소문자를 구별한다. 예를 들면 변수명 Sky와 sky는 다른 것으로 취급된다.

〈 올바른 변수명 예 〉

```
abc, abc28, abc_small, ...
```

〈 잘못된 변수명 예 〉

```
2ab, +a, _b, &rt, ...
```

1.4 데이터 종류

수치적 해를 얻기 위하여 매틀랩 프로그램 작성 시 이용되는 데이터 종류로서 다음 용어 char, double, cell, struct를 설명하여 보자. 함수 핸들(function handes)에 관한 내용은 2장에서 설명한다.

1.4.1 Char와 Double 데이터

프로그램을 만들 때 문자열은 일반적으로 하나의 변수로 지정한다. 가령,

```
>> wp = 'Wonderful Picture'
```

와 같이 작업창(Command Window)에서 쓰고 실행(Enter)하면 단일 인용부호 안에 있는 문자열 Wonderful Picture가 변수명 wp에 저장이 된다. 즉, 위의 명령어 이후 문자열 'Wonderful Picture'를 사용하고자 할 때에는 변수 wp를 사용할 수 있다. 작업창에서 wp 쓰고 실행하면 wp에 저장되어 있는 문자열이 화면에 보이게 된다.

```
>> wp
wp =
Wonderful Picture
```

이 때, 명령어 double은 다음의 결과를 보여준다.

```
>> double(wp)
ans =
  Columns 1 through 13
    87   111   110   100   101   114   102   117   108    32    80   105    99
  Columns 14 through 17
   116   117   114   101
```

즉, 문자열 'Wonderful Picture'의 각각의 문자를 명령어 double에 의하여 수로 변환시켰다. 대응 관계는 아스키 코드(Ascii code)에 주어진 규칙을 따른다. 예를 들면, 아스키 코드에 의하면 문자 W, o, n를 숫자 87, 111, 110에 대응시키고 있다. 이러한

규칙으로 위의 나머지 출력이 얻어졌다. 결과적으로 명령어 double(wp)은 17개의 수를 가지는 배열 변수 ans를 생성하였다. 변수 ans는 매틀랩에서 어떤 계산을 하였을 때 그 결과를 사용자가 만든 변수에 지정하지 않으면 매틀랩이 자동으로 부여하는 변수명(Variable Name)이다. 만약에 명령어 double(wp) 대신에 dwp = double(wp)로 명령어를 변경하였다면 사용자가 지정한 변수명 dwp에 위의 ans의 결과가 대입된다.

```
>> dwp = double(wp)
dwp =
  Columns 1 through 13
    87   111   110   100   101   114   102   117   108    32    80   105    99
  Columns 14 through 17
   116   117   114   101
```

이제 변수 dwp는 배열 변수이기 때문에

```
>> dwp(1)
ans =
    87

>> dwp(2)
ans =
   111

>> dwp(3)
ans =
   110

     ⋮

>> dwp(17)
ans =
   101
```

와 같이 17개의 수를 가지고 있는 배열 변수 dwp의 첫 번째, 두 번째, 세 번째, ... , 17번째 성분을 참조할 수 있다. 배열 변수가 생성이 되었을 때 그 배열 변수의 성분을 참조하기 위하여 변수명과 괄호(Parenthesis)를 사용하는 것에 유의하자. 수의 배열 변수 dwp에 명령어 char을 실행하면

```
>> cdwp = char(dwp)
cdwp =
Wonderful Picture
```

와 같이 명령어 char에 의하여 문자열 'Wonderful Picture'를 가지는 변수 cdwp가 생성되었다. 이후 문자열 'Wonderful Picture' 대신에 변수 cdwp를 이용할 수 있다. 이때 변수 cdwp는 배열 변수로 생각될 수 있다. 그러므로 문자열 'Wonderful Picture'에서 5번째와 7번째를 참조하기 위하여

```
>> cdwp(5)
ans =
e

>> cdwp(7)
ans =
f
```

와 같이 사용할 수 있다. 이와 같이 명령어 char과 double을 이용하여 문자 또는 숫자로 변경할 수 있다. 간단히 구별하면, 문자(문자열의 성분이 하나인 경우) 또는 문자열과 관련된 데이터 종류는 char이고 수(Numbers)와 관련된 데이터 종류는 double이다. 위와 같이 데이터의 종류를 바꾸고자 할 때에는 명령어 char과 double을 사용할 수 있으나 데이터를 처음 입력하는 단계에서는 명령어 char과 double을 일반적으로 사용하지는 않는다.

1.4.2 Cell 데이터

셀(Cell) 배열 데이터를 정의하는 방법은 다음과 같다:

- `c1 = cell(n)`
- `c2 = cell(m, n) or c2 = cell([m, n])`
- `c3 = cell(size(A))`

변수 c1에는 모든 성분이 비어있는 $n\times n$ 크기의 셀배열(cell array)이 지정된다. $n=3$인 경우의 c1에 대한 결과이다.

```
>> c1 = cell(3)
c1 =
      []     []     []
      []     []     []
      []     []     []
```

변수 c2에는 모든 성분이 비어있는 $m\times n$ 크기의 셀배열이 지정된다. $m=3$, $n=4$인 경우의 c2에 대한 결과이다.

```
>> c2 = cell(3,4)
c2 =
      []     []     []     []
      []     []     []     []
      []     []     []     []
```

변수 c3에는 A와 같은 크기의 셀배열이 지정된다. A가 3×4 행렬인 경우에 c3=cell(size(A))의 출력은 c2의 결과와 같다. 이와같이 c1, c2, c3의 방법으로 데이터를 대입하기 전에 셀배열을 지정할 수 있다. 매틀랩의 특징 중의 하나가 미리 변수 정의 없이 직접 데이터를 변수에 입력할 수 있는 것이고 셀배열에서도 그 규칙은 적용된다. 변수명 mscore에 문자형(과목)과 숫자(점수)가 혼합되어있는 데이터를 3×2 셀

배열 mscore에 입력하여 보자.

```
>> mscore = { 'Math', 95 ; 'Eng', 96 ; 'Sci', 92 }
mscore =
    'Math'    [95]
    'Eng'     [96]
    'Sci'     [92]
```

위에서 보는 바와 같이 셀배열 변수에 데이터를 입력할 때에는 Braces(기호로 { }) 를 이용한다. 데이터 구분을 Comma(기호로 ,)를 이용하였고 행 구분을 위해 Semicolon(기호로 ;)를 이용하였다. 또한 셀배열 변수 크기를 다시 재 정의 없이 추가로 데이터 입력이 가능하다. 다음 과정에서는 앞서 입력한 세 과목의 총합(Sum)을 셀배열 변수 mscore에 추가로 입력하고 있다.

```
>> mscore{4,1} = 'Sum'
mscore =
    'Math'    [95]
    'Eng'     [96]
    'Sci'     [92]
    'Sum'       []

>> mscore{4,2} =  mscore{1,2} + mscore{2,2} + mscore{3,2}
mscore =
    'Math'    [ 95]
    'Eng'     [ 96]
    'Sci'     [ 92]
    'Sum'     [283]
```

총합에 대응하는 성분 mscore{4,2}를 구하기 위하여 mscore의 1, 2, 3 행의 2번째 열의 성분을 참조하기 위하여 mscore{1,2}, mscore{2,2}, mscore{3,2}을 이용하였다. 앞서 설명한 배열의 위치 지정과 같은 방식으로 셀배열에서도 사용하고 있다. 명칭에서도 알 수 있는 바와 같이 셀배열도 하나의 배열임을 명심하자. 세 과목의 평균과 관련하여 한 가지 내용을 mscore에 더 추가하여 보자.

```
>> mscore{5,1} = 'Aver'
mscore =
    'Math'    [ 95]
    'Eng'     [ 96]
    'Sci'     [ 92]
    'Sum'     [283]
    'Aver'       []

>> mscore{5,2} =  mscore{4,2}/3
mscore =
    'Math'    [     95]
    'Eng'     [     96]
    'Sci'     [     92]
    'Sum'     [    283]
    'Aver'    [94.3333]
```

이로써 5×2 크기의 셀배열 변수 mscore이 생성되었고 그 내용은 세 과목의 점수, 총점 및 평균 값이다. 명령어 cellplot을 이용하여 mscore 변수 구조를 화면을 통하여 확인하여 보자.

```
>> cellplot(mscore,'legend')
```

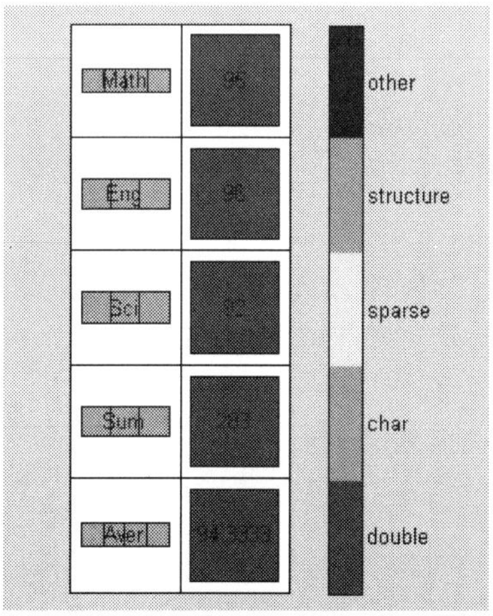

위에서 구한 mscore를 어떤 학생(A Student) 정보의 한 가지 항목으로 간주하여 전체적으로 Name, Hobby, mscore, Phones의 항목을 가지는 셀배열 변수 astu(A Student에 대응 변수명)를 만들어보자. 즉, mscore에 입력된 데이터가 다음과 같은 구조의 세 번째 성분에 대입된다.

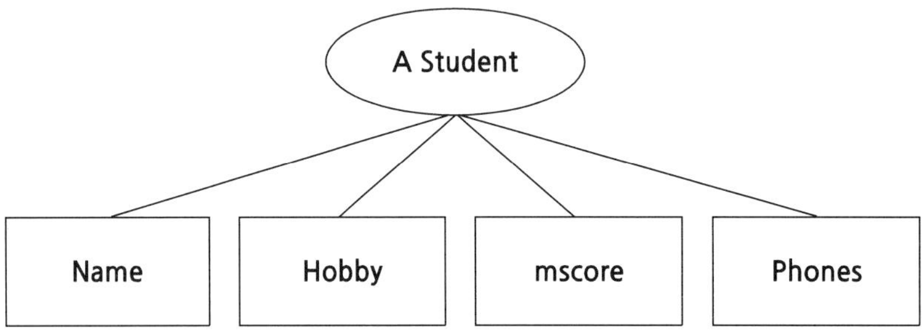


```
>> astu = { 'MATLAB', 'Fishing', mscore, '123-1234'}
astu =
    'MATLAB'    'Fishing'    {5x2 cell}    '123-1234'

>> astu{1}
ans =
MATLAB

>> astu{2}
ans =
Fishing

>> astu{3}
ans =
    'Math'    [      95]
    'Eng'     [      96]
    'Sci'     [      92]
    'Sum'     [     283]
    'Aver'    [94.3333]
```

```
>> astu{4}
ans =
123-1234
```

다른 성분에 비하여 다소 복잡한 astu의 세 번째 성분 astu{3} 내의 성분을 참고하기 위하여 astu{3} 역시 셀배열이므로 다음과 같은 방법으로 접근할 수 있다.

```
>> astu{3}{4,1}
ans =
Sum

>> astu{3}{4,2}
ans =
   283
```

변수 astu의 두 번째 항목을 'Fishing'에서 'Reading'으로 변경하기 위하여

```
>> astu{2} = 'Reading'
astu =
    'MATLAB'    'Reading'    {5x2 cell}    '123-1234'
```

와 같이 할 수 있고 첫 번째와 두 번째 항목을 동시에 바꾸고자 할 때에는

```
>> [astu{1,1:2}] = deal('Computer','Cooking')
astu =
    'Computer'    'Cooking'    {5x2 cell}    '123-1234'
```

와 같이 좌변에 Brackets(기호: [ ])을 쓰고 우변에 명령어 deal을 이용한다. 이러한 방법은 셀배열에서 여러 성분들을 동시에 변경할 때 일반적으로 사용하는 것이다. 간단히 생각하여 아래와 같이 타이핑을 하면

```
>> astu{1,1:2} = {'computer', 'cooking'}
```

작업창(Command Window)에서 에러 메시지를 보게 된다.

다음과 같이 셀 배열 변수 A와 B를 정의하고 데이터를 입력하는 두 가지 경우를 살펴보자.

```
(i)
>> A = cell(1,2);
>> A(1,1) = {1:5};
>> A(1,2) = {'analysis'};

(ii)
>> B=cell(1,2);
>> B{1,1} = 1:5;
>> B{1,2} = 'analysis';
```

위의 (i)과 (ii)에 의하여 생성된 셀 배열 변수 A와 B에는 똑같은 데이터의 내용을 가지게 되므로 사용하기 쉬운 쪽을 선택할 수 있다.이 때, B에 저장된 데이터를 다른 변수 yy에 전달하기 위하여 간단히 아래와 같이 생각할 수 있는데 결과에서 보듯이 B의 모든 내용이 전달되지 못한다.

```
>> yy = B{:}
yy =
     1     2     3     4     5
```

아마도 Matlab 버전이 바뀌면서 차후 위의 문제가 해결되리라 본다. 현재 다른 방법으로 아래와 같이 해결할 수 있다.

```
>> yy=B(:)
yy =
```

```
    [1x5 double]
    'analysis'

>> class(yy)
ans =
cell
```

그러나, 나중에 학습하는 함수 입력 매개변수로 B{:}를 사용할 수 있다. 즉, 함수명이 myft일 때, myft(B{:})와 같이 사용할 수 있다. 프로그램에서 셀배열 변수 사용 예는 3장에서 다룬다.

1.4.3 Struct 데이터

앞 절에서 분석한 셀배열 astu의 구조를 좀 더 자세히 구조화하면 [그림 1] 로 표시할 수 있다. 이와 같은 구조를 가지는 두 명의 학생 데이터가 [그림 2] 와 [그림 3] 에 제공되었다. 두 학생 stu1과 stu2의 구조를 가지는 변수를 생성하기 위하여 다음과 같이 입력하여 보자.

```
>> student(1).name = 'MATLAB'
>> student(2).name = 'Computer'
>> student(1).hobby = 'Fishing'
>> student(2).hobby = 'running'
>> student(1).score.math = 95
>> student(2).score.math = 97
>> student(1).score.eng = 96
>> student(2).score.eng = 90
```

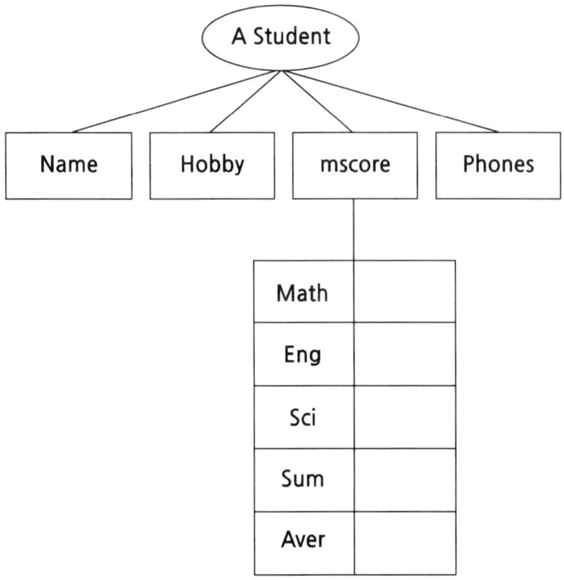

그림 1

```
>> student(1).score.sci = 92
>> student(2).score.sci = 87
>> student(1).phone = '123-1234'
>> student(2).phone = '777-7777'
```

현재까지의 입력으로 필드(field)명 name, hobby, score, phone을 가지는 구조배열(Struct Array) 변수 student가 생성되었다. 구조(Struct) 변수는 dot(기호로 '.')를 이용하여 성분 필드를 구분한다. 구조(Struct) 변수 사용의 가장 큰 장점은 변수 명을 데이터의 종류에 알맞게 지정할 수 있다는 점이다. 변수 명칭을 보면 이 변수에는 어떤 종류의 데이터가 입력되어 있는지 예상할 수 있다. 첨자를 이용하는 셀 변수와 비교 시 이런 표기 방법은 경우에 따라 큰 장점이 될 수 있다. 특히, 고객 관리 프로그램 같은 한 사람에 대한 정보가 여러 성분(필드)을 가지고 있을 때 이러한 경우 구조 변수 사용은 프로그램 작성이나 분석 등에서 사용자에게 좋은 환경을 제공한다. 현재까지 필드명 score에서 총합과 평균에 대한 데이터가 완성되지 않았기 때문에 필요한 계산을 한다. 먼저 stu1 학생의 과목 총합과 평균을 계산하면 다음과 같다(작업창에서 한 줄 이상의 내용을 입력 시 연결자 '...'를 이용).

```
>> student(1).score.sum = student(1).score.math + ...
student(1).score.eng + student(1).score.sci;
>> student(1).score.sum
ans =
   283

>> student(1).score.aver = student(1).score.sum/3;
>> student(1).score.aver
ans =
   94.3333
```

다음으로 stu2 학생의 과목 총합과 평균을 계산한다. 보는 바와 같이 두 학생의 총합을 계산하기 위하여 필드명은 동일하고 첨자 1이 2로 변경된 것을 알 수 있다. 이러한 사실을 이용하면 같은 구조를 가지는, 많은 데이터 입력 시 반복문과 구조 배열 변수를 이용하여 프로그램을 간략하게 작성할 수 있다.

```
>> student(2).score.sum = student(2).score.math + ...
student(2).score.eng + student(2).score.sci;
>> student(2).score.sum
ans =
   274

>> student(2).score.aver = student(2).score.sum/3;
>> student(2).score.aver
ans =
   91.3333
```

현재까지의 입력과 결과로서 stu1과 stu2에 대응하는 구조배열(Struct Array) 변수 student가 생성되었다. 작업창(Command Window)에서 필드명을 확인하면 다음과 같다.

```
>> student
student =
1x2 struct array with fields:
    name
    hobby
    score
    phone
```

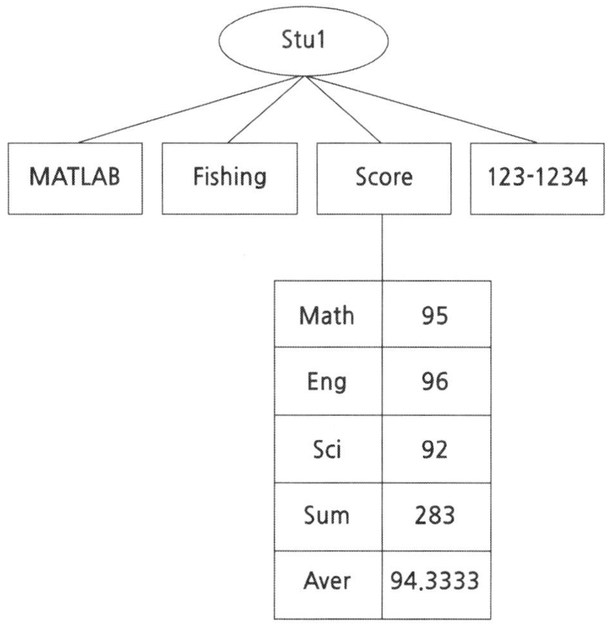

그림 2

각각의 필드(field)에 데이터가 제대로 입력되었는지 다음과 같이 확인한다. 각 필드의 첫 번째 성분은 stu1에 대응하는 데이터이고 두 번째 성분은 stu2에 대응하는 데이터이다.

```
>> student.name
ans =
MATLAB
ans =
```

```
Computer

>> student.hobby
ans =
Fishing
ans =
running

>> student.score
ans =
    math: 95
     eng: 96
     sci: 92
     sum: 283
    aver: 94.3333
ans =
    math: 97
     eng: 90
     sci: 87
     sum: 274
    aver: 91.3333

>> student.phone
ans =
123-1234
ans =
777-7777
```

지금까지의 입력방법은 데이터를 구조배열(Struct Array) 필드에 각각 입력하는 방식이었다. 가장 손쉬운 방법이고 어떤 데이터가 어디로 가는지 명료하게 나타난다. 이와 같은 입력 방식과는 다르게 통합적으로 입력하는 방법도 있다.

```
>> student(1) = struct('name','MATLAB','hobby','Fishing','score', ...
   struct('math',95,'eng',96,'sci',92),'phone','123-1234')

student =
     name: 'MATLAB'
    hobby: 'Fishing'
    score: [1x1 struct]
    phone: '123-1234'
```

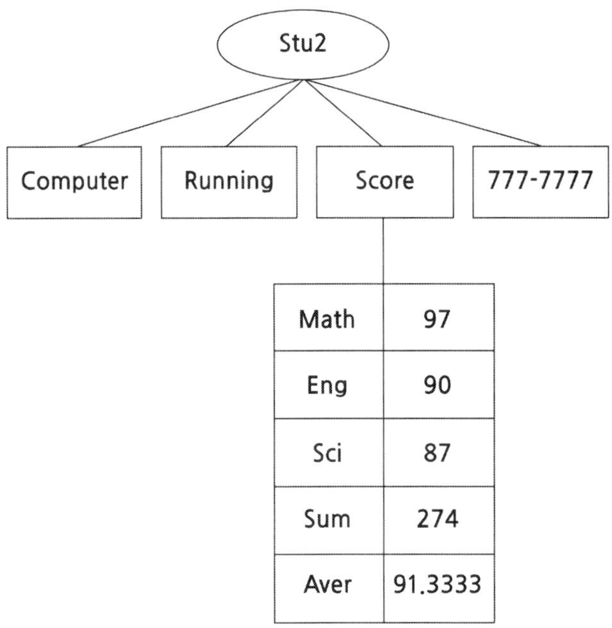

그림 3

```
>> student(2) = struct('name','Computer','hobby','running','score', ...
   struct('math',97,'eng',90,'sci',87),'phone','777-7777')

student =
1x2 struct array with fields:
    name
    hobby
```

```
    score
    phone
```

위와 같은 입력의 결과로 필드명 name, hobby, score, phone을 가지는 1×2 크기의 구조배열 변수 student가 생성된다. 작업창을 통한 결과를 보면 다음과 같다.

```
>> student
student =
1x2 struct array with fields:
    name
    hobby
    score
    phone

>> student(1)
ans =
     name: 'MATLAB'
    hobby: 'Fishing'
    score: [1x1 struct]
    phone: '123-1234'

>> student(1).score
ans =
    math: 95
     eng: 96
     sci: 92

>> student(2)
ans =
     name: 'Computer'
    hobby: 'running'
    score: [1x1 struct]
```

```
    phone: '777-7777'

>> student(2).score
ans =
    math: 97
     eng: 90
     sci: 87
```

세 과목에 대한 총합과 평균은 앞에서 계산한 방식으로 구할 수 있다. 또 다른 입력 방법으로, 두 번째 입력 방법에서 필드명 score에 대응하는 구조 배열을 미리 정의(변수명 subjects로 설정)한 뒤 구조배열 변수 student를 생성할 수 있다.

```
>> subjects = struct('math',{95 97},'eng',{96, 90},'sci',{92, 87})
subjects =
1x2 struct array with fields:
    math
    eng
    sci

>> student = ...
struct('name',{'MATLAB','Computer'},'hobby',{'Fishing','running'},...
'score',{subjects(1),subjects(2)},'phone',{'123-1234', '777-7777'})

student =
1x2 struct array with fields:
    name
    hobby
    score
    phone

>> student(1)
ans =
     name: 'MATLAB'
```

```
    hobby: 'Fishing'
    score: [1x1 struct]
    phone: '123-1234'

>> student(1).score
ans =
    math: 95
     eng: 96
     sci: 92

>> student(2)
ans =
     name: 'Computer'
    hobby: 'running'
    score: [1x1 struct]
    phone: '777-7777'

>> student(2).score
ans =
    math: 97
     eng: 90
     sci: 87
```

세 과목에 대한 총합과 평균은 앞의 방식을 따른다. 총합의 경우만 계산한 뒤의 결과는 다음과 같다.

```
>> student(1).score.sum = student(1).score.math + ...
student(1).score.eng + student(1).score.sci
student =
1x2 struct array with fields:
    name
    hobby
    score
```

```
   phone

>> student(1).score
ans =
   math: 95
    eng: 96
    sci: 92
    sum: 283
```

지금까지 구조배열 변수를 정의하는 세 가지 방법을 설명하였고 프로그램 작성시 세 가지 중 하나를 선택하여 효율적인 데이터 입력이 되도록 하자. 프로그램에서 구조 배열 사용은 3장에서 배운다.

1.5 수 표기법

작업창에서 수의 연산은 내부적으로 유효숫자 15-16 자리 이내에서 계산된다. 내부적으로 유효숫자 15-16 자리까지 계산될지라도 특정한 출력 형식을 지정하지 않으면 결과로 나타나는 수의 기본 출력 형태는 소수점 아래 넷째 자리까지이다. 다양한 수의 출력 형태를 살펴보자.

```
>> mnum = 5/3
mnum =
    1.6667

>> format long
>> mnum = 5/3
mnum =
   1.666666666666667

>> format short
```

```
>> mnum = 5/3
mnum =
   1.6667
```

수의 기본 출력 형태로 돌아가기 위해서 명령어 format short를 이용한다. 명령어 format long과 format short에 의한 수 표현을 고정점 형식(fixed point format)으로 표현하였다고 말한다.

```
>> format rat
>> mnum
mnum =
      5/3
```

계속해서 명령어 format rat이 실행되기 전까지는 mnum은 소수로 표현되어 있으나 명령어 format rat에 의하여 분수로 표현되었다. 결과를 분수의 형태로 얻고자 할 때 유용한 명령어이다.

```
>> format long e
>> mnum = 500/3
mnum =

   1.666666666666667e+002
```

위의 값은 $1.666666666666667 \times 10^2$ 에 대응하는 표기이다. 유효숫자를 다섯 자리로 제한하는 명령어는

```
>> format short e
>> mnum = 500/3
mnum =
  1.6667e+002
```

이다. 위와 같이 수의 출력으로 'e'를 쓰는 표기를 부동소수점 형식(floating point format)으로 표현하였다고 한다. 또한 명령어 format short g (또는 format long g)는 출력의 형식 중 간결한 형태가 선택되어 표현된다.

```
>> format short g
>> mnum = 500/3
mnum =
      166.67

>> format long g
>> mnum = 500/3
mnum =
          166.666666666667
```

돈과 관련된 수 표현에 유리한 명령어는 format bank이고 16진법으로 표기하는 명령어는 format hex이다.

```
>> format bank
>> mnum = 50/3
mnum =
        16.67

>> format hex
>> mnum = 50/3
mnum =
   4030aaaaaaaaaaab
```

따라서 표 1 에서 정리된 출력 형식 중 하나를 프로그램 목적에 맞게 선택하면 된다.

표 1 Format 명령어 종류

```
format long
format short
format rat
format long e
format short e
format short g
format long g
format bank
format hex
```

1.6 기본 산술 연산자와 기본 수학 함수

수를 계산할 때 사용하는 기본 산술 연산자인 더하기, 빼기, 곱하기, 나누기, 지수(Exponentiation)에 대응하는 기호는 차례로 +, -, *, /, ^이다. 예를 들어,

$$x = 10 \text{ 일 때 } \quad mnum = \left(\frac{x-3}{2x+1}\right)^2$$

를 계산하여 분수로 표현하고자 할 때 작업창에서 다음과 같이 진행하면 된다.

```
>> format rat
>> x = 10;
>> mnum = ( (x - 3)/(2*x + 1) )^2
mnum =
      1/9
```

기본 수학 함수에 대한 표기는 표 1 에 주어지고 삼각함수에 관한 내용은 표 2 에 주어진다.

[표 1] 기본 수학함수

수학함수	매틀랩 명령어
$ax+b$	a*x+b
ax^2+bx+c	a*x^2+b*x+c
$\|x\|$	abs(x)
e^x	exp(x)
$\sqrt{x}$	sqrt(x)
$\ln x$	log(x)
$\log_{10} x$	log10(x)

주어진 [표 1]과 [표 2]를 이용하여 $x=\pi/2$ 일 때 아래의 수식 K를 매틀랩 명령어를 이용하여 구해보자.

$$K = \frac{\sqrt{|\sin x| + x^2}}{\ln x + 5e^{3x} + \tan^{-1}(x)}$$

```
>> x = pi/2
>> K = sqrt( abs(sin(x)) + x^2 )/( log(x) + 5*exp(3*x) + atan(x))
K =
    0.0033
```

무리수 π의 값을 매틀랩은 pi로 표현하여 이용할 수 있다.

```
>> format long
>> pi
ans =
   3.141592653589793
```

표 2 삼각함수

종류	매틀랩 명령어	
	삼각함수	역삼각함수
Cosine	cos(x)	acos(x)
Sine	sin(x)	asin(x)
Tangent	tan(x)	atan(x)
Secant	sec(x)	asec(x)
Cosecant	csc(x)	acsc(x)
Cotangent	cot(x)	acot(x)

이외에도 매틀랩이 특별히 사용하는 명령어로 다음과 같은 것이 있다. 그러므로 사용자가 변수명을 새롭게 생성 시 매틀랩이 사용하는 명칭은 피하도록 한다.

- realmax : 컴퓨터가 표현할 수 있는 가장 큰 수(부동소수점 형식)을 알려준다.
- realmin : 컴퓨터가 표현할 수 있는 가장 작은 수(부동소수점 형식)을 알려준다.
- inf : 무한히 커지는 수를 의미한다. 수학 기호로 ∞ 이다.
  분모가 0인 3/0과 같은 계산의 결과임을 알려준다.
- NaN : 0/0 또는 inf/inf 같이 계산을 할 수 없는 경우를 알려준다.
- version : 매틀랩의 버전을 알려준다.
- eps : 수(Number) 1.0과 바로 다음으로 큰 수 사이의 거리를 나타내는 값이다 (double-precision).

수학 기호 $-\infty$는 매틀랩에서 -inf로 표현된다. 명령어 eps에 의하여 약 2×10^{-16}의 값($=2^{-52}$)을 출력한다. 많은 계산의 결과로 오차가 축적이 되면 수치 해의 정밀도가 떨어질 수 있으므로 명령어 eps는 수치 계산 시 발생하는 허용오차(tolerence)를 진단할 때 사용할 수 있다. 정밀한 계산을 위해서는 심볼릭(Symbolic) 데이터를 이용하여야 한다. 심볼릭 데이터를 이용하면 유효숫자의 자리수를 조정하여 원하는 정밀도를 가지는 수치 해를 구할 수 있게 된다. 또한 i, j 는 $i^2 = j^2 = -1$을 만족하는 허수 $\sqrt{-1}$ 이다.

```
>> i
ans =
       0 + 1.0000i
>> j
ans =
       0 + 1.0000i
>> (3+2i) - (1-j)
ans =
   2.0000 + 3.0000i
```

위에서 보는 바와 같이 j에 대한 출력이 i로 변경되어 출력된다.

1.7 연산자

매틀랩에서 취급하는 연산자를 세 가지로 나눌 수 있는데 첫 번째로 수치 계산을 하는 산술 연산자(Arithmetic Operator)가 있다. 산술 연산자는 1.6절에서 설명한 기본 연산 기호를 포함한다. 두 번째로 수의 대소를 비교하는 관계 연산자(Relational Operator)가 있고 세 번째로 참과 거짓의 논리를 따지는 논리 연산자(Logical Operator)가 있다. 먼저 산술 연산자를 설명하도록 하자.

1.7.1 산술 연산자

(1) 1.6절에서 이미 언급한 기본 산술 연산자는 다음과 같다. 추가적 설명은 생략하도록 한다.

+	-	*	/	^

(2) 좌측 나누기 연산자 \와 공액복소수(Complex Conjugate) 전치행렬 연산자 ' 를 살펴보자(네모 박스는 연산자에 속하지 않는다. 이하 같은 방식 적용). 아래 결과에서도 알 수 있듯이 / 와 \ 의 차이점은 분자와 분모의 위치가 서로 반대이다.

```
>> 2/3
ans =
    0.6667

>> 2\3
ans =
    1.5000
```

행렬 A의 성분이 복소수를 포함하면 A의 각 성분의 공액복소수를 구한 후 행과 열을 서로 교환하여 얻은 행렬이 A'이다.

```
>> A = [ 1 2+j ; 3-2*j 4 ]
A =
   1.0000             2.0000 + 1.0000i
   3.0000 - 2.0000i   4.0000

>> A'
ans =
   1.0000             3.0000 + 2.0000i
   2.0000 - 1.0000i   4.0000
```

(3) 돗 연산(Dot Operation) 관련 연산자

.*	./	.\	.^	.'

연산자 양쪽의 대상이 수일 때에는 기본 산술 연산자 * / ^ 와 그것들의 돗 연산

자 .* ./ .^ 의 결과는 같다. 그러나 대상이 배열인 경우는 아래 결과에서 알 수 있듯이 돗 연산은 같은 행과 열에 있는 원소끼리의 연산이다. 즉, 같은 위치에 있는 성분끼리 연산한다.

```
>> 2.*3
ans =
    6
>> M = [ 1 2 ; 3 4 ]
M =
    1    2
    3    4
>> M.*M
ans =
    1    4
    9   16
```

위의 행렬 연산의 결과를 수학적 기호로 표현하면 다음과 같다.

$$\mathrm{M.{*}M} = \begin{pmatrix} 1\,2 \\ 3\,4 \end{pmatrix} .* \begin{pmatrix} 1\,2 \\ 3\,4 \end{pmatrix} = \begin{pmatrix} 1\times 1 & 2\times 2 \\ 3\times 3 & 4\times 4 \end{pmatrix}$$

임의의 2×2 행렬 A와 B를 가지고 표현하면 같은 행과 열에 있는 원소끼리의 연산이라는 말의 의미가 명확해진다.

$$A.{*}\,B = \begin{pmatrix} a_{11} & a_{12} \\ a_{21} & a_{22} \end{pmatrix} .* \begin{pmatrix} b_{11} & b_{12} \\ b_{21} & b_{22} \end{pmatrix} = \begin{pmatrix} a_{11}\times b_{11} & a_{12}\times b_{12} \\ a_{21}\times b_{21} & a_{22}\times b_{22} \end{pmatrix}$$

```
>> 2./3
ans =
   0.6667
>> M./M
ans =
    1    1
    1    1
```

우나누기 연산자 ./ 뿐만 아니라 매틀랩은 좌나누기 연산자 .\ 도 사용한다.

```
>> 2.\3
ans =
   1.5000
```

수식으로 표현하면 $2.\backslash 3 = \frac{3}{2} = 1.5$ 이다. 수와 행렬의 결과에서도 알 수 있듯이 기호 ./와 .\ 의 차이점은 분자와 분모의 위치가 서로 반대이다.

```
>> M2 = M.*M
M2 =
     1    4
     9   16
>> M.\M2
ans =
     1    2
     3    4
```

행렬의 좌나누기(.\ )에 대한 일반적인 식은 다음과 같다.

$$A.\backslash B = \begin{pmatrix} a_{11} & a_{12} \\ a_{21} & a_{22} \end{pmatrix} .\backslash \begin{pmatrix} b_{11} & b_{12} \\ b_{21} & b_{22} \end{pmatrix} = \begin{pmatrix} \frac{b_{11}}{a_{11}} & \frac{b_{12}}{a_{12}} \\ \frac{b_{21}}{a_{21}} & \frac{b_{22}}{a_{22}} \end{pmatrix}$$

아래 내용은 수식 $A.\hat{}2 = \begin{pmatrix} a_{11}^2 & a_{12}^2 \\ a_{21}^2 & a_{22}^2 \end{pmatrix}$ 와 $A.\hat{}B = \begin{pmatrix} a_{11}^{b_{11}} & a_{12}^{b_{12}} \\ a_{21}^{b_{21}} & a_{22}^{b_{22}} \end{pmatrix}$ 의 결과이다.

```
>> M.^2
ans =
     1    4
     9   16
```

```
>> M.^M
ans =
     1     4
    27   256
```

연산자 .' 은 주어진 행렬의 행과 열을 바꾼다. 행렬 M.'은 M의 전치행렬(Transpose)이다. M의 성분이 모두 실수이므로 M'과 M.'의 결과는 같다.

```
>> M.'
ans =
     1     3
     2     4
```

1.7.2 관계 연산자(Relational Operator)

관계 연산자 양쪽에 있는 수식사이의 크기를 판단하고자 할 때 사용한다. 판단의 결과로 참(True)이면 1을 거짓(False)이면 0를 출력한다. 수, 벡터, 행렬에 관한 다음 실행문을 수행하여 표 1 에 주어진 관계연산자를 이해하자.

표 1 관계 연산자

매틀랩 기호	수학 기호	사용예	설명
>	$>$	x>y	x의 각각의 성분이 같은 행과 열에 있는 y의 각각의 성분보다 큰지를 묻는다.
>=	$\geq$	x>=y	x의 각각의 성분이 같은 행과 열에 있는 y의 각각의 성분보다 크거나 같은지를 묻는다.
<	$<$	x<y	x의 각각의 성분이 같은 행과 열에 있는 y의 각각의 성분보다 작은지를 묻는다.
<=	$\leq$	x<=y	x의 각각의 성분이 같은 행과 열에 있는 y의 각각의 성분보다 작거나 같은지를 묻는다.
==	$=$	x==y	x의 각각의 성분이 같은 행과 열에 있는 y의 각각의 성분과 같은지를 묻는다.
~=	$\neq$	x~=y	x의 각각의 성분이 같은 행과 열에 있는 y의 각각의 성분과 다른지를 묻는다.

```
>> 3>2
ans =
     1

>> x = [5 8 3 7 2];
>> y = [5 9 2 5 7];
>> x>y
ans =
     0     0     1     1     0

>> A = [ 1 2 ; 3 4 ]
A =
     1     2
     3     4
>> B = [ 3 1 ; 5 2 ]
B =
     3     1
     5     2
>> A>B
ans =
     0     1
     0     1
```

다음은 논리 연산자에 관하여 설명한다.

1.7.3 논리 연산자(Logical Operator)

논리적 판단을 하기 위하여 사용한다. 보통 관계 연산자와 함께 사용된다. 관계 연산자와 마찬가지로 판단의 결과가 참(True)인 경우 1을 거짓(False)인 경우 0를 출력한다.

표 1 논리 연산자

기호	명칭	사용예	설 명
&	and (논리곱)	x & y	x의 각각의 성분과 같은 행과 열에 있는 y의 각각의 성분이 동시에 참(성분의 값이 0이 아니면 참이다)인 경우에만 참이다. 다른 경우는 모두 거짓이다.
|	or (논리합)	x | y	x의 각각의 성분과 같은 행과 열에 있는 y의 각각의 성분이 동시에 거짓(성분의 값이 0이면 거짓이다)이면 거짓이다. 다른 경우는 모두 참이다.
~	not (부정)	~x	x의 어떤 성분이 참이면 거짓이 되고 x의 어떤 성분이 거짓이면 참이 된다.

수식 3>2는 참이고 수식 5<4는 거짓이므로 아래의 결과를 얻는다.

```
>> (3>2) & (5<4)
ans =
     0

>> (3>2) | (5<4)
ans =
     1
```

다음에 주어진 벡터 x의 첫 번째 성분이 0 이므로 거짓, 두 번째 성분이 0가 아니므로 참이다. 따라서 다음의 결과를 얻는다.

```
>> x = [0 3];
>> y = ~x
y =
     1     0
```

참고로 x는 double 배열이고 y는 논리형(logical) 배열이다.

1.7.4 연산 우선 순위

산술, 관계, 논리 연산자가 하나의 수식에 나타날 때 연산을 가장 먼저 하는 연산자는 산술 연산자이고 그 다음으로 관계 연산자, 마지막으로 논리 연산자가 실행이 된다. 이러한 일반적 우선 순위에도 예외가 있는데 논리 연산자의 부정(~)은 아래에서 설명하는 산술 연산자의 1순위와 2순위 사이에 위치한다. 또한 논리곱(&)은 논리합(|)보다 우선 순위가 앞선다. 같은 연산자가 나열되어 있는 경우에는 왼쪽부터 오른쪽으로 연산이 진행된다. 가장 종류가 많은 산술 연산자는 산술 연산자 내에서도 연산 순위가 있는데 다음과 같다.

1순위: ^ 와 .^ (Exponentiation), ' 와 .' (Transpose)

2순위: * 와 .* (곱하기), / 와 ./ (우나누기), \ 와 .\ (좌나누기)

3순위: + (더하기), - (빼기)

같은 순위에 있는 산술연산자가 수식에서 나열되었을 경우 왼쪽부터 오른쪽으로 연산이 진행된다. 괄호(Parenthesis)를 이용하면 괄호안의 연산이 수식 계산에서 최우선 순위가 된다. 연산의 우선순위 혼동으로 인하여 원하는 결과를 얻지 못하는 경우 괄호를 이용하여 연산 순위를 결정하면 해결될 수 있다. 여러 개의 괄호가 중첩되어 있는 경우 가장 내부 괄호안의 수식이 연산되고 외부로 연산이 진행된다. 괄호가 여러 개 병렬로 나올 경우 왼쪽에서 오른쪽으로 연산이 차례로 이루어진다. 예를 들어 다음을 실행하여 보자.

```
>> x=-64; y=100; z=8;
>> k = (x+z)^2 > y
k =
     1

>> k1 = x+z^2 > y
k1 =
     0
```

수식 k의 형태를 생각하고 수식 k1의 형태로 적었다면 보는 바와 같이 정반대의 논리 결과가 얻어진다. 다음 과정은 p에 주어진 식에서 먼저 3*2, 15/3이 차례로 왼쪽에서 오른쪽 방향으로 계산된 후 p=2+6-5를 정리하여 얻어진 결과이다.

```
>> p = 2+3*2-15/3
p =
     3
```

수식 연산시 우선 순위와 괄호의 사용법을 확실하게 익히도록 하자.

1.8 프로그램 흐름 제어 (Control of Program Flow)

어떤 목적을 위하여 프로그램을 만들 때 그 목적에 맞는 어떤 조건을 프로그램 내부에서 따지게 된다. 조건을 만족하는 경우를 선택하여 원하는 결과를 출력할 때 프로그램이 완성된다. 이러한 과정에서 조건의 옳고 그름을 판단할 수 있는 방법으로 if-end 문(If-End Statements)과 switch-end 문(Switch-End Statement)이 있다. 첫 번째로 if-end 문에 대해서 알아보자.

1.8.1 If-end 문

형식 A에서 '식1'이 참(True)이면 '내용1'이 실행되고 '식1'이 거짓(False)이면 '내용2'가 실행된다. 프로그램 내용에 따라서 'else'와 '내용2'를 생략할 수 있다.

형식 A

```
if   식1
   내용1
else
   내용2
end
```

형식 B에서 '식1'이 참이면 '내용1'이 실행되고 '식1'이 거짓이면 '식2'를 체크한다. 만약에 참이면 '내용2'가 실행된다. '식2'가 거짓이면 '식3'을 체크해 참이면 '내용3'이 실행되고 종료한다. 경우의 수가 많은 경우 형식 B에서 else 대신에 elseif를 반복적으로 사용할 수 있다. 즉, 형식 C와 같은 방식으로 모든 경우를 체크한 후 if-end 문은 종료된다.

형식 B

```
if  식1
  내용1
elseif  식2
      내용2
    else
      내용3
end
```

형식 C

```
if  식1
  내용1
elseif  식2
      내용2
    elseif  식3
          내용3
            ⋮
end
```

다음 조건문으로 switch-end 문을 알아보자.

1.8.2 Switch-end 문

프로그램에서 어떤 조건을 따졌을 때 그 결과가 여러 가지이고 또한 그 각각의 결과가 서로 비슷한 내용을 가지고 있을 때 쓸 수 있는 조건문으로 적절히 사용 시 프로그램이 간략해지는 좋은 점을 가지고 있다. 사용하는 용어와 형식은 다음과 같다.

형식

```
switch    식1
    case  식a
       내용1
    case  식b
       내용2
     ⋮

   otherwise
      내용N
end
```

주어진 형식 박스 내 첫 번째 줄 switch 뒤의 '식1'의 결과 값이 '식a'이면 '내용1'이 실행되고 더 이상의 계산 없이 switch-end 문을 종료한다. 마찬가지로 '식1'의 값이 '식b'이면 '내용2'가 실행되고 'end'로 진행되어 switch-end 문을 종료한다. 어떤 경우(case)에도 해당되지 않으면 'otherwise'의 경우가 되므로 '내용N'이 실행되고 switch-end 문이 종료된다. 예를 들어 주어진 **프로그램 1** 을 작업창에서 실행하면 **프로그램 1** 의 첫 번째 줄 명령어 input에 의하여 작업창에서 아래의 메시지를 보여주며 어떤 수(자연수)가 입력되기를 기다린다.

```
Type any natural number =
```

자연수 5를 입력하면 변수 a에 5가 입력되고 아래의 결과를 보여준다.

```
Type any natural number =  5
5  is divided by 5
```

주어진 프로그램 1 의 두 번째 줄에 있는 명령어 rem(a, 5)은 a를 5로 나누었을 때 나머지 값을 출력된다. 따라서 a=5 인 경우 rem(a, 5)의 값이 0이므로 case 0에 대응하는 내용이 출력 되었다. 출력 내용은 '5 is divided by 5'이다. 나중에 좀 더 자세히 다루겠지만 명령어 fprintf를 이용하여 화면에 출력하는 방법을 기억하도록 하자. 입력되는 자연수의 값을 바꿔 가면서 프로그램 1 을 실행하면 아래의 결과를 볼 수 있다.

```
Type any natural number =  6
6  has a remainder 1 when divided by 5

Type any natural number =  7
7  has a remainder 2 when divided by 5

Type any natural number =  8
8  has a remainder 3 when divided by 5

Type any natural number =  9
9  has a remainder 4 when divided by 5
```

```
a=input(' Type any natural number =  ');
switch rem(a,5)
case  0
fprintf(' %d  is divided by 5 \n',a);
case  1
fprintf(' %d  has a remainder 1 when divided by 5 \n',a);
case  2
fprintf(' %d  has a remainder 2 when divided by 5 \n',a);
case  3
fprintf(' %d  has a remainder 3 when divided by 5 \n',a);
otherwise
fprintf(' %d  has a remainder 4 when divided by 5 \n',a);
end
```

프로그램 1

컴퓨터 프로그램의 큰 장점은 아주 짧은 시간에 많은 계산을 한다는 점이다. 한 사람이 일 년이 걸려서 해야 할 계산을 컴퓨터는 단 10초 이내에 계산할 수도 있다. 프로그램을 통하여 수치적 해를 구하는 과정에서 여러 종류의 반복 계산을 수행해야 하고 이때 사용하는 매틀랩 문법인 for-end 반복문과 while-end 반복문을 알아보자.

1.8.3 For-end 반복문

몇 번의 반복을 시행 할 것인지 프로그램 작성자가 정확히 알고 있을 때 사용하는 반복문이고 그 형식은 다음과 같다.

형식

```
for  처음값:분할간격:마지막값
     내용1
       ⋮
     내용n
end
```

주어진 형식 박스 내 첫 번째 줄에서 '분할간격'은 생략될 수 있다. 생략되면 자동으로 분할간격은 1이 된다. 예를 들어 작업창에서 '분할간격'의 값을 생략한

```
for  ind = 1:8
   x(ind) = 2*ind;
end
```

을 실행하면 작업창에는 배열 변수 x가 생성이 되었고 변수 x의 원소들을 보기 위하여 x를 실행하면 다음과 같다.

```
>> x
x =
    2    4    6    8   10   12   14   16
```

이번에는 '분할간격'을 생략하지 않고 '분할간격'을 2로 설정한

```
for  ind = 1:2:8
   x(ind) = 2*ind;
end
```

을 실행한 뒤 작업창에서 배열 변수 x의 원소들을 보기위하여 x를 실행하면 다음과 같다.

```
>> x
x =
    2    0    6    0   10    0   14
```

계산되지 않았던 x의 짝수 번째 원소들의 값은 0으로 자동 결정된다. 즉, x(2)=x(4)=x(6)=0. 또한 '분할간격'은 임의의 수가 될 수 있다. 예를 들어

```
ind = 1;
for val=1:0.2:2
   x(ind) = 2*val;
   ind = ind+1;
end
```

을 실행하면 x의 값은 다음과 같다. 배열의 첨자는 자연수이어야 함을 명심하자.

```
>> x
x =
   2.0000    2.4000    2.8000    3.2000    3.6000    4.0000
```

다음으로 조건식의 결과에 따라 반복문이 실행되기도 하고 중단되기도 하는 while-end 문을 알아보자.

1.8.4 While-end 문

입력하는 내용에 따라 전 단계와는 부분적으로 다른 내용이 작업창에 출력될 수 있으나 어떤 원하는 결과를 찾게 되기까지 비슷한 내용의 반복적인 질문이 계속되는 내용의 프로그램을 작성할 때에 사용되는 반복문으로 while-end 문을 사용한다. 다음과 같은 형식을 갖는다.

형식

```
while  식
    내용1
      ⋮
    내용n
end
```

주어진 형식 박스 내 마지막 줄에 있는 'end'가 나오기 전까지 내용 길이에는 제한이 없다. 형식 박스 내 첫 번째 줄에 있는 while 뒤에 나오는 '식'이 참(True)인 한 반복적, 순차적으로 '내용1'부터 '내용n' 까지 계속 실행된다. 그러므로 실행 중에 형식 첫 번째 줄에 있는 while 뒤에 나오는 '식'이 거짓(False)이 되는 내용이 발생되어야 한다. 그렇지 않은 경우 프로그램은 종료되지 않는다. 다른 방법으로는 명령어 break를 이용하여 while-end 문을 빠져 나올 수 있다. 간단한 보기 A, B를 가지고 명령어 break를 연습하여 보자.

보기 A

```
num=1
while num
    lpnum = num
```

```
    num = num + 1;
end
```

보기 B

```
num=1
while num
    lpnum = num
    num = num + 1;
    if num == 20
        break
    end
end
```

보기 C

```
num=1
while num
    lpnum = num
    num = num + 1;
    continue
    if num == 20
        break
    end
end
```

작업창에서 보기 A 를 실행하면 강제 종료(Ctrl + c)를 해야 실행이 멈춘다. 반면에 명령어 break를 사용하는 보기 B 를 실행하면 작업창에 lpnum = 19까지 출력된 후에 종료된다. 명령어 break는 반복문(for-end 문, while-end 문)에서 유용하게 사용할 수 있으며 비슷한 종류의 명령어로 continue가 있다. 명령어 continue를 지정한 위치부터 용어 end 사이의 명령어들을 수행하지 않고 반복문의 다음 단계를 계속 수행한다. 예를 들면 보기 C 와 보기 A 는 똑같은 내용을 수행한다.

1.8.5 예제 Secret Code

약간의 힌트가 주어지는 세 자리 비밀번호 맞추기 게임 프로그램을 작성하여 보자. 독자는 비밀번호 □□□를 찾는 과정이 다음과 같은 절차로 진행되도록 한다(작업창(Command Window)에서). 입력하는 각각의 수는 사용자에 따라 다를 수 있다.

```
Type the secret code (three numbers) !!
Write down the first number of the secret code =  2
Write down the second number of the secret code =  3
Write down the third number of the secret code =  4

The first number is often represented by the thumb of the hand.

Type the secret code (three numbers) !!
Write down the first number of the secret code =  □
Write down the second number of the secret code =  3
Write down the third number of the secret code =  4

The first number is OK, but you have chosen wrong second number.

The key for the second number is twin.  Try again!!

Type the secret code (three numbers) !!
Write down the first number of the secret code =  □
Write down the second number of the secret code =  □
Write down the third number of the secret code =  4

The first and second numbers are OK, but you have chosen wrong last
number.

The key for the last number is last
```

```
Type the secret code (three numbers) !!
Write down the first number of the secret code = □
Write down the second number of the secret code = □
Write down the third number of the secret code = □

You will work with 007 soon !!
Until then, you must study Matlab very hard. Anyway, Well done !!
```

위의 결과를 얻기 위하여 조건문과 반복문을 적절히 사용한다. 명령어 disp 또는 fprintf을 이용할 수 있다. 세 개의 수 □□□를 입력하지 않은 한 프로그램은 종료되지 않도록 작성한다. 제공되는 CD에서 CODE007.p를 찾아서 다음과 같이 실행하여 본다.

```
>> CODE007 (Enter)
```

1.8.6 명령어 disp와 fprintf

명령어 disp `disp(M)`

〈의미〉

(1) M이 문자열이면 그 문자열을 화면에 출력한다.
(2) M이 배열이면 배열명 없이 M의 내용을 화면에 출력한다.

〈사용 예〉

```
>> disp('This summer is very hot.')
This summer is very hot.

>> M = [ 1 2 3 4 ;  11 12 13 14 ];
>> disp(M)
     1          2          3          4
    11         12         13         14
```

명령어 fprintf

```
myop = fprintf(fid, format_string, d1, d2, ... )
```

〈의미〉

(1) 데이터 d1, d2, ...를 형식열(format_string)에서 제시한 명령어에 따라 파일인식자(file identifier)와 관련된 파일에 출력한다. 성분 fid를 생략하거나 fid가 수(number) 1의 값을 가지고 있으면 형식열에서 지정한 형식에 따라 화면(standard output)으로 출력한다. 성분 fid가 생략되는 경우의 형태는 myop = fprintf(format_string, d1, d2, ...)이다.

(2) 출력되는 내용의 바이트(bytes) 수가 변수명 myop에 입력된다.

〈형식열(format_string) 내용〉

(a) 전환지정(Conversion Specification) 기본꼴 형태의 예로서 %-10.2f를 가정할 때 각 부분에 대한 명칭은 다음과 같다.

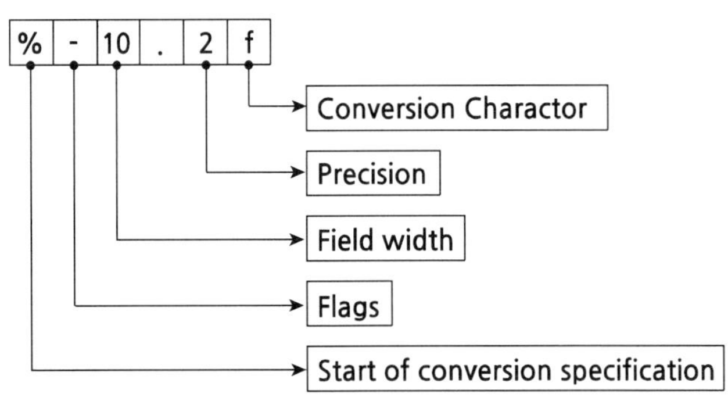

(b) 기호 %는 전환지정 내용의 시작을 뜻한다.

(c) 형식열(format_string)에 다음과 같은 내용을 수행하는 이스케이프 문자(Escape Character)를 입력할 수 있다.

〈이스케이프 문자 종류와 의미〉

문자종류	뜻
\n	개행(New line)
\r	Enter 실행
\t	Tab 실행
\b	Backspace 실행
\\	Backslash 기호 출력
\'' 또는 ''	단일인용부호 출력
%%	퍼센트 기호 출력

(d) 플래그(Flags)에 대응하는 기호 종류와 의미는 다음과 같다. 플래그의 기호를 선택하지 않을 경우 우측 열(Default)을 기준으로 내용이 정렬된다. 사용 예는 다음과 같다.

```
-  :  좌측열 기준 정렬
+  :  부호 표시
0  :  빈 공란(spaces)에 0(zeros) 표시
빈 공란 : 값(value) 앞에 공란(space) 첨가
```

```
>> a=12345.678
>> fprintf('%10.2f\n',a)
  12345.68

>> fprintf('%-10.2f\n',a)
12345.68

>> fprintf('%+10.2f\n',a)
 +12345.68

>> fprintf('%010.2f\n',a)
0012345.68
```

```
>> b = 1234567.891
>> fprintf('%010.2f\n',b)
1234567.89

>> fprintf('% 10.2f\n',b)
 1234567.89
```

(e) 정확도(Precision)는 소수점 이하의 자리수를 지정한다.

(f) 전환문자(Conversion character)는 출력의 종류를 지정한다. 종류는 다음과 같다.

종류	뜻
%c	하나의 문자 출력
%s	문자열 (String of characters) 출력
%d 또는 %i	십진법으로 출력
%e (%E)	소문자 e를 사용하여 지수 형태로 출력 (대문자 E를 사용)
%f	고정 소수점으로 출력
%g (%G)	%e 또는 %f 중 간략한 형태로 출력하고 불필요한 0(zeros)는 생략 (대문자 E를 사용)
%o	8진법으로 출력
%x (%X)	a-f를 이용하여 16진법으로 출력 (A-F 이용)

(g) 필드폭(Field width)은 출력되는 값의 총 자리수를 지정한다(소수점 포함). 즉, 출력되는 값은 필드폭에서 지정하는 자리수 이내에서 표현된다. 그러나 전환지정(Conversion specification)으로 인하여 출력모양의 지정뿐 만 아니라 출력값 자체에 변화가 일어날 경우 아래와 같이 지정된 총 자리수(필드폭)를 따르지 않는다. K 값의 출력으로 3456.789으로 되지 않은 점을 유의하자. 즉, 소수점 이하 3자리까지만 출력되었을 뿐 K에 있던 원래의 값이 유지되고 있다.

```
>> K = 123456.78912;
```

```
>> fprintf('%8.3f\n',K)
123456.789
```

이번에는 전환문자(Conversion Character)가 'e'또는 'E'인 경우의 출력을 살펴보자. 전환지정 '%5.4e'의 결과를 유의하여 보자.

```
>> K1 = 1234567.89123;
>> fprintf('%10.3e\n',K1)
1.235e+006
>> fprintf('%12.3e\n',K1)
  1.235e+006
>> fprintf('%12.4e\n',K1)
 1.2346e+006
>> fprintf('%5.4e\n',K1)
1.2346e+006
>> fprintf('%11.4e\n',K1)
1.2346e+006
```

위의 결과들을 종합하여 결론을 가지면 다음과 같은 부등식을 예측할 수 있고 부등식의 결과에 맞추어 'e'(또는 'E') 관련 전환지정(Conversion Specification)을 해야 출력의 위치정렬을 사용자의 의도대로 할 수 있다.

필드폭(Field width) $\geq$ 소수점 이하 자리수(Precision) + 7

(h) 지금까지의 내용을 기초로 전환 지정의 두 가지 보기를 설명하여 보자.

```
'%-10.2f\n'
```

해설 : 좌측열을 기준으로 해서 고정 소수점 표기법 소수점 이하 2자리까지 확보된 총 10자리 공간(소수점 포함) 이내에 출력한 후 새로운 줄로 커서를 옮긴다.

```
'%5d'
```

해설 : 확보된 총 5자리 공간 이내에 우측 열에 정렬하여 출력한다.

(i) 다음과 같이 작업창에서의 몇 가지 예를 수행하여보자.

```
>> k = 10
>> fprintf('%-5d',k);
10   >>

>> fprintf('%5d',k);
   10>>

>> k=223782.2634700;
>> fprintf('%-20.5f',k)
223782.26347        >>

>> fprintf('%20.5f',k)
        223782.26347>>

>> y = [1 2 3 4 5 6 7 8 9 10];
>> fprintf('%d',y)
12345678910>>

>> fprintf('%d ',y)
1 2 3 4 5 6 7 8 9 10 >>

>> fprintf('%d  ',y)
1  2  3  4  5  6  7  8  9  10  >>

>> fprintf('%d\n',y)
1
```

```
2
3
4
5
6
7
8
9
10

>> z = [ 1 2 3 4 5 ; 11 12 13 14 15 ];
>> fprintf('%d  ',z)
1  11  2  12  3  13  4  14  5  15  >>

>> deg = 38.9;
>> fprintf('Yesterday this thermometer went up to %5.2f degree
Celsius.\n',deg)
Yesterday this thermometer went up to 38.90 degree Celsius.
```

지금까지 명령어 fprintf(fid, format_string, d1, d2, ...)에서 파일인식자(file identifier)명 fid가 생략된 경우를 살펴보았다. M-파일 생성과 파일 입출력 관련 명령어를 다룬 뒤에 fprintf 명령어에 대해서 좀 더 정교한 활용을 하도록 한다. fprintf 명령어는 소수점 이하의 수가 많은 수치적 문제의 답을 출력할 때 큰 장점을 보여준다. 가령, 하나의 상미분 방정식 수치적 해를 여러 가지 ODE 해법에 의해서 구했을 때 전환지정(Conversion specification)을 적절히 이용하면 해법간의 결과를 비교하기 쉬운 형태로 출력할 수 있는 유용한 명령어이다.

제1장 연습문제

1. 다음 중 에러가 발생하는 경우를 선택하고 그 이유를 쓰시오.

(1) `>> a80 = 10`

(2) `>> Abc = 20`

(3) `>> bear10end = 30`

(4) `>> tiger_80 = 40`

(5) `>> 30water = 50`

(6) `>> 10_horse = 60`

(7) `>> -sky = 70`

(8) `>> abc efg = 80`

2. 작업창에서 다음과 같은 절차로 배열 변수 mytest에 대응하는 영어 단어(8 characters)를 찾아라.

(1) 명령어 reshape를 분석한다.

```
>> help reshape
```

(2) 수 32부터 127에 대응하는 문자를 알아본다.

```
>> mycode = char(reshape(32:127, 32, 3)')
```

(3) 위의 결과의 역 변환을 실행한다.

```
>> mynum = double(mycode)
```

(4) `mytest = [ 98   105   114   116   104   100    97   121]`

3. 작업창에서 다음과 같이 A, B, C가 결정되었을 때 B와 C의 차이는 무엇인가?

```
>> A = [ 1 2 3; 4 5 6 ]
>> B = cell(size(A))
>> C = cell(2,3)
```

4. 다음의 과정 중에서 에러가 발생하였다. 잘못된 부분을 수정하시오.

```
>> md = {'teacher', 'man' ;  'sports', 'football'}
>> ac = {'Elementary', 44, md}
>> ac{3}{2,1:2} = deal('close friends',1)
```

5. 셀(Cell) 데이터로 작성한 문제 4번에서 잘못된 점을 수정한 후 얻은 결과를 스트럭트(Struct) 데이터로 변경하여 표현하시오. 즉, 아래의 구조를 가지는 스트럭트 데이터를 변수명 bs로 생성하시오.

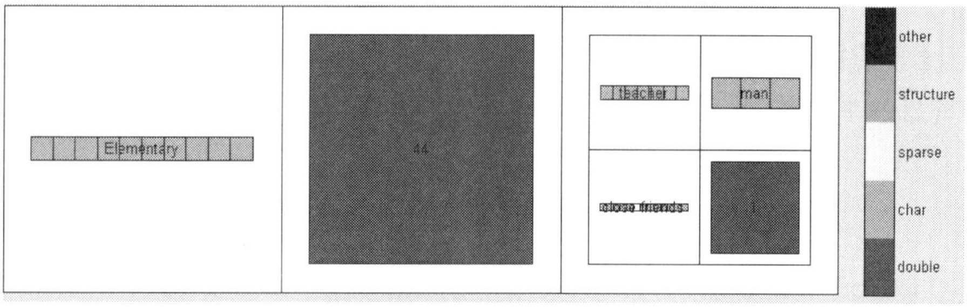

6. 다음 주어진 명령어에 따른 분수 $\frac{10}{7}$의 값을 쓰시오.

(1) format long　　(2) format short　　(3) format rat

(4) format short e　　(5) format long e　　(6) format bank

(7) format hex

7. 변수 K1, K2, K3, K4의 값을 구하시오.

```
>> a=1; b=2; c=3; d=5; e=6; f=0; g=-1;
>> K1 = e - c * b & c
>> K2 = b + a < b | f
>> K3 = c <= d - d * g | b & d
>> K4 = d * a + g * b ^ c / e
```

8. 무한 반복을 하는 다음 while-end 문을 수정하여 lpnum = 99 까지 작업창에 출력되도록 하여라(명령어 break를 사용하지 않는다).

```
num=1
while num
    lpnum = num
    num = num + 1;
end
```

9. 다음과 같은 결과가 얻어지도록 형식열(format_string)을 완성하시오. 또한 변수 MSG의 값을 구하시오.

```
>> K1=10;
>> K2=20;
>> MSG = fprintf(              ,K1,K2);
 10 is less than 20.00.
```

10. 화면에 출력이 되도록 fid의 값을 결정하고 변수 t의 값과 명령어 fprintf에 의하여 출력되는 내용을 쓰시오.

```
>> k = 1:5;
>> t = [k ; log(k)];
```

```
>> fid = [    ]
>> fprintf(fid,'%5.1f %10.2e\n',t)
```

11. 명령어 fprintf를 두 번 사용하여 아래의 결과가 화면에 나타나도록 fprintf 명령어를 완성하시오.

```
>> k = 1:5;
>> t = [k ; log(k)];
>> fprintf(                    ); fprintf(                    );
    k       log(k)
  1.0      0.0000
  2.0      0.6931
  3.0      1.0986
  4.0      1.3863
  5.0      1.6094
>>
```

12. 주어진 순서도의 흐름과 같은 내용의 프로그램을 작성하시오. 즉, 1부터 100 사이의 임의의 수를 작업창에서 변수 M에 입력한 뒤 2의 배수, 3의 배수, 6의 배수인지를 판단하고 그 결과를 작업창(Standard Output)에 출력한다.

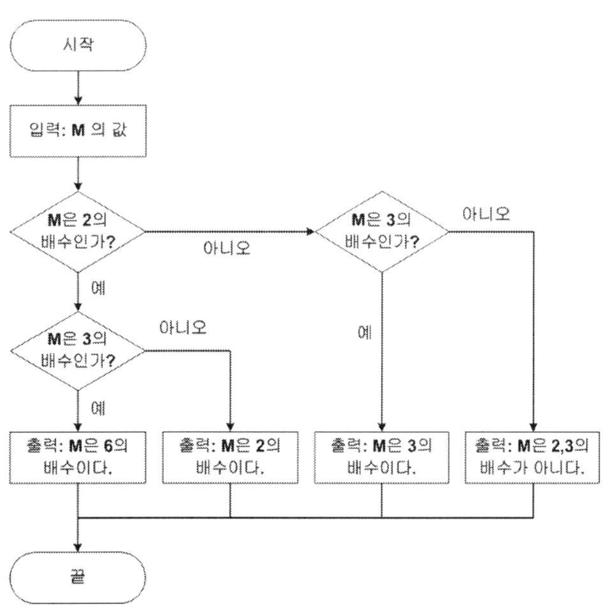

13. 주어진 순서도의 흐름과 같은 내용의 프로그램을 작성하시오. 즉, 1부터 48 사이의 모든 수가 2의 배수, 3의 배수, 6의 배수인지를 판단하고 그 결과를 작업창(Standard Output)에 출력한다.

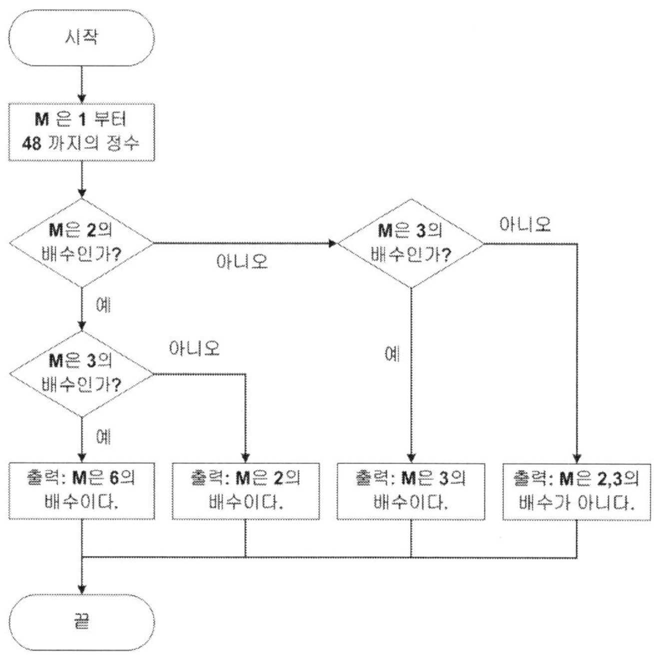

MATLAB과 응용

Chapter 02

MATLAB

M-파일 종류와 활용 및 그래프 제어

매틀랩에서 M-파일이라고 할 때에는 두 가지 종류 Function Mode M-file과 Script Mode M-file이 있다.이 책에서는 Function Mode M-file, Script Mode M-file을 간단히 각각 함수형 M-파일, 스크립트형 M-파일로 부르기로 한다.

2.1 함수형 M-파일

프로그램 작성시 어떤 종류의 작업을 반복적 또는 선택적으로 하기 위하여 함수형 M-파일을 작성할 수 있다. 가령 일변수 또는 이변수 등의 수학 함수를 함수형 M-파일로 만들 수 있다. 함수형 M-파일을 작성시 함수형 M-파일임을 알리는 정의부는 다음과 같이 매틀랩 용어 function으로 시작한다.

```
function [출력변수1, 출력변수2, ...] = 함수명(입력변수1, 입력변수2, ...)
```

함수명은 변수명과 마찬가지로 첫 글자를 문자로 시작한다. 함수형 M-파일 실행시 필요한 입력변수를 함수명을 뒤따르는 괄호 기호 ( ) 사이에 쓰고 출력 변수는 용어 function 뒤 기호 [ ] (Brackets) 사이에 쓴다. 예를 들어 함수 이름을 myftion이라 하고 두 개의 입력 변수로 “입력1, 입력2” 그리고 세 개의 출력 변수로 “출력1, 출력2, 출력3”를 사용할 때 함수형 M-파일의 정의부는

```
function [출력1, 출력2, 출력3] = myftion(입력1, 입력2)
```

의 형태를 가진다. 함수형 M-파일의 전체 실행문을 완성하여 함수형 M-파일을 저장할 때 일반적으로 함수명과 같은 명칭의 파일명으로 M-파일을 저장한다. 이 때 파일명 뒤에 확장자로 "m"을 사용한다. 즉, M-파일 정의부가 위의 예와 같은 형식이라면 파일명은 "myftion.m"이 된다. 함수명은 보통 그 함수의 내용을 예측하게 한다. 그러므로 함수명과 같은 명칭으로 M-파일명을 선택하면 기억하고도 쉽고 사용하기도 편리하다. 함수형 M-파일 정의부에 있는 함수명과 저장할 M-파일명이 다르다면 매틀랩은 함수 정의부에 있는 함수명을 무시하고 M-파일명을 사용한다. 예를 들어, 하나의 함수형 M-파일을 직접 만들어 보자. 이 M-파일은 다음과 같은 네 가지 항목의 내용을 가지고 있다.

내 용

1. 작업창(Command Window)에서 변수 a와 변수 b에 임의의 수(number)를 전달한다.
2. 변수 a와 b에 전달된 값을 함수의 입력변수 ain, bin으로 전달한다.
3. 함수명 및 함수형 M-파일명은 mycalculation.m으로 정한다.
4. 함수 mycalculation에서 변수 a와 b의 사칙 연산이 계산된 뒤 사칙연산의 결과, 즉 a+b, a-b, a*b , a/b의 값을 각각 출력 변수명 abpl, abmi, abmu, abdi로 지정하여 다시 작업창으로 보낸다.

위의 내용을 가지는 함수형 M-파일을 작성하면 **프로그램 1** 과 같이 주어진다.

프로그램 1

```
function  [abpl, abmi, abmu, abdi] =  mycalculation(ain, bin)
   abpl = ain + bin;
   abmi = ain - bin;
   abmu = ain*bin;
   abdi = ain/bin;
```

작업창에서

```
>> a=3;
>> b=4;
>> [abpl, abmi, abmu, abdi] = mycalculation(a,b)
```

를 실행하면(편집 후) 3과 4의 더하기(abpl), 빼기(abmi), 곱하기(abmu), 나누기(abdi)의 값으로

```
abpl =  7
abmi =  -1
abmu =  12
abdi =  0.7500
```

의 결과를 작업창에서 얻는다. **프로그램 1** 에서 표시된 출력변수 [abpl, abmi, abmu, abdi]를 작업창에서 mycalculation(a,b) 좌측에 지정하지 않으면 함수 mycalculation에서 a와 b의 사칙 연산의 결과가 작업창(Command Window)에 까지 전달되지 않는다. 예를 들어 작업창에서 단지

```
>>  mycalculation(a,b)
```

로 실행할 수 있는데 이때는 a와 b의 더하기의 결과만이 얻어지게 된다. 즉, 화면에

```
ans =  7
```

의 출력만을 얻게 된다. 또한 `>> mycalculation(a,b)`를 실행 후 변수 abpl, abmi, abmu, abdi는 작업창에서 인식되지 못한다. 즉, 작업창에서 다음의 내용을 실행하여 보면

```
>> clear all
```

```
>> mycalculation(a,b);
>> abpl
??? Undefined function or variable 'abpl'.

>> abmi
??? Undefined function or variable 'abmi'.

>> abmu
??? Undefined function or variable 'abmu'.

>> abdi
??? Undefined function or variable 'abdi'.
```

와 같은 Error 메시지를 보게 된다. 명령어 clear all을 실행하면 작업창에 있는 모든 변수와 handle(다음에 설명)을 포함하는 모든 값이 사라진다. 작업창에서

```
>> [abpl, abmi, abmu, abdi] = mycalculation(a,b)
```

와 같이 출력변수를 외형적으로 지정하지 않는 한 변수 a와 b의 더하기, 빼기, 곱하기, 나누기에 대응하는 변수명 abpl, abmi, abmu, abdi은 함수 mycalculation 내에서만 존재하는 지역적(Local) 성격만을 갖게된다. 따라서 지정하지 않으면 변수명 abpl, abmi, abmu, abdi에 저장되어 있던 값들을 작업창에서 알 수 없다. 출력변수명 abpl, abmi, abmu, abdi은 함수 mycalculation 내의 변수명과 같을 필요는 없다. 만약에 작업창에서

```
>> [out1, out2, out3, out4] = mycalculation(a,b)
```

와 같이 실행하였다면 출력 변수명 out1, out2, out3, out4 각각에는 함수 mycalculation 내에서 계산된 변수 a와 b의 더하기, 빼기, 곱하기, 나누기의 결과가 대입된다. 이 이후로 작업창에서는 변수 out1, out2, out3, out4를 사용할 수 있다.

이번에는 다음과 같은 일변수 함수 $f(x)$를 매틀랩으로 정의하고 임의의 x의 값에 대한 함수값을 구해보자.

$$f(x)=\frac{(x^2+\cos(x))}{(1+e^x)}$$

위의 함수 $f(x)$를 함수형 M-파일(함수명 myft.m)로 작성하면 [프로그램 2]와 같이 생성된다.

[프로그램 2]

```
function y = myft(x)
 y =  ( x.^2 + cos(x) )./(1 + exp(x));
```

작업창에서 $x=\frac{\pi}{3}$, π 일 때 함수값 $f(x)$을 계산하여 변수 yvalue에 대입되는 과정은 다음과 같다.

```
>> x = pi/3;
>> yvalue = myft(x)
yvalue =
   0.4147

>> x = pi;
>> yvalue = myft(x)
yvalue =
   0.3674
```

한 개의 함수형 M-파일 생성시 정의부를 제외한 그 이외의 다른 규칙은 없다 단지 구현하고자 하는 내용의 길이에 따라서 함수형 M-파일의 크기가 결정된다. 용어 end를 사용하여 함수형 M-파일의 끝을 나타낼 수 있다. 즉, 다음 [보기 1]과 [보기 2] 사이에 내용적 차이는 없다.

보기 1

```
function [출력1, 출력2, 출력3] = myftion(입력1, 입력2)
        함수 내용
end
```

보기 2

```
function [출력1, 출력2, 출력3] = myftion(입력1, 입력2)
        함수 내용
```

함수 정의부가 여러개 존재할 수 있는데 보기 3 과 같이 가장 위에 있는 함수를 주함수(Primary Function), 그 아래에 존재하는 함수를 부함수(Subfunctions)로 부른다.

보기 3

```
function  정의부  % Primary function
    주함수 내용
end  % 생략가능
function  정의부  % Subfunction1
    부함수1 내용
end  % 생략가능
function  정의부  % Subfunction2
    부함수2 내용
end % 생략가능
```

이 때, 주함수는 외부에서 참조(Call)할 수 있고 부함수를 직접 참조(Call)할 수도 있다. 부함수끼리는 서로 참조(Call)할 수 있으나 외부에서는 부함수를 참조(Call)할 수 없다. 다음 프로그램 3 에 주어진 파일을 실행하여 보고 그 결과로 나온 값들에 대한 이유를 각자 분석하여 보자. 참고로 주함수는 psft이고 부함수는 subone과 subtwo

가 있다.

프로그램 3 psft.m

```
function p = psft(x)
  p = subone(x) + 5
function s1 = subone(x1)
  s1 = abs(x1) + subtwo(x1)
function s2 = subtwo(x2)
  s2 = 2*x2
```

```
>> psft(-7)
s2 =   -14
s1 =    -7
p =   -2
ans =    -2
>>
```

함수의 끝을 알려주는 용어 end가 꼭 필요한 경우가 있는데 네스트(Nested) 함수를 사용할 때이다. 프로그램 4 에 있는 네스트 함수 ntftion의 끝을 알려주는 end는 꼭 써야 한다. 또한, 네스트 함수 내에서 사용하는 변수는 지역(Local)변수임을 명심하자. 다음과 같이 실행하여 그 결과의 값을 이해하도록 한다.

```
>> mpftion(-7)
ntvalue =   -20
y =   -13
ans =   -13
>>
```

프로그램 4 mpftion.m

```
function y = mpftion(x)    % primary function
y = ntftion(x) + 7
    function ntvalue = ntftion(ntx)   % nested function
        ntvalue = 3*ntx + 1
    end
end
```

주함수의 입력변수가 네스트 함수 입력 변수로 선언됨 없이 네스트 함수 내부에 전달됨을 알 수 있다. 다음과 같이 프로그램 5 를 실행하면 변수 x가 global 변수 역할을 하듯이 네스트 함수 내부에 전달되는 것을 볼 수 있다.

```
>> myprift(-2)
z2 =    -9
z1 =    -8
y =     2
ans =     2
>>
```

프로그램 5 myprift.m

```
function y = myprift(x)
y = ntftone + 10
    function z1 = ntftone
        z1 = ntfttwo + 1
        function z2 = ntfttwo
            z2 = 5 + 7*x
        end
    end
end
```

같은 결과가 얻어지는 경우 M-파일의 크기가 작게 되도록 프로그램을 작성하는 노력을 해야 한다.

2.2 스크립트형 M-파일

스크립트형 M-파일은 함수형 M-파일에 설명한 정의부 같은 어떤 형식이 없다. 보통 매틀랩 프로그램을 작성하라고 하면 바로 스크립트형 M-파일을 생성하는 것이다. 스크립트형 M-파일은 원하는 결과를 얻기 위하여 함수형 M-파일 실행을 포함한 모든 매틀랩 명령어를 나열한 뒤에 사용자가 지정한 파일명으로 저장하면 된다(확장자는 m으로 한다). 작업창에서 스크립트형 M-파일명을 타이핑한 후 실행하면 스크립트형 M-파일에 있던 모든 명령어들이 순차적으로 한번에 실행된다. 예를 들어 아래의 [내 용]을 스크립트형 M-파일로 작성하여 매틀랩에서 실행하여 보자.

[내 용]

1. 작업창에서 변수 a = 10과 변수 b = 2를 설정한다.
2. 변수 a와 b에 할당된 값을 함수의 입력변수로 전달한다.
3. 앞 절에서 작성된 함수형 M-파일 mycalculation.m에서 a와 b의 사칙 연산이 계산된 뒤 사칙연산의 결과, 즉 a+b, a-b, a*b , a/b의 값을 다시 작업창으로 전달한다.
4. 작업창에서 사칙연산의 4가지 결과를 모두 더해서 변수 mysum에 저장한다.

위의 내용이 실행되기 위하여 작업창에서 한 줄씩

```
>> a = 10
>> b = 2
>> [pl, mi, mu, di] = mycalculation(a,b)
>> mysum = pl + mi + mu + di
```

를 입력 및 실행하면 원하는 결과를 얻게 된다. 그러나 스크립트형 M-파일을 이용하면 좀 더 쉽게 할 수 있다. 위의 네 줄의 실행문을 **프로그램 1** 과 같이 하나의 파일 myanswer.m로 저장한다.

프로그램 1

```
a = 10
b = 2
[pl, mi, mu, di] = mycalculation(a,b)
mysum = pl + mi + mu + di
```

저장 뒤 작업창에서

```
>> myanswer
```

를 실행하면 한 줄씩 실행하였을 때와 똑같은 결과를 얻게 된다. 스크립트형 M-파일은 Window 이전 OS(운영시스템)인 DOS 환경에서의 배치파일 역할을 하게 된다. 작업창에서의 결과(편집 후)는

```
a = 10
b =  2
pl = 12
mi =  8
mu =  20
di =  5
mysum =  45
```

와 같이 한 번의 실행으로 모든 결과가 얻어진다. 어떤 프로그램의 경우 마지막 결과만을 알고자 할 때에는 세미콜론(기호 ;)을 이용할 수 있다. 즉 **프로그램 1** 을 **프로그램 2** 로 변경하여 실행하면 다음과 같이 최종의 결과만을 볼 수 있다.

```
>> myanswer
mysum =  45
```

프로그램 2

```
a = 10;
b = 2;
[pl, mi, mu, di] = mycalculation(a,b);
mysum = pl + mi + mu + di
```

2.3 명령어와 M-파일 관계

이 책에서는 매틀랩에서 지정한 내장 함수(Built-in Function)는 명령어와 동일한 의미로 사용한다. 보통 "함수"라 할 때에는 내장 함수 이외의 어떤 목적을 수행하는 매틀랩이 제공하는 함수형 M-파일을 뜻한다. 비교를 위하여 내장 함수 이외의 매틀랩이 제공하는 함수를 "목적 함수"로 명칭한다. 예를 들어 주어진 함수 적분의 근사값을 제공하는 quad.m는 하나의 목적함수이다. 또한 사용자가 생성한 함수형 M-파일은 "사용자 정의 함수"로 명칭한다. 가령 작업창을 백지화하는 명령어 clc는 내장 함수(또는 내장 함수명)이고 2.1절 프로그램 1 에서 제공된 mycalculation.m은 함수형 M-파일로 입력되는 두 수의 사칙연산을 계산하는 "사용자 정의 함수"이다. 매틀랩에서 제공하는 함수를 많이 알고 있는 사용자는 그 만큼 매틀랩의 M-파일을 많이 아는 것이다. 다른 사용자에 비하여 매틀랩 활용을 더 잘하기 위하여 매틀랩 제공하는 함수와 사용자 정의 함수를 어떻게 적절히 연계하여 사용하느냐에 달려 있다. 함수를 활용하기 위해서는 함수의 사용방법을 이해해야 한다. 자세한 함수 사용방법은 많은 연습을 통하여 사용자 스스로 터득을 해야 하지만 개략적인 사용방법은 명령어 help를 이용하여 원하는 함수 사용방법을 알 수 있다. 명령어 help 사용법은 다음과 같다:

```
>> help 함수명
```

위와 같이 실행하면 대응하는 파일내에서 첫 번째 주석문과 처음 나오는 Matlab 명령어(또는 첫 번째 빈 줄) 사이에 있는 주석문이 나타난다. 예를 들어 작업창에서 다음의 내용을 실행하여 확인하여 보자.

```
>> help disp

 DISP Display array.
   DISP(X) displays the array, without printing the array name.  In
   all other ways it's the same as leaving the semicolon off an
   expression except that empty arrays don't display.

   If X is a string, the text is displayed.

                :

>> help fprintf

 FPRINTF Write formatted data to file.
   COUNT = FPRINTF(FID,FORMAT,A,...) formats the data in the real
   part of matrix A (and in any additional matrix arguments), under
   control of the specified FORMAT string, and writes it to the file
   associated with file identifier FID.  COUNT is the number of bytes
   successfully written. FID is an integer file identifier obtained
   from FOPEN. It can also be 1 for standard output (the screen) or 2
   for standard error. If FID is omitted, output goes to the screen.

   FORMAT is a string containing C language conversion specifications.
   Conversion specifications involve the character %, optional flags,
   optional width and precision fields, optional subtype specifier,
and
   conversion characters d, i, o, u, x, X, f, e, E, g, G, c, and s.
   For more details, see the FPRINTF function description in online help
```

```
(search by Function Name for FPRINTF), or look up FPRINTF in a C
language manual.

The special formats \n,\r,\t,\b,\f can be used to produce linefeed,
carriage return, tab, backspace, and formfeed characters respectively.
Use \\ to produce a backslash character and %% to produce the percent
character.

        ⋮
```

앞 장에서 배운 명령어 disp와 fprintf에 대한 사용방법을 위와 같이 작업창에서 볼 수 있다. 위의 명령어 설명에서 생략된 부분은 관련 명령어들이나 사용 예제들을 포함한다. 처음 배우는 명령어는 이와 같이 명령어 help를 이용하여 사용방법을 익히고 사용 예제를 연습함으로써 새로운 명령어를 프로그램 작성 시 활용할 수 있다. 또한 2.1절에서 생성한 M-파일 mycalculation.m에 주석문을 **프로그램 1** 과 같이 첨가한 뒤에 help mycalculation의 결과는 다음과 같다.

프로그램 1

```
function  [abpl, abmi, abmu, abdi] = mycalculation(ain, bin)
% mycalculation(ain, bin)
% 두 변수 ain과 bin의 더하기, 빼기, 곱하기, 나누기의 값을
% 출력한다.
  abpl = ain + bin;
  abmi = ain - bin;
  abmu = ain*bin;
  abdi = ain/bin;
```

```
>> help mycalculation
```

```
mycalculation(ain, bin)
두 변수 ain과 bin의 더하기, 빼기, 곱하기, 나누기의 값을
출력한다.
```

위와 같이 함수 정의부 아래 첫 번째 주석문부터 함수 내용 중 첫 번째 명령어 abpl = ain + bin; 사이의 주석문이 출력되었다. 관련된 주제어를 알 경우에는 lookfor 라는 명령어를 이용하여 관련 함수명을 찾아낼 수 있다. 주석문 첫째 줄에 주제어가 나오는 모든 함수를 찾아주고 사용법은 다음과 같다.

```
>> lookfor  주제어
```

실제적으로 매틀랩을 처음 접하는 사용자는 매틀랩에 무슨 명령어(함수)가 있는지도 모르기 때문에 무엇을 이용해야 할지도 모르는 당황스러운 경우가 발생한다. 이런 때에 내용으로 접근하는 명령어 lookfor를 이용하여 함수명을 찾은 다음 명령어 help를 이용하여 선택한 함수에 대응하는 사용방법을 알아내면 된다. 명령어 help 대신에 doc를 사용할 수 있다. 함수에 따라 몇 가지 예제를 포함한다. 화면에 너무 많은 내용이 표시되어 있는 경우 다음과 같이 명령어 clc(Clear Command Window)를

```
>> clc
```

이용하여 작업창(Command Window)의 화면을 깨끗하게 할 수 있다. 작업창에 있는 모든 변수와 handle을 포함하는 모든 값이 사라지게 하는 명령어 clear all과는 다르게 화면만을 정리한다.

2.4 함수 종류

매틀랩 프로그램 작성 시 유용한 함수들을 알아보자.

2.4.1 inline

함수형 M-파일을 이용하여 함수를 생성할 수도 있으나 간단한 사용자 정의 함수는 inline을 이용하여 정의할 수 있다. 2장1절 프로그램 2 는 다음 수학함수를 함수형 M-파일의 형태로 생성하였다.

$$f(x) = \frac{(x^2 + \cos(x))}{(1 + e^x)}$$

위의 일변수 함수를 작업창(Command Window)에서 함수 inline을 이용하여 정의하고 계산하여 보자. 다음과 같이 2.1절의 결과와 같은 내용을 볼 수 있다.

```
>> myft = inline('( x.^2 + cos(x) )./(1 + exp(x))')
myft =
     Inline function:
     myft(x) = ( x.^2 + cos(x) )./(1 + exp(x))

>> x = pi/3;
>> yvalue = myft(x)
yvalue =
    0.4147

>> x = pi;
>> yvalue = myft(x)
yvalue =
    0.3674
```

위와 같이 생성된 사용자 정의 함수 myft은 독립변수를 미리 지정하지 않았지만 아래와 같이 사용자 정의 함수의 독립변수를 미리 지정할 수도 있다. 독립변수 지정 시 단일인용부호(기호 ' ')를 사용한다.

```
>> myft = inline('( x.^2 + cos(x) )./(1 + exp(x))','x')
myft =
    Inline function:
    myft(x) = ( x.^2 + cos(x) )./(1 + exp(x))

>> yvalue = myft(pi)
yvalue =
   0.3674
```

두 개의 독립변수 u, v를 가지는 이변수 수학함수 $h(u, v)$가 다음과 같이 주어졌다고 가정하자.

$$h(u,v)=\frac{(u^2 v+3\cos(uv))}{(1+ue^v)}$$

함수 inline을 이용하여 위의 이변수 함수를 정의하고 $u=\pi$, $v=\frac{1}{2}$일 때 함수값 $h(u, v)$는 다음과 같이 변수 hvalue의 값으로서 구할 수 있다.

```
>> h = inline('(u.^2.*v + 3*cos(u.*v))/(1+u.*exp(v))','u','v')
h =
    Inline function:
    h(u,v) = (u.^2.*v + 3*cos(u.*v))/(1+u.*exp(v))

>> hvalue = h(pi,1/2)
hvalue =
   0.7986
```

함수 inline을 이용한 다변수 수학함수 생성 시 위와 같은 변수 지정을 통하여 복잡

한 식을 가지는 사용자 정의 함수의 입력 변수를 명확하게 지정할 수 있다. 정리하면,

표 1

〈 inline을 이용하여 함수 f 생성 〉

```
(1) f = inline('문자열수식')
(2) f = inline('문자열 수식', 변수1, 변수2, ... , 변수n)
```

주어진 표 1에서 (1)에 의하여 정의된 함수 f는 변수가 사용자에 의하여 지정되지 않았기 때문에 변수 x가 default로 지정된다. 그러나 '문자열수식'에 변수 x가 없는 경우 x에 가장 가까운 문자(알파벳순서기준)가 변수로 지정된다. 매틀랩 버전 7.** 이후 익명함수(Anonymous Function)가 새롭게 등장하였고 사용법은 다음과 같다.

표 2 〈 기호 @를 이용한 함수핸들 fhandle 생성 〉

```
형식:  fhandle = @(변수1, 변수2, ... , 변수n)  수식
```

앞에서 명령어 inline을 이용하여 정의한 함수를 익명함수 형식에 의하여 다시 정의하여 보자.

```
>> amyft = @(x)  ( x.^2 + cos(x) )./(1 + exp(x))
amyft =
   @(x)(x.^2+cos(x))./(1+exp(x))

>> amyft(pi)
ans =
   0.3674

>> ah = @(u, v) (u.^2.*v + 3*cos(u.*v))/(1+u.*exp(v))
ah =
```

```
    @(u,v)(u.^2.*v+3*cos(u.*v))/(1+u.*exp(v))

>> ah(pi,1/2)
ans =
    0.7986
```

명령어 inline에 의한 앞의 결과와 같은 사실을 알 수 있다. 익명함수는 Command Window 뿐만 아니라 함수형 또는 스크립트형 M-파일 내에서 자유롭게 사용할 수 있다.

2.4.2 input

화면에 메시지를 표시하고 입력을 받는 명령어 input은 앞서 다룬 바 있지만 좀 더 자세하게 다루어 보자.

```
>> mystring = input('Input your message: ','s')
```

위와 같이 작업창에서 입력 후 실행하면 다음과 같이 화면에 단일 인용부호 안에 있는 문자열 `Input your message:` 를 출력하고 다음과 같이 커서가 입력을 기다리고 있다.

```
Input your message:
```

이때 다음과 같이 `Do your best!` 를 입력하고 엔터키를 입력하면 변수 mystring이 생성되고 mystring 이란 변수에는 문자열 `Do your best!` 이 저장되어 있다.

```
Input your message: Do your best!

mystring =
Do your best!
```

즉, 선택사항 's'에 의하여 입력되는 모든 것이 문자로 간주 후 mystring에 입력된다. 선택사항 's'를 생략하고 수(Number)를 입력하는 경우는 다음 절(2.4.3)에서 살펴 보자.

2.4.3 class와 length

변수의 종류를 알려주는 명령어 class와 변수에 저장된 데이터의 길이를 알려주는 명령어 length를 이용한 아래의 결과로부터 mystring(2.4.2절에서 생성)은 문자 13개가 저장되어 있는 문자열(Character String) 변수임을 알 수 있다.

```
>> class(mystring)
ans =
char

>> length(mystring)
ans =
    13
```

선택사항 's'를 생략하고 명령어 input을 사용하면 작업창에 저장되어 있는 변수값 또는 수식의 결과를 입력할 수 있다. 예를 들면 다음과 같다.

```
>> xvalue = 50; yvalue = 30;
>> myvalue = input('Input your message:  ')
Input your message:  xvalue
myvalue =
    50

>> myvalue = input('Input your message:  ')
Input your message:  xvalue+yvalue
myvalue =
```

```
    80
>> class(myvalue)
ans =
double
```

변수 myvalue에는 수(Number) 80이 저장된 double형 임을 알 수 있다.

2.4.4 sort

벡터 v의 성분을 정렬하고자 할 때 명령어 sort를 사용할 수 있다. 다음은 벡터 v를 오름차순(ascending order)으로 정렬하고 있다.

```
>> v = [12 3 9 15 6];
>> vs = sort(v)
vs =
     3     6     9    12    15

>> [vs, vop] = sort(v)
vs =
     3     6     9    12    15
vop =
     2     5     3     1     4
```

변수 vop의 성분은 정렬된 vs 성분의 원래 위치를 알려준다. 가령 vs의 네 번째 성분 12는 처음 벡터 v의 첫 번째 성분에 있었음을 알려준다. 행렬 M에 대한 명령어 sort의 결과는 다음과 같이 각 열에 대한 오름차순으로 정렬하고 있다.

```
>> M = [6 5 4; 3 2 7;1 10 9]
M =
     6     5     4
```

```
     3     2     7
     1    10     9

>> [MS, MOP] = sort(M)
MS =
     1     2     4
     3     5     7
     6    10     9

MOP =
     3     2     1
     2     1     2
     1     3     3
```

명령어 sort의 몇 가지 선택사항을 정리하면 다음과 같다.

sort(M, dim, mode)

- dim의 값이 1 인 경우: Default이고 M의 각 열에 따라 정렬
- dim의 값이 2 인 경우: M의 각 행에 따라 정렬
- mode가 'ascend'인 경우: Default이고 오름차순으로 정렬
  예: [1 2 3]
- mode가 'descend'인 경우: 내림차순으로 정렬
  예: [3 2 1]

다음 예는 행렬 M의 각 행에 대해서 내림차순으로 정렬한 결과이다.

```
>> sort(M,2,'descend')
ans =
     6     5     4
     7     3     2
    10     9     1
```

2.4.5 plot

어떤 결과를 그래프로 나타낼 때 사용하는 함수이다. 예를 들면, 미분방정식의 해를 수치적으로 구해 얻은 근사값을 그래프로 연결하여 화면에 보여준다. 다음에 주어진 그림 1 에서는 $0 \le x \le \pi$ 일 때 $\sin x$ 의 그래프를 보여준다.

```
>> x = 0:pi/100:pi;
>> ftone = sin(x);
>> plot(t, ftone)
```

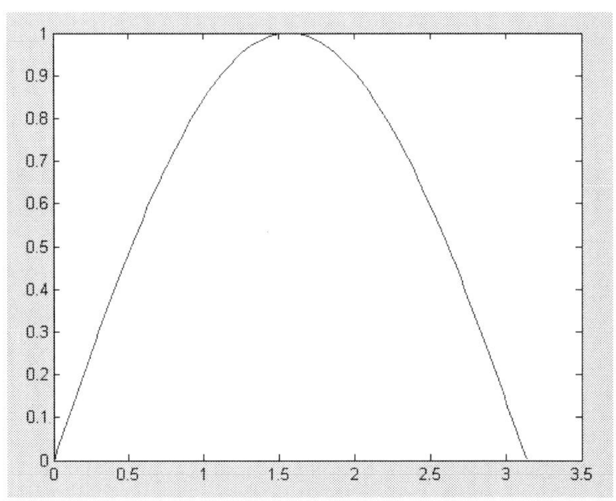

그림 1

다음은 두 개 이상의 그래프를 함께 나타낸 경우이다. 두 개 이상의 그래프를 서로 비교할 때 이용될 수 있다(그림 2).

```
>> fttwo = cos(x);
>> plot(x,ftone,x,fttwo)
```

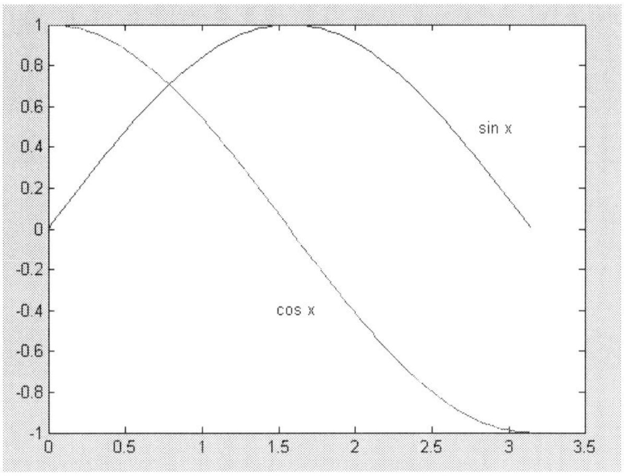

그림 2

함수 plot을 이용하여 그래프를 그릴 때 세 종류의 선택사항으로 색(Color), 선종류(Linestyle), 마커(Markers)가 있고 선택사항의 위치는 다음과 같다.

☑ plot(x, ftone, 'color_linestyle_marker')

각각의 선택사항은 말 그대로 선택해도 되고 선택 안 해도 된다. 따라서 선택사항 'color_linestyle_marker'은 1, 2 또는 3개의 문자열이 될 수 있다. 먼저 색(Color)의 종류와 기호는 다음과 같다(표 1).

표 1

Color	cyan	magenta	yellow	red	green	blue	white	black
기호	'c'	'm'	'y'	'r'	'g'	'b'	'w'	'k'

다음으로 선종류(Linestyle)는 다음과 같이 네 가지가 쓰인다(표 2).

표 2

Linestyle	Solid line (Default)	Dashed line	Dotted line	Dash-dot line
기호	'-'	'--'	':'	'-.'

마지막으로 유용한 마커로는 다음과 같은 종류와 기호가 있다(표 3).

표 3

Markers	Plus sign	Circle	Asterisk	Cross
기호	'+'	'o'	'*'	'x'

사인 함수와 코사인 함수를 아래 표 4 에 주어진 선택에 맞게 그래프를 구하여 보자 (그림 3).

표 4

함수	Linestyle	Color	Markers
$\sin x$	Dash−dot	Green	Asterisk
$\cos x$	Dotted line	Blue	Circle

```
>> x = 0:pi/15:pi;
>> ftone = sin(x);
>> fttwo = cos(x);
>> plot(x,ftone,'-.g*',x,fttwo,':bo')
```

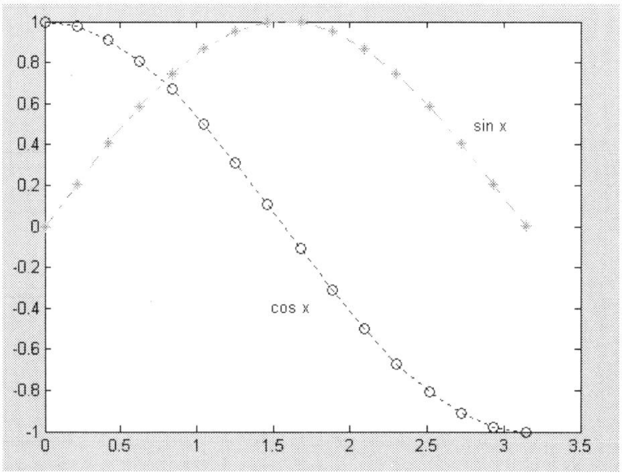

그림 3

실행문 plot(t, ftone,':') 또는 plot(t, ftone,'*')은 단지 선종류를 점선 또는 마커 '*' 만으로 그래프에 나타내는 것을 각자 실행하여 보자.

2.4.6 figure와 hold

함수 plot을 계속 실행하면 생성된 하나의 그래프박스(Figure Window)를 계속해서 이용한다. 따라서 독립적으로 얻은 두 가지 이상의 결과를 동시에 볼 수가 없을 경우 새로운 그래프박스를 생성하여 이 전의 결과를 보존할 수 있다. 이 때 새로운 그래프박스 생성 명령어는 다음과 같다:

```
>> figure
```

또한 독립적으로 얻은 두 가지 이상의 그래프 결과를 하나의 그래프박스에 출력하고자 할 때에 사용하는 명령어는 hold이고 사용방법은 Case A에 주어진다. Case A와 Case B의 그래프 출력 결과는 서로 같다.

Case A

```
>> hold on
>> x = 0:pi/100:pi;
>> ftone = sin(x);
>> plot(t, ftone)
>> fttwo = cos(x);
>> plot(x, fttwo)
```

Case B

```
>> x = 0:pi/100:pi;
>> ftone = sin(x);
>> fttwo = cos(x);
>> plot(x, ftone, x, fttwo)
```

명령어 hold on 이후는 모든 결과가 하나의 그래프박스에 중첩되어 출력되므로 출력비교가 필요한 경우 유용하게 이용할 수 있다. Default 로의 복귀 명령은 다음과 같다:

```
>> hold off
```

2.4.7 subplot

여러 개의 그래프박스를 하나의 그래프박스에 함께 출력할 때 필요한 명령어는 subplot이고 사용방법은 다음과 같다. 실행문에 대응하는 출력은 그림 1 에 제공되었다.

```
>> x = -pi/2:pi/50:pi/2;
>> ftone = sin(x);
>> fttwo = cos(x);
>> ftthr = exp(x);
>> ftfor = x.^2;
>> subplot(2,2,1);
>> plot(x,ftone);
>> subplot(2,2,2);
>> plot(x,fttwo);
>> subplot(2,2,3);
>> plot(x,ftthr);
>> subplot(2,2,4);
>> plot(x,ftfor);
```

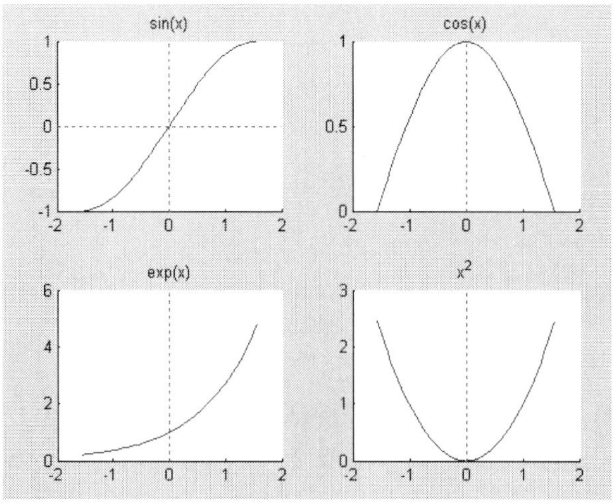

그림 1

함수 subplot 내용을 정리하면 다음과 같다.

subplot(m, n, p)

- 한 개의 그래프박스(Figure Window)를 m 행과 n 열을 가지는 $m \times n$ 개의 서브 그래프박스로 분해한다.
- $m \times n$ 개의 그래프박스 중에서 p 번째 박스를 열고 커서를 위치시킨다.
- 순서는 행 단위로 진행된다. 즉, $m=2, n=2$ 인 경우 p에 대응하는 서브 그래프 박스 순서는 다음과 같다.

$p=1$	$p=2$
$p=3$	$p=4$

2.4.8 **xlabel ylabel zlabel axis grid**

x, y, z 축 라벨을 제어하기 위하여 각각 xlabel, ylabel, zlabel을 이용할 수 있다. 예를 들어, 그래프를 출력한 뒤 작업창에서 다음과 같이 실행하면 그래프의 x 축과 y 축에 각각 t와 ftvalue 라는 문자가 출력된다.

```
>> xlabel('t'); ylabel('ftvalue')
```

문자 뿐만 아니라 간단한 수식도 축라벨로 출력가능한데 예를들어 x 축상에 부등식

$$-\pi \leq t \leq \pi$$

와 같은 항목을 출력하고자 할 때에는 작업창에서 다음과 같이 함수 xlabel을 이용할 수 있다.

```
>> xlabel(' - \pi \leq x \leq \pi ')
```

그래프에 수식을 출력하는 것과 관련된 좀 더 자세한 내용은 함수 text를 설명할 때 이야기한다.

입력된 데이터의 값을 참조하여 매틀랩은 적절한 크기의 그래프박스와 축라벨(Axis Label)을 생성한다. 함수 axis를 사용하면 좀 더 정교하게 축의 길이를 조절할 수 있다.

☑ axis([xmin xmax ymin ymax])

그래프박스에서 x 축의 폭은 [xmin xmax]이고 y 축의 폭은 [ymin ymax]로 고정한다. 각 축의 폭의 길이를 변화시켜 결과에 대한 미세한 관찰이 가능하다.

☑ axis auto

축의 크기(Scaling)가 변경 이전의 Default 상태로 환원된다.

☑ axis on/off

축의 라벨(Label)과 Tick을 표시하거나 표시하지 않는다. 아래의 실행 결과로서 축의 라벨과 Tick(축상의 눈금)이 의미하는 것을 알 수 있다(그림 1 과 그림 2).

```
>> x = -pi/2:pi/50:pi/2;
>> y = x.^2;
>> plot(x,y)
>> xlabel('x'); ylabel('y');
```

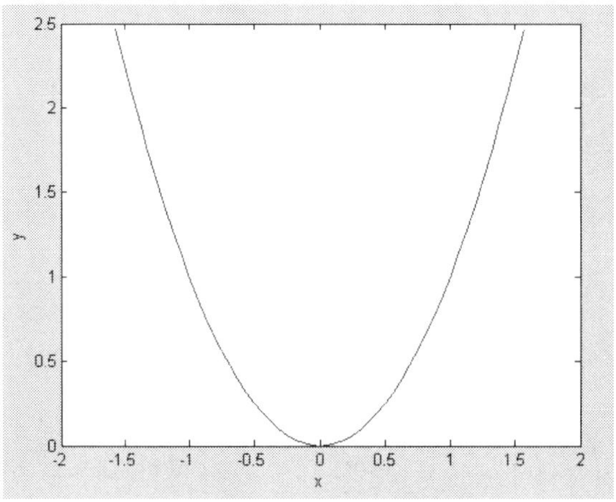

그림 1

```
>> axis off
```

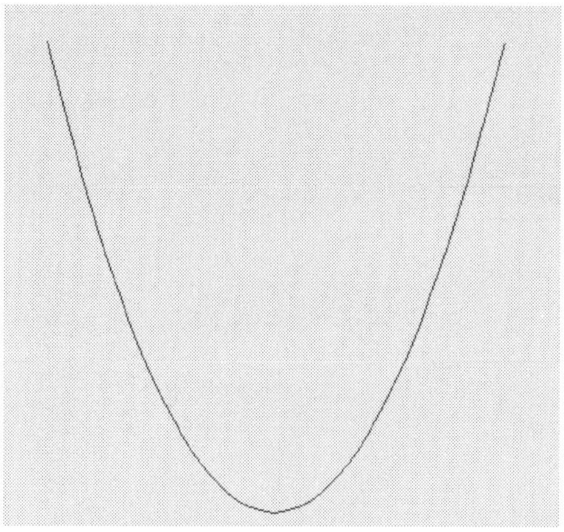

그림 2

계속 이어서 axis on을 작업창에서 실행하면 바로 전의 출력 상태로 돌아간다.

☑ axis square

x 축의 길이와 y 축의 길이를 같게 만든다. 예를 들어, 바로 전의 그래프 결과에서 x 축의 폭은 4이고 y 축의 폭은 2.5이다. 분명히 x 축의 전체 길이가 y 축의 전체 길이보다 1.5 길지만 작업창에서 axis square가 실행되면 화면에 출력되는 그래프의 x, y 각각의 축의 전체길이가 같게 되고 그것에 맞추어 그래프의 모양도 변경 된다. x 축, y 축의 수치상의 폭은 각각 4와 2.5로 계속 유지된다.

☑ axis equal

x 축의 tick 간격과 y 축의 tick 간격을 같게 한다. 마찬가지로 바로 전의 그래프 결과에서 x 축의 tick의 간격 0.5가 y 축의 tick의 간격 0.5 보다 좁게 화면 출력이 되었는데 axis equal이 실행되면 각 축의 tick 간격 0.5에 대응하는 화면 출력 tick 간격이 같게 된다.

☑ grid on/off

그래프박스(Figure Window)에 격자선(Grid Line)을 보이게 하거나 지운다.

2.4.9 title과 text

함수 title을 이용하여 다음을 실행하면 그래프박스의 제목으로 단일 인용부호 안에 있는 '제목 내용'이 화면 출력된다. 제목 내용은 문자열 또는 수식이 될 수 있다.

```
>> title('제목 내용')
```

함수 text를 이용하면 그래프박스(Figure Window) 안의 원하는 위치에 필요한 내용을 입력할 수 있다. 다음 내용을 실행하여 그래프박스 내의 출력되는 위치를 확인하여 보자(그림 1).

```
>> x = -pi/2:pi/50:pi/2;
>> y = x.^2;
>> plot(x,y);
>> title('\bf\fontsize{14} Graph of x^2');
>> text(-1.1,1.5,'\bf\fontsize{12}  What is the value of x^2 at x=1?');
```

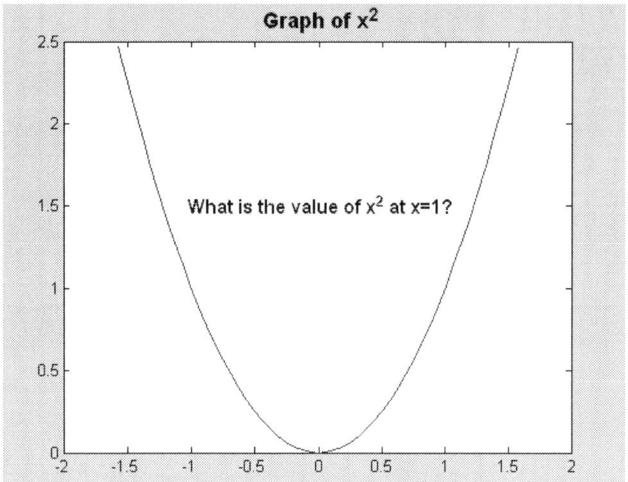

그림 1

마지막 실행문인

```
>> text(-1.1,1.5,'\bf\fontsize{12} What is the value of x^2 at x=1?');
```

에 의하여 $(x, y) = (-1.1, 1.5)$의 위치에서부터 다음 내용

What is the value of x^2 at x=1?

를 그래프박스 내에 출력한다. 수식을 쓰는 경우 위첨자는 기호 ^를 이용하고 아래첨자는 기호 _을 이용한다. 단일인용부호(' ') 안에 내용에 대해서 선택사항을 지정할 수 있는데 마지막 실행문에서 \bf는 Bold Font를 의미하고 \fontsize{12}는 글자크기를 12로 설정한다(Default는 10). 함수 text 이용시 자주 사용하는 선택사항은 다음과 같이 표 1, 표 2, 표 3을 참고하자.

표 1

Font 종류	내용
\bf	Bold Font
\it	Italic Font
\rm	Normal Font

표 2

명령어	기호	명령어	기호
\cap	$\cap$	\infty	∞
\cup	$\cup$	\pm	$\pm$
\forall	$\forall$	\leftarrow	$\leftarrow$
\int	$\int$	\rightarrow	$\rightarrow$
\in	$\in$	\uparrow	$\uparrow$
\partial	∂	\downarrow	$\downarrow$
\div	$\div$	\leftrightarrow	$\leftrightarrow$

예를 들어 계속되는 다음 실행문은 그래프박스 내에 적분 기호 $\int$ 를 포함하는 간단한 수식을 출력할 수 있다(그림 2).

```
text(-0.4,1,'\bf\fontsize{12} \int_0^1 x^2 dx = 1/3');
```

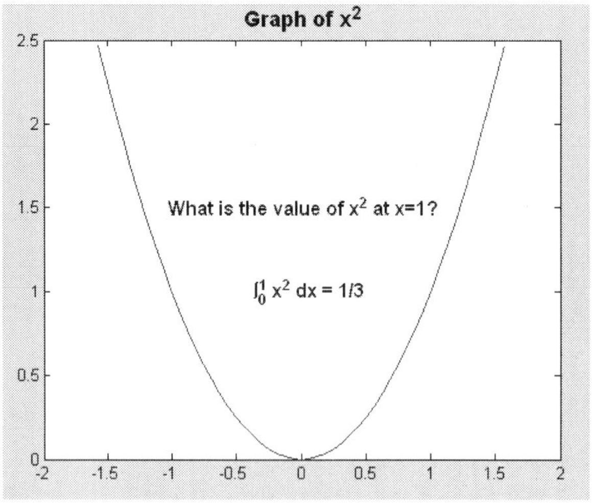

그림 2

표 3

명령어	기호	명령어	기호
\alpha	α	\Gamma	Γ
\beta	β	\Delta	Δ
\gamma	γ	\Theta	Θ
\delta	δ	\Lambda	Λ
\epsilon	ϵ	\Xi	Ξ
\zeta	ζ	\Pi	Π
\eta	η	\Sigma	Σ
\theta	θ	\Phi	Φ
\vartheta	ϑ	\Psi	Ψ
\iota	ι	\equiv	$\equiv$
\kappa	κ	\cong	$\cong$
\lambda	λ	\approx	$\approx$
\mu	μ	\neq	$\neq$
\nu	ν	\sim	$\sim$
\xi	ξ	\supset	$\supset$
\pi	π	\supseteq	$\supseteq$
\rho	ρ	\subset	$\subset$
\varsigma	ς	\subseteq	$\subseteq$
\tau	τ	\leq	$\leq$
\upsilon	υ	\geq	$\geq$
\phi	ϕ	\oplus	$\oplus$
\chi	χ	\otimes	$\otimes$
\psi	ψ	\aleph	$\aleph$
\omega	ω	\bullet	$\bullet$

단일인용부호(' ') 내에서 사용하는 '\, {, }, _, ^'와 같은 기호 자체를 출력 표시하고자 하면 각각의 앞에 기호 '\'를 첨가한다.

☑ 2차원과 3차원에서의 text.m 사용방법

(a) `text(x,y,'inputstring')`

그래프박스(Figure Window)에서 2차원 좌표 (x,y) 위치에 `inputstring` 출력한다.

(b) `text(x,y,z,'inputstring')`

그래프박스에서 3차원 좌표 (x,y,z) 위치에 `inputstring` 출력한다.

바로 전의 그래프 출력 후 다음 실행문을 수행하여 보면 화살표가 그래프박스에 출력된 것을 볼 수 있다(그림 3).

```
>> xlabel('\bf{x}');
>> ylabel('\bf{y}');
>> text(1,1,'\leftarrow \bf{x^2}','fontsize',13)
```

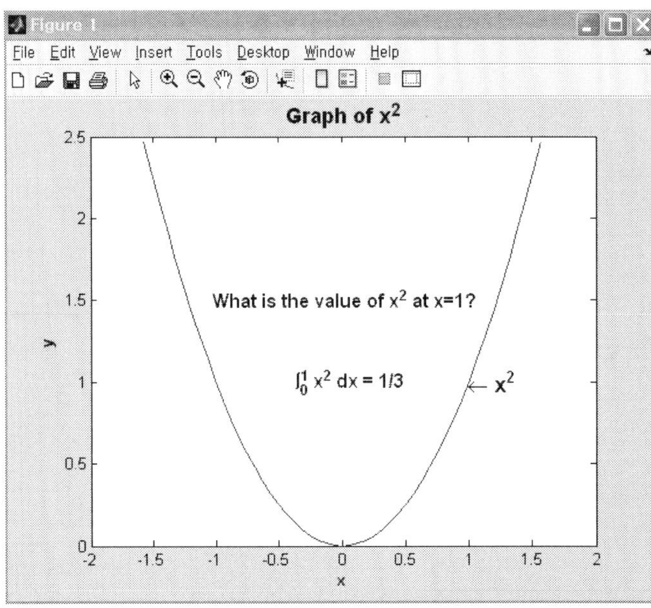

그림 3

2.4.10 meshgrid와 mesh

두 개의 독립변수를 가지는 이변수 함수 $z = f(x, y)$ 를 화면에 그리는 함수를 살펴보자. 다음과 같은 이변수 함수가 주어졌다고 가정하자:

$$z = \frac{\sin(\sqrt{x^2 + y^2})}{\sqrt{x^2 + y^2}} \quad (-10 \le x \le 10, -10 \le y \le 10)$$

위의 이변수 함수를 화면에 구현하기 위하여 작업창에서 다음 실행문을 수행하여 결과로 얻어지는 그래프(그림 1)를 구해보자.

```
>> stepsize = 0.5;
>> v1 = -10:stepsize:10;
>> v2 = -10:stepsize:10;
>> [x, y] = meshgrid(v1, v2);
>> u = sqrt(x.^2 + y.^2) + eps;
>> z = sin(u)./u;
>> mesh(x, y, z);
```

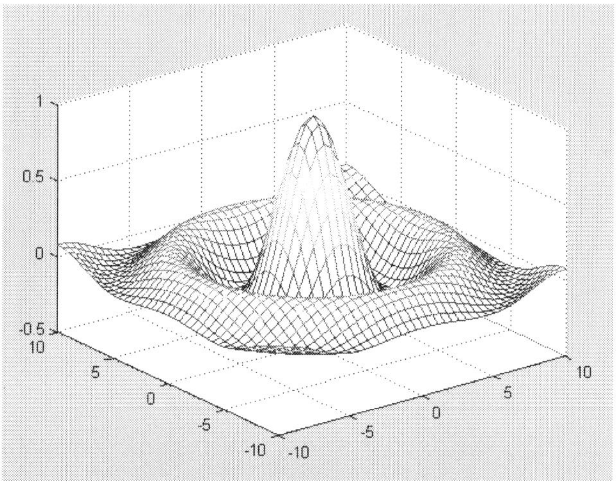

그림 1

위의 네 번째 실행문에서 사용한 함수 meshgrid의 사용법은 다음과 같다.

☑ [A, B] = meshgrid(x, y)

(a) 행렬 A의 각 행의 성분은 주어진 벡터 x이다.

(b) 행렬 B의 각 열의 성분은 주어진 벡터 y이다.

(c) 행렬 A와 B의 크기 = length(y) × length(x)

(d) meshgrid(x)는 meshgrid(x, x)와 같은 표현이다.

예를 들어, 벡터 x = [4 5 6 7], y = [1 2 3 4 5] 인 경우 meshgrid의 결과는 다음과 같다.

```
>> [A, B] = meshgrid(4:7, 1:5)

A =
     4     5     6     7
     4     5     6     7
     4     5     6     7
     4     5     6     7
     4     5     6     7
B =
     1     1     1     1
     2     2     2     2
     3     3     3     3
     4     4     4     4
     5     5     5     5
```

마지막 실행문에서 사용한 함수 mesh는 x 축의 분할점과 y 축의 분할점을 연결하는 선을 이용하여 구조물표면을 화면 출력한다(Wireframe Surface). 함수 mesh는 meshgrid에 의하여 생성된 행렬 x와 y를 이용한다. mesh에 의해서 생성된 구조물표면 위의 선들의 교점 좌표는 행렬 x, y, z의 같은 위치의 값으로 결정된다. 예를 들어 행렬 x, y, z의 p행 q열에 있는 성분을 각각 x(p,q), y(p,q), z(p,q) 라 가정할 때 함수 mesh에 의하여 생성된 교점중의 하나가 직교좌표계 (x(p,q), y(p,q), z(p,q))의 위치에 있다. 마지막 실행문에서 사용한 mesh(x, y, z)에서 행렬 x, y, z의 크기가 동일함을 기억하자. x와 y가 행렬이 아니고 벡터인 경우도 함수 mesh를 이용할 수 있으나 사용방법이 불편하다. 그러나 꼭 필요한 경우에는 help mesh를 이용하여 그 사용방법을 알아낸 후 사용하도록 한다. 다음 실행문은 가려져 보이지 않는 부분까지 보이게 한다.

```
>> hidden off
```

선택사항을 off 대신에 on으로 하면 원래의 모습을 가지게 된다. 실행문 mesh(x, y, z) 대신에 다음 실행문은 구조물표면에 색을 칠한다(그림 2).

```
>> surf(x, y, z);
```

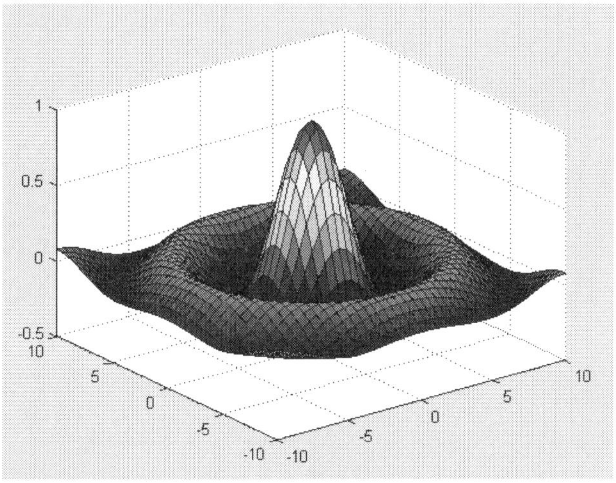

그림 2

2.4.11 view

이 함수를 이용하여 화면에 출력된 그림을 어떤 방향에서 바라볼 수 있는지 결정할 수 있다. 방향은 각도(Degree) 또는 직교좌표계 표기법을 이용할 수 있다.

☑ view(a, b)

첫 번째 성분 a는 방위각(Azimuth 또는 Horizontal Rotation)이라 부르고 방위각의 양의 값은 xy-평면에서 y의 음의 축을 기준으로 반시계방향을 의미이다. 따라서 방위각의 음의 값은 xy-평면에서 y의 음의 축을 기준으로 시계방향을 의미이다. 두 번째 성분 b는 고도(Vertical Elevation)라고 부르며 고도의 양의 값은 xy-평면을 기준으로 z의 양의 축 방향을 의미한다. 마찬가지로 고도의 음의 값은 xy-평면을 기준으로 z의 음의 축 방향을 의미한다. 그러므로 실행문 view(a, b)에 의하여 관측위치는 방위각 a와 고도 b 인 지점이다. 예를 들면, 다음 실행문은 출력된 그림을 방위각 30도, 고도 45도에서 관측한다.

```
>> view(30, 45)
```

☑ view([x, y, z])

관측위치를 직교좌표계 (x, y, z)로 설정한다. 예를 들면, 다음 실행문은 출력된 그림을 3차원 직교좌표계 (2, 3, 5)의 위치에서 관측한다.

```
>> view([2 3 5])
```

다음 실행문으로 출력된 그림의 현재 방위각 a와 고도 b를 출력한다.

```
>> [a, b] = view
```

출력된 그림을 가지고 있는 그래프박스(Figure Window) 내에 있는 회전 아이콘(`Rotate 3D`)을 선택하여 그림 관측지점을 변경할 수도 있다(작업창에서 실행문 rotate3d을 직접 수행하여도 그래프박스에 있는 그래프가 활성화 된다).

2.4.12 upper와 lower

명령어 upper는 문자열내의 소문자를 대문자로 변경할 때 사용한다. 다음 실행문은 단일인용부호(' ') 내의 문자열 characterstring 을 대문자 문자열로 변경한다.

```
>> c = upper('characterstring')
c =
CHARACTERSTRING
```

명령어 lower는 문자열내의 대문자를 소문자로 변경할 때 사용한다. 다음 실행문은 단일인용부호(' ') 내의 문자열 CHARACTERSTRING 을 소문자 문자열로 변경한다.

```
>> c = lower('CHARACTERSTRING')
c =
characterstring
```

2.4.13 menu

사용자가 선택할 수 있는 항목을 그림 1 과 같이 메뉴박스에 출력한다. 예를 들어 다음에 주어진 통합형 M-파일(프로그램 1 : mytrymenu.m)을 수행하면 $y = x^2 + 3x - 4$ 의 그래프를 네 가지 선의 종류(Solid, Dotted, Dashed, Dash-dot) 중에 하나로 선택하여 그린다. 이 때 선의 종류를 선택할 메뉴박스가 함수 menu에 의하여 화면에 출력된다. 사용법은 다음과 같다.

☑ choice = menu('제목', 항목1, 항목2, ... , 항목n)

단일인용부호(' ')안에 있는 제목 이 메뉴박스 안에 있는 메뉴항목 위에 출력된다. 메뉴항목 개수에는 제한이 없기 때문에 원하는 개수의 메뉴항목을 출력할 수 있다. 항목1 , 항목2 , 항목3 , ...을 선택하면 변수 choice에 각각 1, 2, 3, ... 대입된다. 예를 들어, 주어진 통합형 M-파일(mytrymenu.m)을 실행하여 출력되는 다음의 메뉴박스(그림 1)에서 두 번째 항목의 dotted 를 선택하면 mychoice = 2로 설정된다.

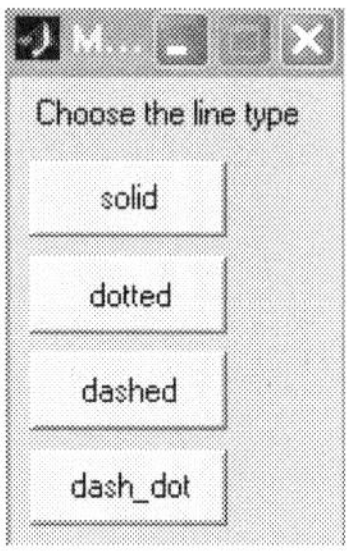

그림 1

프로그램 1

```
mytrymenu.m

xF = -5; xL = 5; xstep = 0.5;
x = xF:xstep:xL;
y = x.^2 + 3*x - 4;
wpass = 'y';
linetype = {'-',':','--','-.'};
while(1)
  if wpass == 'y'
   mychoice = menu('Choose the line type', ...
                    'solid','dotted','dashed','dash_dot');
   plot(x,y,linetype{mychoice});
   wpass = input('Do you want to see more ?  ( y  or n ) =  ','s');
  else
   break;
  end  % if-end
end  %  while-end
```

2.4.14 questdlg

어떤 작업을 계속할 것인지 정지할 지를 선택할 수 있는 대화박스(Dialogue Box)를 출력한다. 일반적인 사용 방법은 다음과 같다.

☑ mystring = questdlg('질문내용','제목','항목1','항목2','항목3','Default')

선택하는 항목의 문자열이 변수 mystring에 대입된다. 예를 들어 주어진 통합형 M-파일(프로그램 1 : mytryqdlg.m)의 내용 중 하나의 실행문인

```
wpass = questdlg('Do you want to continue ?', ...
                 'y(Yes), n(No), c(Cancel)','y','n','c','y');
```

을 수행하면 화면에 그림 1 과 같이 대화박스가 출력된다.이 때 y , n , c 을 선택하면 각각 wpass = 'y', 'n', 'c'가 된다. 위의 실행문에서 단일인용부호(' ') 내에 있는 Default 의 항목을 y 로 선택하였기 때문에 대화박스에서 y 가 진하게 출력되었다. 질문내용과 제목의 위치는 출력된 대화박스에서 알 수 있다. 항목의 개수를 두 개로 줄일 수 있다. 'Default'에 대응하는 문자열이 '항목1', '항목2', '항목3'에서 발견되지 않으면 경고메세지(Warning Message)가 출력된다.

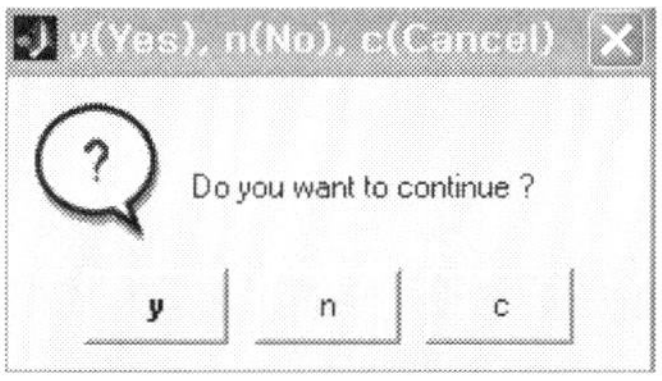

그림 1

☑ 통합형 M-파일 mytryqdlg.m 설명

주어진 통합형 M-파일(프로그램 1 : mytryqdlg.m)을 수행하면 $y = x^2 + 3x - 4$의 그래프를 네 가지 선의 종류(Solid, Dotted, Dashed, Dash-dot) 중에 하나로 선택하

여 그린다. 이 때 선의 종류를 선택할 메뉴박스가 함수 menu에 의하여 화면에 출력된다. 여기까지는 앞서 설명한 통합형 M-파일(2.4.13 절 프로그램 1 : mytrymenu.m)과 동일하다. 이 후, 함수 questdlg에 의하여 작업을 계속할 것인지 질문하는 대화박스에서 y 을 선택하면 선의 종류를 변경할 수 있고 n 를 선택하면 작업이 중단된다. 또한 c 를 선택하면 모든 그래프의 결과를 지우고 작업을 중단한다. 실행문 clf은 활성화된 창(Current Figure)의 모든 그래프 출력을 지운다.

프로그램 1

```
mytryqdlg.m

xF = -5; xL = 5; xstep = 0.5;
x = xF:xstep:xL;
y = x.^2 + 3*x - 4;
wpass = 'y';
linetype = {'-',':','--','-.'};
while(1)
  if wpass == 'y'
   mychoice = menu('Choose the line type', ...
                   'solid','dotted','dashed','dash_dot');
   plot(x,y,linetype{mychoice});
   wpass = questdlg('Do you want to continue ?', ...
                  'y(Yes), n(No), c(Cancel)','y','n','c','y');
   elseif wpass == 'n'
        break;
      else
        clf;
        break;
  end  % if-end
end  %  while-end
```

2.4.15 eval

프로그램 수행 중 문자열의 내용을 실행문으로 변경하고자 할 때 사용한다. 사용방법은 다음과 같다.

☑ myresult = eval('characterstring')

단일인용부호(' ') 내의 문자열 `characterstring` 을 실행문으로 수행한다. 예를 들어, 보기 1 과 보기 2 에서 각각 abplus의 값은 5로 같은 결과를 출력한다. 또한 보기 3 과 보기 4 실행하면 같은 그래프를 출력한다.

보기 1

```
>> a = 2;
>> b = 3;
>> abst = 'a+b';
>> abplus = eval(abst);
% 참고로 class(abplus)는 double이다.
```

보기 2

```
>> a = 2;
>> b = 3;
>> abplus = a+b;
```

보기 3

```
>> x = 0:pi/100:pi;
>> y = cos(x);
>> plot(x,y)
```

보기 4

```
>> x = 0:pi/100:pi;
>> y = cos(x);
>> plotstring = 'plot(x,y)';
>> eval(plotstring)
```

2.4.16 `inputdlg`

사용자로부터 입력을 기다리는 대화박스가 출력되기 때문에 프로그램 실행이 잠시 중단된다. 이 함수를 이용하여 문자열 또는 수식을 프로그램 실행 중에 입력할 수 있다. 사용방법은 다음과 같다.

☑ **myanswer = inputdlg(prompt, '제목', line_number, default_answer)**

1. 첫 번째 항목 `prompt` 은 문자열 성분을 가진 셀 배열(Cell Array)의 형태를 가지고 함수 inputdlg에 의하여 출력되는 대화박스 내에 생성되는 각각의 입력박스 제목을 지정한다.
2. 두 번째 항목 단일인용부호(' ') 내의 문자열 **제목** 은 출력되는 대화박스(Dialogue Box)의 상단에 출력되는 제목이다.
3. 세 번째 항목 `line_number` 은 대화박스 내의 입력박스 줄의 수(the number of lines)를 결정한다. line_number의 값은 보통 상수이나 행렬을 이용하여 첫 번째 항목 `prompt` 에 있는 항목에 대응해서 입력박스 줄과 칸을 결정할 수 있다. 행렬을 이용한 방법은 help inputdlg를 참고하도록 한다.
4. 네 번째 항목 `default_answer` 은 셀 배열(Cell array)의 형태를 가지고 `prompt` 에서 지정한 입력박스 제목 아래 생성된 입력박스 내에 대응하는 초기값을 결정한다. 수식을 포함하는 문자열이 셀 배열 `default_answer` 의 성분이 될 수 있다.
5. 화면에 있는 입력박스에 입력하여 결정된 항목들이 셀배열(Cell Array) 구조를 가지는 출력 변수 `myanswer` 로 결정된다. 대화박스에서 변경사항이 없으면 출력 변수 `myanswer` 의 내용은 초기값 `default_answer` 과 같다.
6. 경우에 따라 출력된 대화박스의 크기를 조절하고자 할 때에는 myopt = 'on' 또는 'off'로 선택할 수 있다. 예를 들면 다음과 같다.

```
myanswer = inputdlg(prompt, '제목', ...
                    line_number, default_answer, myopt)
```

다음 주어진 통합형 M-파일(프로그램 1 : myinputdlg.m)을 수행하여 보자. 함수 inputdlg에 의하여 대화박스 내에 다섯 개의 입력박스가 생성되었다(그림 1). 변경 없이 OK 를 선택하면 두 번째 입력박스에 입력된 함수가 그래프로 출력되었다. 1계 상미분 방정식 초기치 문제를 수치적 방법으로 근사해를 구할 때 사용될 수 있는 부분적 내용이 통합형 M-파일(myinputdlg.m)로 제공되었다. 즉, 대화박스 내의 다섯 개 입력박스에 입력되어 있는 데이터는 초기치 문제

$$y' = -ty + \frac{4t}{y}, \quad 0 \le t \le 2, \quad y(0) = 1$$

에 관한 내용이다. 위의 초기치 문제의 이론해(또는 exact solution) $y(t)$는 다음과 같이 알려져 있다:

$$y(t) = \sqrt{4 - 3e^{-t^2}}$$

이론해를 구하는 방법은 4장 미분 방정식 이론에 따른다. 대화박스에서 첫 번째 입력박스에는 상미분 방정식, 두 번째 입력박스에는 이론해, 세 번째와 네 번째 입력박스에는 각각 정의역의 가장 작은 값, 큰 값을 다섯 번째 입력박스에는 해 y의 초기값(즉, $y(0)$)이 입력되었다.

프로그램 1

< myinputdlg.m >

```
myprompt = {'First derivative of y','EXACT','LE of t','RE of
t','y(0)'};
% cell data
inputtitle = 'Input the data for solving ODE';
numoflines = 1;  % the number of lines for input data
mydefault = {'y '' = -ty + 4t/y ',
'sqrt(4-3*exp(-t.^2))','0','2','1'} ;
myanswer = inputdlg(myprompt,inputtitle,numoflines,mydefault);
yexactsol = inline(myanswer{2});  % exact solution
t = eval(myanswer{3}):0.05:eval(myanswer{4});
plot(t,yexactsol(t));
title(myanswer{1});
text(1,yexactsol(1),'Exact Solution of y '' = f(t,y)');
```

통합형 M-파일(myinputdlg.m) 실행의 결과로 얻어지는 대화박스와 함수 plot에 의한 그래프는 다음과 같다(그림 1 과 그림 2).

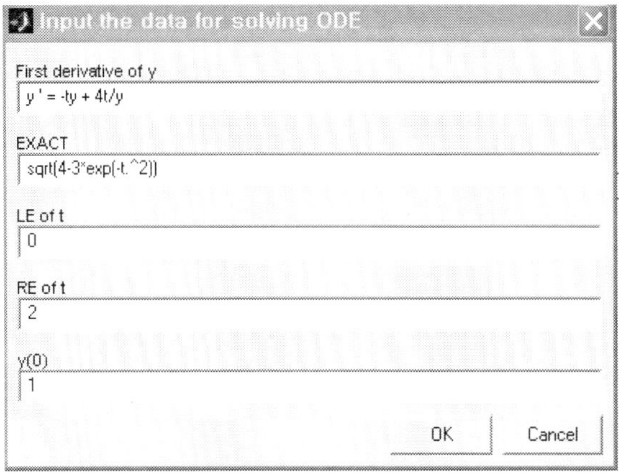

그림 1

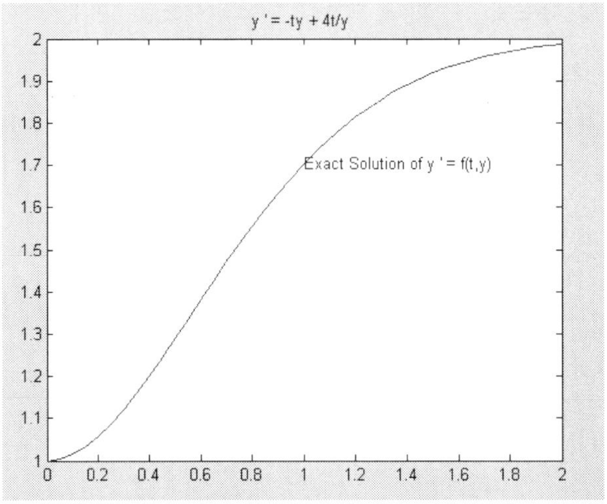

그림 2

2.5 전역변수(Global Variable)와 함수 핸들(Functiona Handles)

2.5.1 지역변수와 전역변수

함수 내에서 정의된 변수는 다른 함수나 작업창(Command Window)에서 이용될 수 없다. 즉, 함수 시작과 함께 생성된 변수는 함수가 끝나면 사라지게 된다. 이러한 개념에 대응하는 변수를 지역변수(Local Variables)라고 보통 부른다. 이에 반하여 함수에서 또는 작업창에서 변수를 공유하며 사용할 수도 있는데 이때 사용되는 변수 종류를 전역변수(Global Variables)라고 부른다. 지역변수는 프로그램 내에서 변수 정의없이 사용할 수 있지만 전역변수는 다음과 같이 선언을 하여준다.

☑ global MYGLOBAL

용어 global은 MYGLOBAL을 하나의 전역변수로 선언하고 있다. 위와 같이 보통은 전역 변수명(MYGLOBAL)을 대문자로 쓰고 있다. 그러나 대문자로 쓰는 것이 매틀랩 규칙은 아니고 국소변수와 구별을 두기 위하여 프로그램 개발자 사이에 무언의 약속같이 사용되고 있다. 쓰는 위치에 대해서도 어떤 규칙은 없지만 보통은 함수 앞부분에서 선언하여 준다.

다음은 전역변수를 사용하는 실제 예를 공부하여 본다. 먼저 프로그램 1 과 같이 M-파일을 생성한다.

프로그램 1 **beforeglobal.m**

```
function myout = beforeglobal(number)
%
myg = number + 100;
myout = myg/2;
```

작업창(Command Window)에서 다음과 같이 실행하여 보자. 작업창에서 함수 beforeglobal.m 내에서 생성된 변수 myg를 읽지 못하고 에러 메시지를 출력하였다.

```
>> clear all
>> n = 5;
>> myout = beforeglobal(n)
myout =
   52.5000

>> myg
??? Undefined function or variable 'myg'.
```

이번에는 프로그램 1 에 실행문 **global** myg을 첨부하여 프로그램 2 와 같이 변경하여 myglobala.m로 저장한다.

프로그램 2 **myglobala.m**

```
function myout = myglobala(number)
%
global myg
myg = number + 100;
myout = myg/2;
```

작업창에서 다음과 같이 실행하여 보자. 이번에는 작업창에서 실행문 global myg에 의하여 프로그램 2 에서 생성되었던 변수 myg를 작업창에서 인식하였다.

```
>> n = 5;
>> myout = myglobala(n)
myout =
   52.5000
```

```
>> global myg
>> myg
myg =
   105
```

이후로 작업창에서 변수 myg를 이용하여 수식에 이용할 수 있고 다른 함수의 입력 변수로 사용할 수 있다. 또한 이렇게 작업창에 전달된 전역변수 myg는 다른 함수에서 이용할 수 있다. 예를 들어, 계속하여 프로그램 3을 다음과 같이 작업창에서 실행하여 보자.

프로그램 3 **myglobalb.m**

```
function myout = myglobalb
%
global myg
myout = myg - 100;
```

```
>> inputnumber = myglobalb()
inputnumber =
     5
```

위와 같이 처음 입력하였던 수 n = 5가 출력되었다. 이러한 결과는 작업창에 있던 전역 변수 myg(= 105)가 함수 myglobalb 내부에 전달된 것을 알려준다.

이번에는 함수 myglobala.m에서 생성된 전역변수 myg가 직접적으로(Command Window에서 global myg와 같은 전역변수 정의없이) 함수 myglobalb.m 내부에서 이용될 수 있는지 다음의 실행문을 수행하여 알아본다.

```
>> clear all
>> whos
>> num = 5;
```

```
>> myout = myglobala(num)
myout =
   52.5000

>> inputnumber = myglobalb()
inputnumber =
     5
```

위의 결과로부터 함수와 함수 사이에도 전역변수는 전달되는 것을 알 수 있다. 전역변수를 선언한 뒤 사용할 때에는 위와 같이 작업창이나 함수 내부에서 실행문 `global` myg을 매번 수행하고 전역변수 myg(사용자 정의 변수명)를 이용한다.

2.5.2 함수 핸들(Function Handles)

어떤 목적을 위하여 만들어진 함수를 이용하기 위하여 그 함수에 대응하는 M-파일명을 사용한다. M-파일명 사용시 함수의 입력항목과 출력항목이 정의되어 있으면 그 항목 개수에 대응하여 사용해야 올바른 결과를 얻을 수 있다. 사용자가 함수를 부르면 매틀랩은 우선 순서(Function Precedence Order)에 따라서 그 함수명을 찾아 수행한다.

☑ 함수 우선 순위(Function Precedence Order)

1. 변수(Variable)
2. 서브함수(Subfunction)
3. 현재의 디렉토리에 있는 함수(Functions in the current directory)
4. 지정된 Path 상에 있는 함수(Function elsewhere on the path)

함수를 호출하면 위의 함수 우선 순위에 의하여 먼저 발견되는 함수(또는 변수)를 수행하고 발견하지 못하면 에러 메세지를 출력한다. 이와 같이 함수에 대응하는 M-파일명을 사용하여 함수를 수행하지만 다른 방법으로 함수핸들(Function Handle)을 이용할 수도 있다. 우선 함수핸들 생성은 다음과 같다.

☑ fd = @functionname

위의 등식에서 오른쪽 식(@functionname)에 의하여 함수명이 functionname 인 함수 핸들이 생성이 되었고 그 함수 핸들은 변수 fd에 할당하였다. 기호 @ 뒤에 함수명(functionname)만 오고 그 함수가 저장되어 있는 Path를 쓰지 않는다. 매틀랩 구성에 의하여 fd에는 함수명 functionname을 가지는 함수의 절대 지정 경로가 할당된다. 보통 함수명의 길이 한도는 작업창에서 명령어 namelengthmax을 이용하여 알 수 있다. 예를 들어 다음 실행문을 수행하여 보자.

```
>>namelengthmax
ans =
    63
```

위의 결과는 함수명의 최대 문자 길이가 63 임을 알려준다. 함수명을 더 길게 사용할 수 있지만 매틀랩은 63 자리까지만 인식한다. 함수 핸들 생성에 관한 몇 가지 사항을 알아보자.

☑ 익명 함수 핸들(Handles to Anonymous Functions)

익명함수 핸들 생성이 이용되는 상황은 다음과 같다.

(a) 한 줄로 표현되는 함수를 생성하고자 할 때 사용한다.

(b) 함수명이 없다.

예를 들어 다음 실행문은 일변수 함수 $x^2 + 2x + 1$ 의 핸들 myeq를 생성한다. 생성된 함수핸들의 사용방법은 함수 사용하듯이 하면 된다.

```
>> myeq = @(x) x.^2 + 2.*x + 1
myeq =
    @(x)x.^2+2.*x+1
```

```
>> myeq(2)
ans =
     9
```

다음 실행문은 이변수 함수 $3x^2 + 2y$ 의 핸들 myeqa를 생성한다. 작업창에서 실행문 myeqa(2,1) 수행하면 $3 \times 2^2 + 2 \times 1$ 의 결과인 14를 출력한다.

```
>> myeqa = @(x, y) (3*x.^2 + 2*y)
myeqa =
    @(x,y)(3*x.^2+2*y)

>> myeqa(2,1)
ans =
    14
```

입력항목이 없는 경우의 익명함수 핸들 생성과 사용법은 다음과 같다. 실행문 datestr(now)은 현재의 날짜와 시간을 출력한다.

```
>> nowtime = @() datestr(now)
nowtime =
    @()datestr(now)

>> nowtime()
ans =
dd-mm-year time  % 실행 시
```

여러 개의 익명함수를 셀 배열로 표현할 수 있는데 앞서 구한 myeq(2)와 myeqa(2,1)의 합을 다음과 같이 셀 배열(Cell Array) 변수 ftcell을 이용하여 구할 수 있다.

```
>> ftcell = {(@(x) x.^2 + 2.*x + 1), (@(x, y) (3*x.^2 + 2*y))}
>> ftcell{1}(2) + ftcell{2}(2,1)
ftcell =
   @(x)x.^2+2.*x+1    @(x,y)(3*x.^2+2*y)
ans =
   23
```

익명함수 핸들은 다른 함수의 입력항목으로 사용될 수 있다. 다음 실행문은 2차 방정식의 계수 a, b, c의 값이 제공되었을 때 정의역 [-5, 5]에서 함수 $ax^2 + bx + c$의 그래프를 출력한다(그림 1).

```
>> a = 1; b=2; c= -3;
>> myeqb = @(x) a*x.^2 + b*x + c;
>> fplot(myeqb,[-5,5]);
```

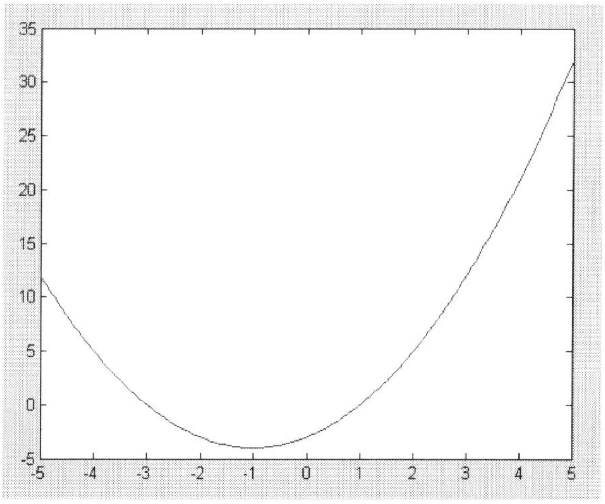

그림 1

다음은 임의의 값 k에 대하여 적분의 형태로 주어진 일변수 함수 f(k)의 값을 구하는 방법을 알아보자:

$$f(k)=\int_{-1}^{1} e^{kx}-kx+1\,dx$$

두 개의 익명함수 핸들과 적분 관련 함수 quad.m를 이용하여 일변수 함수 f(k)를 정의한 후 k = 3 인 경우 함수 f의 근사값을 구하여 보자.

```
>> f = @(k) (quad(@(x) (exp(k*x) - k*x + 1),-1,1))
f =
   @(k)(quad(@(x)(exp(k*x)-k*x+1),-1,1))

>> f(3)
ans =
   8.6786
```

☑ 함수 핸들 사용법

함수명이 functionname 인 함수에 대한 함수핸들이 실행문 fd = @functionname 에 의하여 변수 fd에 할당되었을 때 함수 핸들 fd의 사용방법은 원래의 함수 사용방법과 같다. 즉, 함수 functionname.m의 정의부가 다음과 같다고 가정할 때 functionname 자리에 함수핸들 fd가 있다고 생각하면 된다.

[출력1, 출력2, ... , 출력n_2] = functionname(입력1, 입력2, ... , 입력n_1)

또한 함수 핸들은 다른 함수의 입력 항목이 될 수 있다. 예를 들어 구간 $[0, \pi]$ 에서 함수 $y=\sin(x)$ 의 적분값을 구하기 위하여 사인함수 핸들(@sin)을 이용한다.

```
>> quad(@sin,0,pi)
ans =
   2.0000
```

매틀랩에서는 function functions 라고 부르는 하나의 그룹이 있는데 이 그룹에 속한 함수는 다른 함수의 핸들을 입력항목으로 사용하고 있다. 이 그룹에 속한 함수들은 보통 비선형 함수(Nonlinear Functions)를 취급한다. 예를 들어, 바로 위의 함수 quad도 이 그룹에 속하고 비선형 사인함수의 핸들을 사용하고 있다. 보통 function functions은 다음과 같은 네 분야를 포함한다.

1. Zero Finding
2. Optimization
3. Quadrature
4. Ordinary Differential Equations

각 분야와 관계된 함수는 다음과 같이 help(또는 doc)를 사용하여 알 수 있다.

```
>> doc funfun
```

어떤 목적을 수행하는 함수를 이용하기 위하여 함수에 대응하는 M-파일을 이용한다. 또한 같은 목적을 수행하기 위하여 그 함수에 대한 함수핸들을 이용할 수 있다. 그렇다면 함수핸들을 이용하였을 때 무슨 좋은 점이 있을까? 먼저 서브 함수(findminv.m)를 가지는 함수형 M-파일 fhone.m을 작성하자. 파일 fhone.m은 다음과 같은 내용을 수행한다(표 1과 그 아래 내용) .

표 1

```
fhone.m: function [myfinder, minvalue] = fhone(a, b, c)
```

1. 세 개의 수 a, b, c를 입력받는다.
2. 입력된 세 수 a, b, c의 크기를 if-end 문을 이용하여 비교한다. 만약에 a > b > c 인 경우 a, b, c의 값을 각각 변수명 big, middle, small에 대입한다.
3. 다음 정의부를 가지는 서브함수 findminv를 만든다:

```
function minvalx = findminv(big,middle,small)
  내용: (a) 이차함수 f = big*x.^2 + middle*x + small 가
        최소값을 가지는 x의 값을 구한다.
```

(b) 함수 f의 그래프를 그린다.

4. 서브함수(findminv) 핸들 myfinder을 생성한다.
5. 서브함수 핸들을 이용한 실행문(minvalue = myfinder(big, middle, small);)을 이용하여 이차함수 f가 최소값을 가지는 x의 값을 minvalue로 출력한다.

프로그램 1 **fhone.m**

```
function [myfinder, minvalue] = fhone(a, b, c)
%
% Coefficients: a, b, c
%
if a >= b & a >= c
   if b >= c
      big = a; middle = b; small = c;
   else
      big = a; middle = c; small = b;
   end
end
if b >= a & b >= c
   if a >= c
      big = b; middle = a; small = c;
   else
      big = b; middle = c; small = a;
   end
end
if c >= a & c >= b
   if a >= b
      big = c; middle = a; small = b;
   else
      big = c; middle = b; small = a;
   end
end
```

```
%
myfinder = @findminv;
minvalue = myfinder(big, middle, small);
%
% Subfunction
%
function minvalx = findminv(big,middle,small)
f = @(x) big*x.^2 + middle*x + small;
minvalx = fminsearch(f,0);
fplot(f,[minvalx-5,minvalx+5]);
%
% The end of the primary M-file fhone.m
```

작업창(Command Window)에서 다음과 같이 실행하여 본다.

```
>> [myfinder, minvalue] = fhone(4,4,1)
myfinder =
    @findminv
minvalue =
   -0.5000
```

위의 결과는 2차 함수 $f(x)=4x^2+4x+1$ 가 $x=-0.5$ 일 때 함수 f 가 최소값을 갖는다는 사실을 보여준다. 사실, 이 함수는 완전제곱식 $(2x+1)^2$ 으로 표현될 수 있기 때문에 쉽게 알 수 있는 내용이다.

함수 핸들의 중요성을 설명하기 위하여 다음과 같은 상황을 설정하여 보자. A 라는 대기업에서 고객관리 프로그램을 새롭게 만들어 내기 위하여 하나의 팀 T가 만들어 졌고 이 팀 T에는 작업을 분담하기 위하여 10 개의 소규모 단위 팀 T1, T2, ... , T10이 있다. 한 달간의 프로그램 개발을 끝내고 10 단위의 소규모 팀은 자신들의 프로그램을 총 책임자에게 제출하였다. 총 책임자는 각 팀의 프로그램을 검토한 결과 함수 안에 있는 여러 개의 서브함수를 관련 함수 외부에서 이용할 필요가 있었다. 그래서 필요한 서브함수를 모두 M-파일로 변경하였더니 전체 프로그램이 복잡하게 되었다. 이것을 이대로 방치하면 전체 프로그램 효율성이 떨어지게 된다. 이 때, 사용할 수 있는 방법이 함수 핸들이다. 함수 핸들을 생성하고 이용하면 함수 안에 있는 서브함수를 함수 외부에서 이용할 수 있다. 즉, 서브함수를 M-파일로 변경하지 않고 서브함수의 내용을 사용할 수 있다. 그 결과로 전체 프로그램 크기는 줄어들게 된다(서브함수를 M-파일로 변경 후와 비교시).

예를 들면, 위의 프로그램 fhone.m에 있는 서브함수 findminv를 다른 장소에 있는 M-파일에서 이용하기 위해서는 서브함수 findminv를 하나의 독립된 M-파일로 저장하여야 한다. 그러나 함수 핸들을 이용하여 서브함수 findminv를 하나의 독립된 M-파일로 생성하지 않고 이용할 수 있다. 다음과 같이 함수형 M-파일 fhtwo.m을 작성하여 본다(표 2, 프로그램 2).

표 2 **fhone.m 내용**

화면에 출력된 메시지에 따라 2차 함수 f의 계수를 입력하면 그 계수를 가지는 2차 함수 f가 최소값을 가질 때 정의역에 있는 x_0의 값을 출력한다. 즉, $f(x_0)$는 2차 함수 f의 최소값이다.

- 입력항목 : 서브함수 findminv의 함수핸들
- 출력항목 : x_0

프로그램 2 **fhtwo.m**

```
function xlocalmin = fhtwo(myfinder)
%
c1 = input('Input the coefficient of x^2 = ');
c2 = input('Input the coefficient of x = ');
c3 = input('Input the coefficient of 1 = ');
xlocalmin = myfinder(c1, c2, c3);
% The end of fhtwo.m
```

실행문 `>> [myfinder, minvalue] = fhone(4,4,1)`을 수행한 후 계속하여 작업창에서 다음과 같이 실행하여 본다.

```
>> fhtwo(myfinder)
Input the coefficient of x^2 = 1
Input the coefficient of x = 8
Input the coefficient of 1 = 16
ans =
   -4.0000
```

위의 결과는 2차 함수 $f(x) = x^2 + 8x + 16$ 가 $x = -4$ 일 때 함수 f가 최소값을 갖는다는 사실을 보여준다. 참고로 함수 f는 완전제곱식 $(x+4)^2$ 으로 표현된다. 사실 함수 fhone.m의 서브함수 findminv의 선언부는 function minvalx = findminv(big,middle,small)와 같이 세 수의 내림차순으로 입력되지만 서브함수 findminv의 내용은 세 수의 크기와 무관하게 실행된다. 따라서 함수형 M-파일 fhtwo.m에서의 목적인 임의의 2차 함수의 최소값을 구할 수 있는 x_0를 알아내기 위하여 서브함수 findminv의 내용이 필요하였고 함수 핸들을 이용한 단순한 연결을 통하여 해결하였다. 지금 연습한 내용은 전체 크기로 볼 때, 함수 핸들을 이용할 때와 함수 핸들을 이용하지 않을 때(서브함수 findminv를 하나의 M-파일로 만듬)의 프로그램 길이에서 거의 차이가 없다. 대형 프로젝트의 경우 서브함수를 독립된 함수로 모두 변경하면 같은 내용을 수행하는 프로그램이 복잡하게 된다. 여러 개의 파일이 존재하여 전체 프로그램을 복잡하게 만드는 것을 생각하면 함수 핸들의 중요성은 분명해진다.

2.6 그래프 제어

어떤 목적을 만족하는 결과를 그래프로 출력하기 위하여 그래프박스(Figures), 축(Axes), 선(Lineseries plot objects), 텍스트(Text)와 같은 대상이 필요하다. 그래프 출력의 요소인 이들을 매틀랩에서는 Graphics Objects 라고 부르며 이 책에서는 편의상 그래픽객체라는 용어를 쓰도록 하겠다. 그래픽객체를 이용하여 그래프 출력을 제어할 수 있는데 이 제어를 위하여 핸들(Handle)을 이용한다. 각 그래프객체를 인식 및 구별할 수 있는 그 무엇이 있어야 하는데 그 무엇에 해당하는 것이 각 그래프객체에 할당된 핸들(Handle)이다. 이 핸들을 이용하여 객체의 속성(Properties)을 조절할 수 있다. 속성을 조절할 수 있다는 것은 그래프에 변화를 줄 수 있다는 말과 같다. 조절에 필요한 함수는 set과 get이다.

2.6.1 함수 set과 get

함수 set과 get의 역할을 살펴보기 위하여 표 1 에 제공된 세 줄의 실행문을 수행하자.

표 1

```
>> x = 0:pi/100:2*pi;
>> y = cos(x);
>> mych = plot(x,y);
```

위의 실행문을 수행하면 Cosine 함수의 그래프가 파란색으로 그려진다. 함수 plot에 의하여 Cosine 함수에 대응하는 선(Line)이 외부적으로 화면에 출력되었고 내부적으로 선 객체(Line Object)에 할당된 핸들(Handle)이 생성되었다. 이 경우 매틀랩은 적당한 수를 생성하여 핸들의 값으로 설정한 후 변수 mych에 할당한다. 출력된 선의 성질을 제어하기 위하여 생성된 핸들(Handle) mych(사용자가 정의한 변수명)를 이용한다. 예를 들어 파란색 선으로 출력된 Cosine 함수를 초록색 선으로 변경하기 위하여 함수 set을 이용한 실행문은 다음과 같다.

```
>> set(mych,'Color','green');
```

위의 실행문에서 두 번째 항목 단일인용부호(‘ ’) 내에 있는 `Color` 는 선 그래픽객체 속성명(Property Name)이고 세 번째 항목 단일인용부호(‘ ’) 내에 있는 `green`

은 속성명에 대응하는 속성값(Property Value)이다. 참고로 plot에 의해서 파란색 선은 Default이다. 여러 개의 선이 있는 경우 blue, green, red, cyan, magenta, yellow, black 순으로 순환한다. 함수 set의 사용방법을 정리하면 다음과 같다.

☑ **set(graphics_handle, 'property_name', 'property_value')**

각 그래프 객체에 속해있는 '속성명(property_name)'의 종류는 set을 이용하여 알 수 있다. 예를 들어, 앞서 구한 선 객체(핸들 mych)에 대응하는 속성명의 종류는 다음과 같다. 실행문 set(mych)의 결과에서 각 행의 첫 번째 단어가 속성명이고 그 옆으로 속성값이 나열되어 있다. 속성값이 나열되어 있지 않은 경우에는 사용자가 임의로 정한다.

```
>> set(mych)
  Color
  EraseMode: [ {normal} | background | xor | none ]
  LineStyle: [ {-} | -- | : | -. | none ]
  LineWidth
  Marker: [ + | o | * | . | x | square | diamond | v | ^ | > | < | pentagram
          | hexagram | {none} ]
  MarkerSize
  MarkerEdgeColor: [ none | {auto} ] -or- a ColorSpec.
  MarkerFaceColor: [ {none} | auto ] -or- a ColorSpec.
  XData
  YData
  ZData

  ButtonDownFcn: string -or- function handle -or- cell array
  Children
  Clipping: [ {on} | off ]
  CreateFcn: string -or- function handle -or- cell array
  DeleteFcn: string -or- function handle -or- cell array
  BusyAction: [ {queue} | cancel ]
```

```
HandleVisibility: [ {on} | callback | off ]
HitTest: [ {on} | off ]
Interruptible: [ {on} | off ]
Parent
Selected: [ on | off ]
SelectionHighlight: [ {on} | off ]
Tag
UIContextMenu
UserData
Visible: [ {on} | off ]
```

이와 같은 방식으로 다른 그래픽 객체에 대한 속성명의 종류를 알아낼 수 있다. 위의 결과 중 다음에 제시된 라인부터 마지막 라인까지는 모든 그래픽 객체에서 공통적으로 나타난다.

```
ButtonDownFcn: string -or- function handle -or- cell array
```

속성명은 대문자 또는 소문자를 구별하지 않고 사용한다. 즉, 다음 (A)와 (B)에 주어진 실행문은 각각 똑같은 결과를 생성한다.

(A) `>> set(mych,'Color','green');`

(B) `>> set(mych,'color','green');`

어떤 경우에는 함수 set을 이용하여 그래픽객체에 변화를 주기 이전에 그래픽객체의 현재 속성값을 알고 싶을 때가 있을 것이다. 이 때, 사용하는 함수가 get이고 사용 방법은 다음과 같다.

☑ get(graphics_handle, 'property_name')

핸들 graphics_handle을 가지는 그래픽객체(Graphic Objects)의 속성명(property_name)의 속성값(property_value)을 반환한다.

다음 네 줄의 실행문을 수행하여 다음과 같이 $\cos x$ 의 그래프를 구한다(그림 1).

```
>> x = 0:pi/100:2*pi;
>> y = cos(x);
>> mych = plot(x,y);
>> title('cos(x)');
```

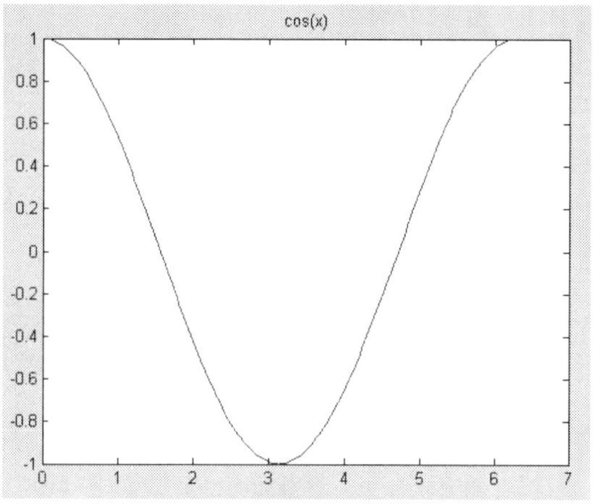

그림 1

함수 set을 이용하여 선의 종류(Line Style)를 점선(:)으로 변경하고 선의 굵기(LineWidth)를 4로 설정한다(그림 2, 그림 3).

```
>> set(mych,'LineStyle',':');
```

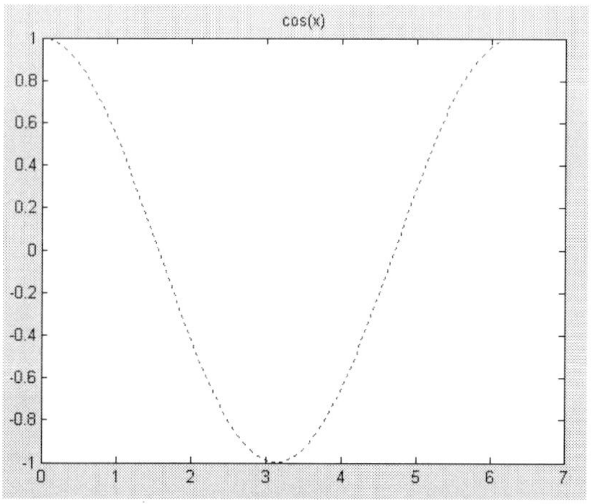

그림 2

```
>> set(mych,'LineWidth',4);
```

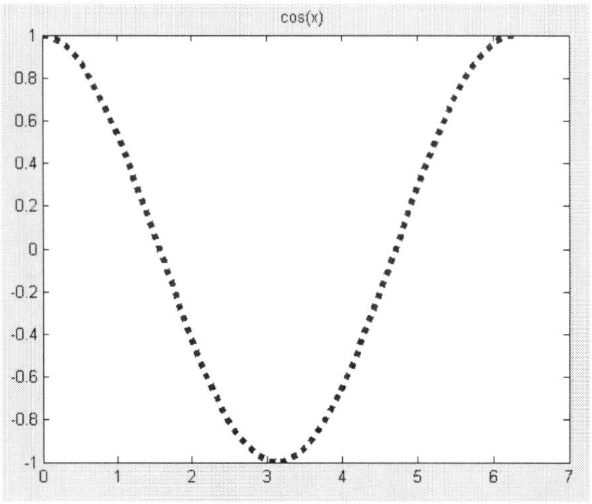

그림 3

현재의 상황에서 함수 get을 이용하여 현재 선의 종류를 다음과 같이 알아보면 변수 myLSValue(=myLineStyleValue)에 점선에 대응하는 문자열이 저장되어 있는 것을 볼 수 있다.

```
>> myLSValue = get(mych,'LineStyle')
myLSValue =
:
```

다음으로 그래픽객체 축(Axes)에 관한 속성 조절에 대해서 알아보자. 2.6.1절 처음에 있는 표 1 에서 제공된 세 줄의 실행문을 수행한 후 다음 한 줄의 실행문을 수행하면 그림 4 를 출력한다.

```
>> set(gca,'xgrid','on','gridlinestyle',':');
```

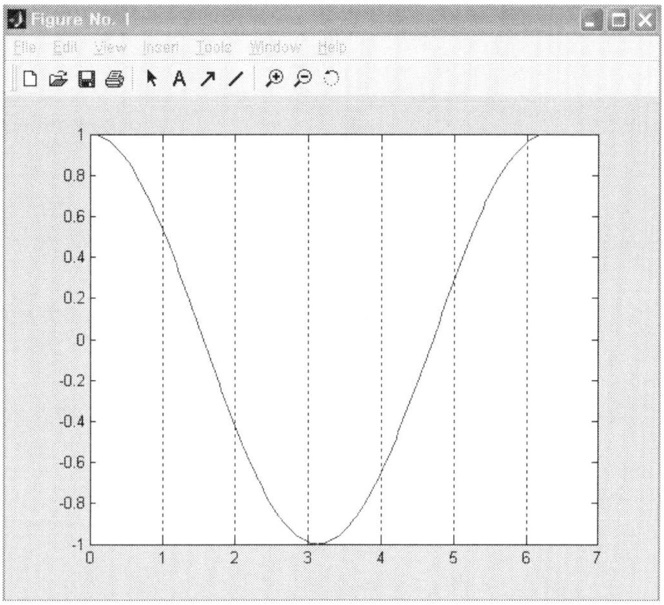

그림 4

실행문 grid on은 가로와 세로의 선을 추가로 출력하여 그래프의 위치파악에 도움을 주고 있다. 경우에 따라 x 축 또는 y 축에만 평행하게 선을 추가하고 싶을 때가 있다. y 축에만 평행한 선을 추가 출력한 경우가 그림 4 이다. 이러한 결과를 얻기 위해서는 축에 관한 속성을 제어해야 한다. 다음 실행문을 자세하게 설명하여 보자.

☑ set(gca,'xgrid','on','gridlinestyle',':')

1. 첫 번째 항목에 있는 `gca` 의 수행으로 현재 활성화된 창(Figure)의 축(Axes)의 핸들(Handle)을 출력한다. 작업창에서 `>> gca` 를 수행하면 축 핸들에 대응하는 수를 출력한다. 문구 Get Current Axes 로부터 파생되었다.
2. 두 번째와 세 번째 항목으로 속성(Property) `xgrid` 을 `on` 으로 선택하였다. 즉, y 축에 평행한 선들이 추가 출력된다.
3. 네 번째와 다섯 번째 항목으로 속성(Property) `gridlinestyle` 을 점선(`:`)으로 선택하였다.

이와 같은 방법으로 축 핸들을 구할 수 있고 그 핸들을 이용하여 속성의 값을 제어할 수 있다. 같은 방식으로 ygrid, zgrid를 사용할 수 있다. 참고로 다음 실행문은 점선으로 2차원의 경우 xgrid, ygrid가 실행이 되고 3차원의 경우 xgrid, ygrid, zgrid가 실행된다. 선택사항 on 대신에 off를 선택하면 모든 점선이 사라진다.

```
>> grid on
```

앞서 설명한 선객체(Line Object)와 축객체(Axes Object)를 모두 포함하는 객체가 그래프박스객체(Figure Object)인데 이 객체의 핸들은 그래프 출력 후 함수 gcf(Get Current Figure)를 이용한 실행문

```
>> foh = gcf
```

을 수행하여 얻으며 변수 foh(사용자 정의 변수명)에 할당된다. 위의 실행문을 그림 4 의 결과를 얻은 후에 바로 수행하였다면 그래프박스객체 핸들 foh에는 1이 설정되어 있을 것이다. 즉, 그래프박스객체 핸들에 할당된 수(Number)는 그래프박스(Figure)의 제목에 출력된다. 그래프박스(그림 4)에서 제목은 Figure No. 1 와 같이 출력되었다. 만약에 여러 개의 그래프박스가 존재하고 활성화된 창의 제목이 Figure No. 2와 같다면 다음과 같이 foh에는 2가 설정된다.

```
>> foh = gcf
foh =
     2
```

그래프박스객체와 관계된 속성명(property_name)의 종류는 다음과 같다. 매틀랩 버전에 따라 내용 차이가 있을 수 있다.

```
>> set(gcf)
   Alphamap
   BackingStore: [ {on} | off ]
   CloseRequestFcn: string -or- function handle -or- cell array
```

```
Color
Colormap
CurrentAxes
CurrentCharacter
CurrentObject
CurrentPoint
Dithermap
DithermapMode: [ auto | {manual} ]
DoubleBuffer: [ on | {off} ]
FileName
IntegerHandle: [ {on} | off ]
InvertHardcopy: [ {on} | off ]
KeyPressFcn: string -or- function handle -or- cell array
MenuBar: [ none | {figure} ]
MinColormap
Name
NextPlot: [ {add} | replace | replacechildren ]
NumberTitle: [ {on} | off ]
PaperUnits: [ {inches} | centimeters | normalized | points ]
PaperOrientation: [ {portrait} | landscape | rotated ]
PaperPosition
PaperPositionMode: [ auto | {manual} ]
PaperSize
PaperType: [ {usletter} | uslegal | A0 | A1 | A2 | A3 | A4 | A5 | B0 |
B1 | B2 | B3 | B4 | B5 | arch-A | arch-B | arch-C | arch-D | arch-E | A
| B | C | D | E | tabloid | <custom> ]
Pointer: [ crosshair | fullcrosshair | {arrow} | ibeam | watch | topl
| topr | botl | botr | left | top | right | bottom | circle | cross |
fleur | custom ]
PointerShapeCData
PointerShapeHotSpot
Position
Renderer: [ {painters} | zbuffer | OpenGL ]
```

```
RendererMode: [ {auto} | manual ]
Resize: [ {on} | off ]
ResizeFcn: string -or- function handle -or- cell array
SelectionType: [ normal | open | alt | extend ]
ShareColors: [ {on} | off ]
Units: [ inches | centimeters | normalized | points | {pixels} | char-
acters ]
WindowButtonDownFcn: string -or- function handle -or- cell array
WindowButtonMotionFcn: string -or- function handle -or- cell array
WindowButtonUpFcn: string -or- function handle -or- cell array
WindowStyle: [ {normal} | modal ]

ButtonDownFcn: string -or- function handle -or- cell array
Children
Clipping: [ {on} | off ]
CreateFcn: string -or- function handle -or- cell array
DeleteFcn: string -or- function handle -or- cell array
BusyAction: [ {queue} | cancel ]
HandleVisibility: [ {on} | callback | off ]
HitTest: [ {on} | off ]
Interruptible: [ {on} | off ]
Parent
Selected: [ on | off ]
SelectionHighlight: [ {on} | off ]
Tag
UIContextMenu
UserData
Visible: [ {on} | off ]
```

위의 같이 나열된 그래프박스객체 관련 속성 중 다음과 같은 세 가지 속성을 변경하여 보자.

1. NumberTitle: [{on} | off]
2. Name
3. MenuBar: [none | {figure}]

위의 세 가지 속성명에서 보는 바와 같이 속성값의 종류가 결정되어 있으면 Bracket(기호:[ ]) 내에 나열되어 있는 항목 중 하나를 선택하면 된다. 매틀랩이 미리 지정한 항목(Default)은 집합 기호({ })를 이용하여 표시되었다. 이와 같은 속성명과 속성값 해석은 다른 그래픽객체(Graphics Object)에서도 동일하게 적용될 수 있다. 그림 4 를 출력하고 나서 함수 set을 이용한 그래프박스객체 속성 제어의 결과는 다음과 같다.

```
>> set(gcf,'numbertitle','off');
```

주어진 그림 4 의 머리 부분 

이 위와 같이 변경되었다.

```
>> set(gcf,'name','Piano Man');
```

실행 후 그림 4 의 머리 부분이 위와 같이 변경되었다.

```
>> set(gcf,'menubar','none');   % 그림 5
```

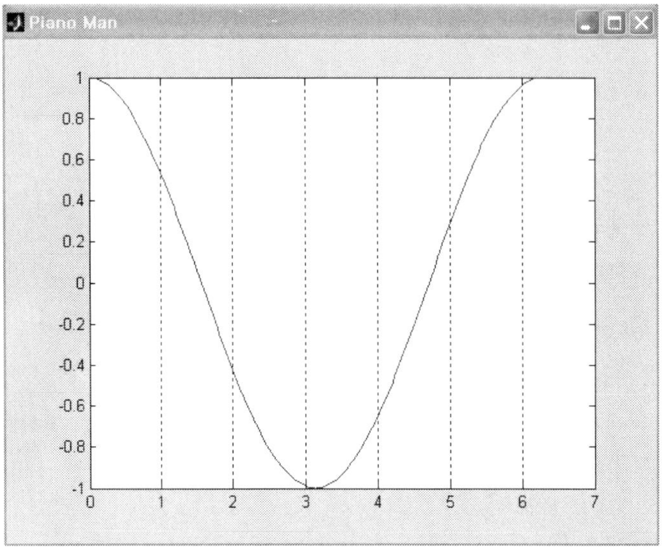

그림 5

주어진 그림 4 와 비교하여 보면 그림 5 에서는 menubar가 사라진 것을 알 수 있다. 속성명 Name에서와 같이 속성값이 정해져 있지 않은 경우 사용자가 임의로 설정할 수 있다. 위의 예에서는 Name을 'Piano Man'으로 설정하였다.

마우스를 이용하여 그래프박스(Figure)에서 대상을 직접 선택한 후 함수 gco(Get Current Object)를 이용하여 선택한 그래프객체의 속성을 제어할 수 있다.

표 2

```
>> x = 0:pi/100:2*pi;
>> y1 = cos(x);
>> y2 = x.^2/10;
>> y3 = sin(x);
>> plot(x,y1,x,y2,x,y3);
```

위의 실행문(표 2)을 수행하면 다음 그래프 출력을 얻는다(그림 6).

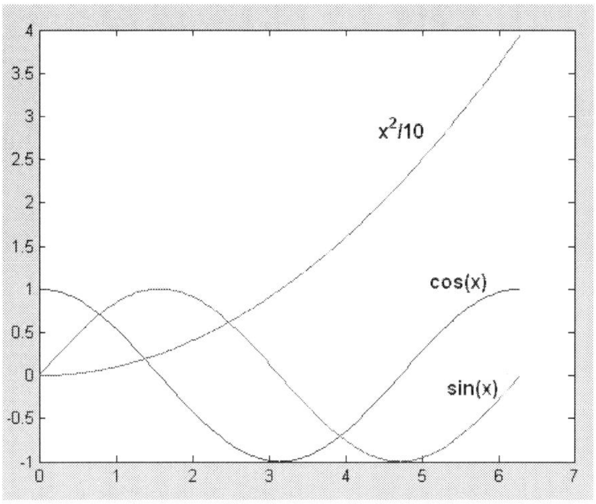

그림 6

이 때, 함수 $x^2/10$에 대응하는 선을 폭 3의 수치를 가지는 점선으로 변경할 수 있다. 절차는 그림박스(그림 6)에서 함수 $x^2/10$에 대응하는 선을 마우스로 선택한 후 다음 실행문을 수행한다.

```
>> set(gco,'linestyle',':','linewidth',3);
```

같은 방법으로 함수 $\sin x$에 대해서도 하여보자. 이번에는 선의 종류가 Dashed Line(기호로 '--')이다.

```
>> set(gco,'linestyle','--','linewidth',3);
```

실행의 결과로 얻어지는 그래프는 그림 7 이다.

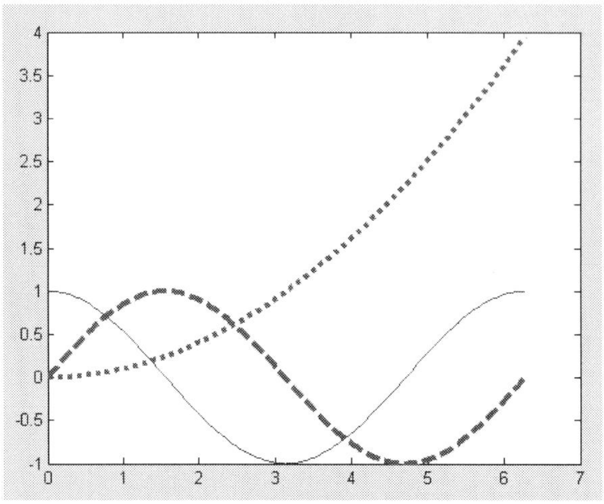

그림 7

그림 7 의 결과를 얻은 실행문을 자세히 설명하여 보자.

☑ set(gco,'linestyle',':','linewidth',3)

마우스로 선택한 선 그래프객체의 핸들이 첫 번째 항목 `gco` 에 의하여 함수 set에 전달되었다. 두 번째, 세 번째 항목에 의하여 속성 `linestyle` 이 점선으로 네 번째, 다섯 번째 항목에 의하여 속성 `linewidth` 가 3으로 설정되었다. 결과로서 마우스로 선택한 함수 $x^2/10$ 에 대응하는 선이 폭 3의 수치를 가진 점선으로 변경되었다. 같은 방식으로 사인함수에 적용된 실행문 set(gco,'linestyle','--','linewidth',3)을 이해할 수 있다.

이와 같이 함수 gco를 이용하여 그래프박스(Figure) 내에 있는 다른 그래픽객체의 속성을 제어할 수 있다. 표 2 에 제공된 실행문만을 수행하면 출력된 선에 대응하는 어떤 내용도 표시되지 않는다. 그림 6 에 출력된 텍스트는 나중에 설명을 위해 추가로 첨부한 것이다. 그림 7 에서 각 선에 대응하는 라벨을 입력하는 방법으로 함수 legend를 이용할 수 있다. 그림 7 을 출력 후 바로 아래의 실행문을 수행하면 그림 8 과 같은 그래프 출력을 얻게 된다.

```
>> legend('cos(x)','x^2/10','sin(x)',0);
```

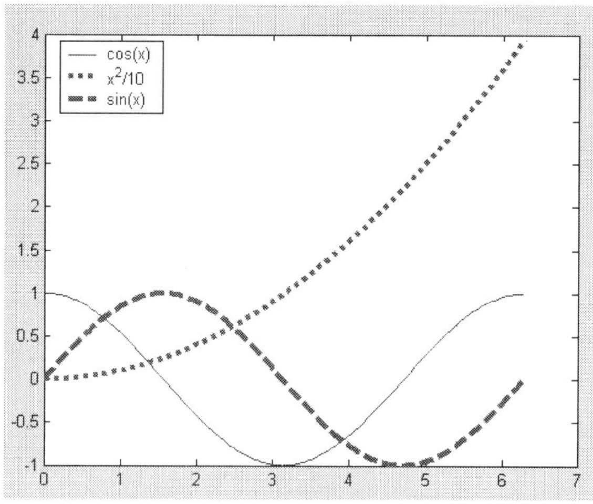

그림 8

2.6.2 legend

함수 legend 사용과 관련하여 많은 선택사항이 있으나 다음 경우를 소개한다.

☑ legend('string1', 'string2', ... , 'stringN', position)

출력되는 그래프객체의 순서에 맞추어 문자열 'string1', 'string2', ... , 'stringN'이 대응되므로 순서에 주의하여 문자열 순서를 정한다. 즉, 2.6.1절 표 2 에서 제공된 실행문을 수행하면 y1 = cos(x), y2 = x^2/10, y3 = sin(x) 순으로 그래프가 출력되므로 그 순서에 맞추어 legend('cos(x)', 'x^2/10', 'sin(x)', 0)와 같이 함수 legend를 사용한다. 마지막 항목에 있는 position의 값에 따라 라벨의 위치가 결정된다. 변수 position의 값에 대응하는 위치는 다음과 같다(표 1).

표 1

position	위치
0	데이터와 겹치지 않는 최상의 자리(automatic)
1	Default, 윗부분 오른쪽 코너(Upper right-hand)
2	윗부분 왼쪽 코너(Upper left-hand)
3	아랫부분 왼쪽 코너(Lower left-hand)
4	아랫부분 오른쪽 코너(Lower right-hand)
−1	그래프박스(Figure) 내 Plot 박스 바깥쪽 오른쪽 자리

변수 position = -1 인 경우 라벨의 위치는 다음과 같다(그림 1).

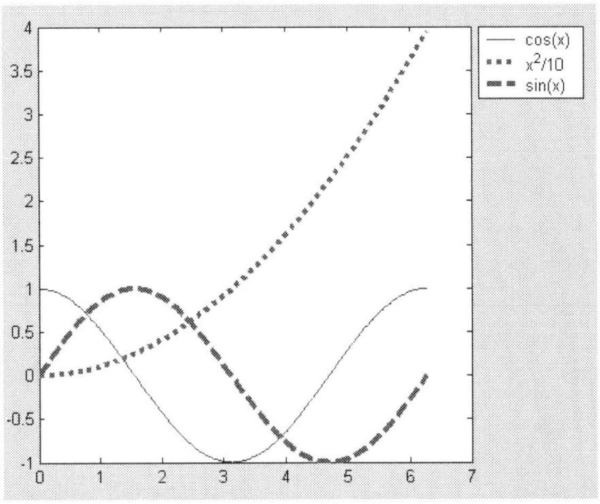

그림 1

함수 legend에 의하여 생성된 라벨 내용을 직접 화면위에서 변경할 수 있다. 예를 들어 그림 1 에서 표시된 라벨박스 내의 문자열 `sin(x)` 를 문자열 `sine` 으로 변경하고 싶은 경우 문자열 `sin(x)` 를 더블클릭하여 Edit 상태로 만든 다음 변경하면 된다. 라벨박스의 위치를 직접 변경하고 싶은 경우 왼쪽 마우스 버튼으로 라벨박스를 선택 후 끌어당겨(Drag) 원하는 장소에 위치시킨다.

2.6.3 그래프박스(Figure Window) 위치 제어

그래프 출력과 관련된 유용한 그래픽객체 제어 몇 가지를 추가로 설명하여 보자. 다음 제공된 실행문을 수행하여 보자(표 1). 앞 절에서 사용한 함수 gco를 이용하지 않고 2.6.1절 그림 8 과 같은 결과를 얻는 것을 확인한다.

표 1

```
hold on
x = 0:pi/100:2*pi;
y1 = cos(x);
y2 = x.^2/10;
y3 = sin(x);
plot(x,y1);
plot(x,y2,'color','g','linestyle',':','linewidth',3);
plot(x,y3,'color','r','linestyle','--','linewidth',3);
legend('cos(x)','x^2/10','sin(x)',0);
```

속성명 position은 그래프박스(Figure Window)의 크기와 화면위의 위치를 결정한다. 대응하는 속성값은 다음과 같이 네 개의 성분을 가진 벡터 posv(사용자 정의 변수명) 형태로 주어진다.

☑ posv = [left, bottom, width, height]

위의 벡터에서 성분 left와 bottom은 화면의 왼쪽 아래 모서리로부터 그래프박스의 왼쪽 아래 모서리까지의 거리를 정의한다. 성분 width와 height는 그래프박스의 폭과 높이를 정의한다. 그림으로 나타내면 다음과 같다(그림 1).

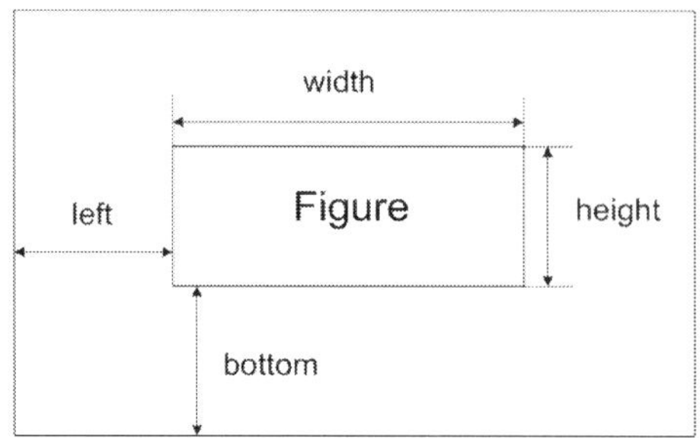

그림 1

벡터 posv의 네 성분 단위는 속성 Units(Graphics Object: Root)에 의하여 결정될 수 있는데 종류는 다음과 같다.

☑ Units

```
{pixels} | normalized | inches | centimeters | points | characters
```

위에서 보는 바와 같이 Default는 pixels로 설정되어 있고 사용이 비교적 용이하므로 pixels을 이용한 사용법을 설명하여 보자. 속성 Units의 한 종류인 pixels의 크기는 개인이 가지고 있는 모니터의 종류에 의존한다(Screen Resolution). 화면의 크기는 Root 속성 ScreenSize을 이용하여 알 수 있고 다음 실행문을 수행하여 알아낸다. 사용자의 모니터 해상도에 따라 다른 결과가 출력될 수 있다.

```
>> get(0,'units')
ans =
pixels
>> get(0,'ScreenSize')
ans =
          1          1       1280        1024
```

위의 결과는 화면이 1280×1024 pixels을 가지고 있음을 알려준다. 계속하여 표 1 에 의하여 얻은 그래프를 마우스로 선택 후 다음 실행문을 실행하여 보자(그림 2).

```
>> set(gcf,'position',[800 500 450 300]);
```

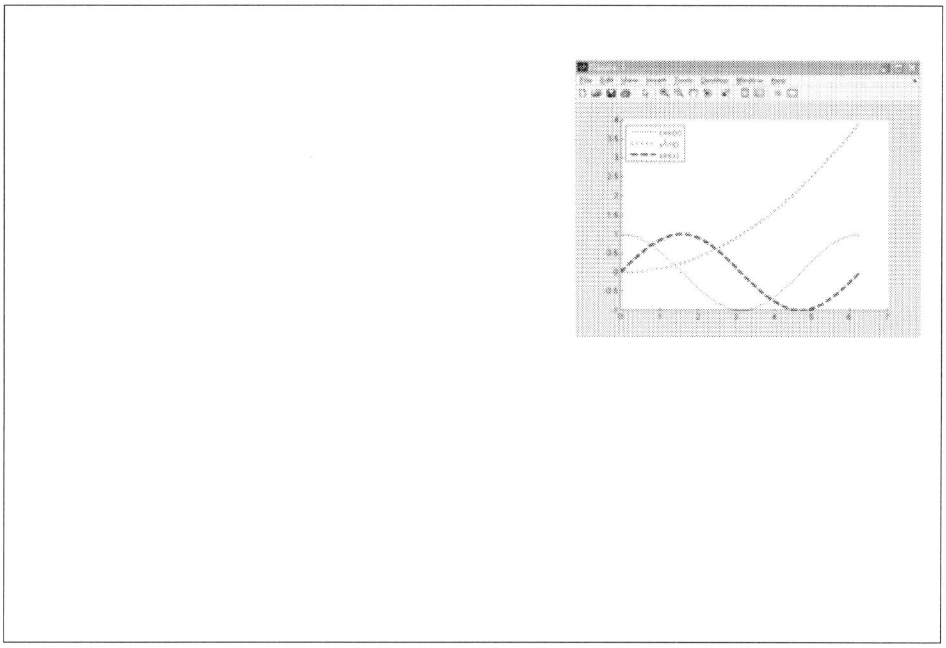

그림 2

화면의 크기가 1280×1024 pixels 인 경우 위의 실행문 수행 결과로 그래프박스(Figure Window)가 화면의 오른쪽 위로 이동된다(그림 2). 화면의 크기가 다른 경우 위의 실행문에서 수치를 본인의 화면 크기에 맞추어 수행하여 보자. 매틀랩은 그래프를 계속 같은 장소에 출력하기 때문에 먼저 출력된 그래프는 다음에 출력된 그래프 밑에 놓이게 된다. 속성 position을 이용하여 출력을 다른 위치에 하도록 하자. 예를 들어, 그림 2를 출력 후 또 다른 그래프박스(Figure Window)를 생성하여 2.6.1절 그림 4를 출력한 뒤 다음 실행문을 수행하면 그림 3을 얻게 된다. 이와 같은 방법으로 여러 개의 그래프박스를 겹치지 않게 화면에 출력할 수 있다.

```
>> set(gcf,'position',[30 500 450 300]);
```

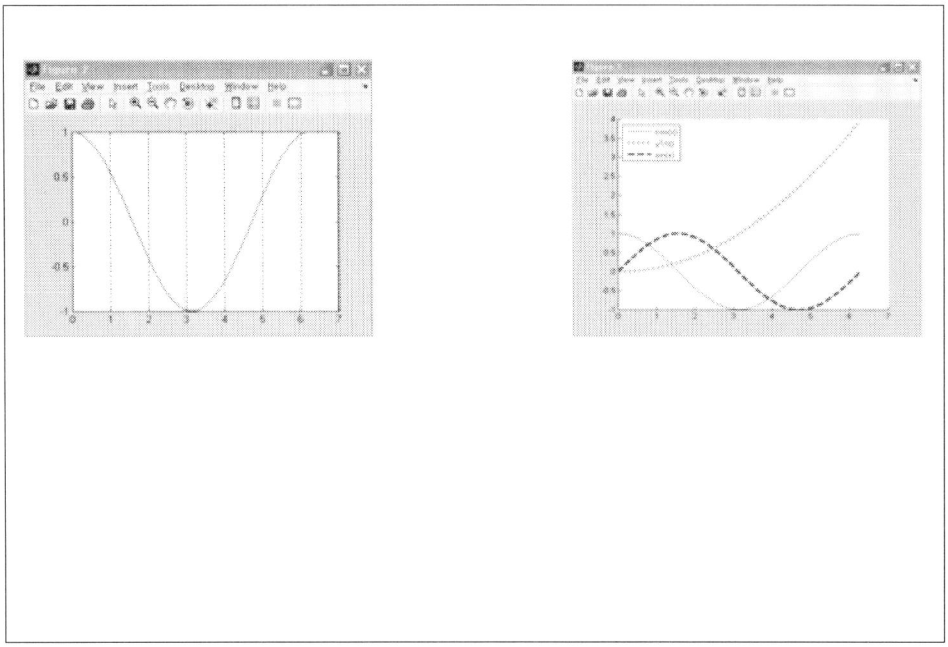

그림 3

2.6.4 축(Axes) 제어

다음으로 축(Axes)과 관련된 내용을 알아본다.

☑ xlim([xmin xmax])

현재의(Current) x축의 최소값과 최대값을 결정한다. 즉, x축의 최소값은 첫 번째 성분값 xmin로 최대값은 두 번째 성분값 xmax로 설정된다. ylim과 zlim도 대응하는 축에 대해서 같은 방식으로 작용한다.

다음 표 1 에서 제공된 실행문을 수행하여 xlim의 사용방법을 알아보자(결과는 그림 1).

표 1

```
stepsize = 0.0001;
x = 0.1:stepsize:1;
plot(x, sin(1./x));
axis([ 0 1.2 -1.5 1.2]);
```

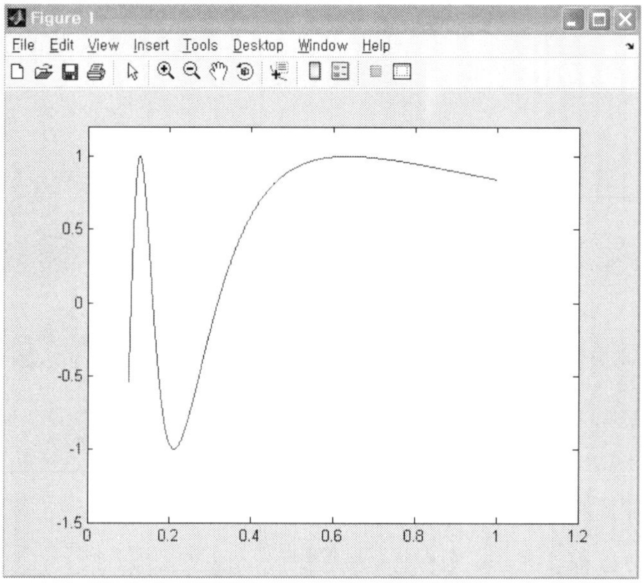

그림 1

계속하여 다음 실행문을 수행하면 x축의 구간이 [0.1 0.2]로 변경된 것을 알 수 있다(그림 2). 함수 ylim, zlim(3차원)도 같은 방식으로 사용할 수 있다.

```
>> set(gca,'xlim',[0.1 0.2]);
```

이와 같이 복잡하게 보이는 구간을 자세하게 출력하고자 할 때 유용하게 이용할 수 있다. 그림 1 에서 x축에 있는 눈금(tick)을 변경하고자 할 때 축 속성 xtick을 이용한다. 다음 실행문은 x축 [0.1 0.3] 구간에서는 눈금 간격을 0.1로 [0.4 0.8] 구간에서는 눈금 간격을 0.2로 마지막 눈금을 1.1로 설정한다(그림 3).

```
>> set(gca,'xtick',[0.1:0.1:0.3 0.4:0.2:0.8 1.1]);
```

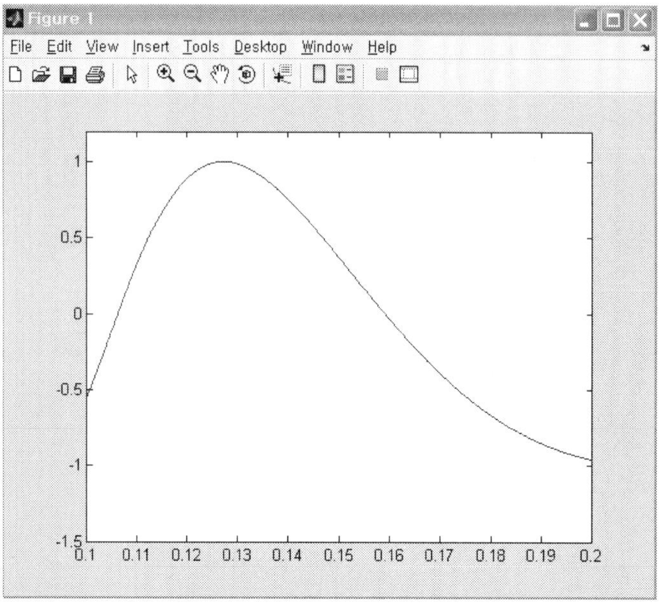

그림 2

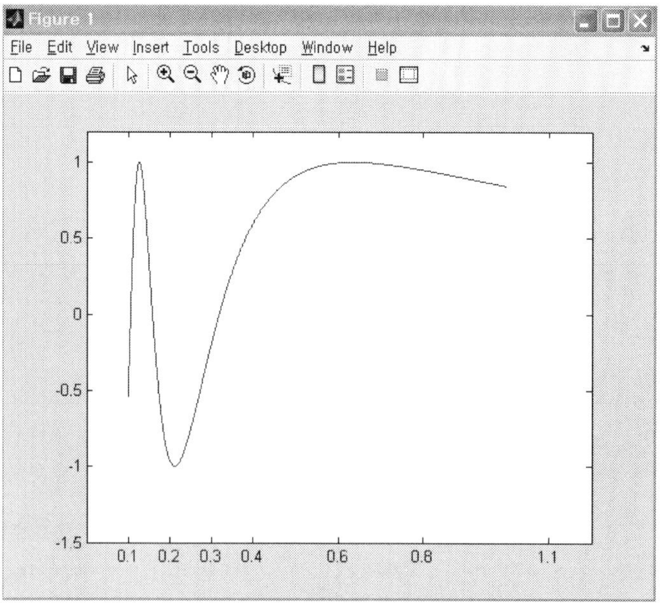

그림 3

함수 ytick, ztick(3차원)도 같은 방식으로 사용한다. x축 눈금 라벨을 변경할 때는 x축 속성 xticklabel을 이용한다. 다음 실행문은 그림 3 에서 x축 눈금 라벨을 순서대로 A, B, C, D, I, II, III로 변경한다(그림 4).

```
>> set(gca,'xticklabel',{'A','B','C','D','I','II','III'});
```

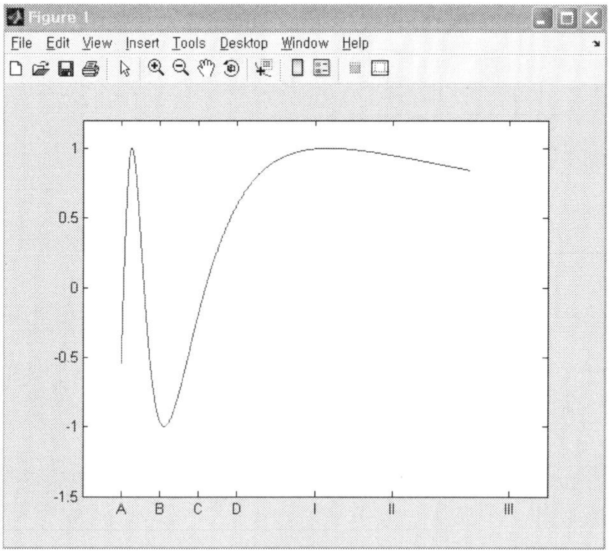

그림 4

그래프박스(Figure Window)에서 x축 눈금의 수와 라벨의 수를 같게 한다. 라벨의 수가 적은 경우 라벨이 반복적으로 다시 이용된다.

2.6.5 plot3

하나의 매개변수 t에 의하여 함수

$$F(t) = (x(t), y(t), z(t))$$

가 정의되어 있는 경우 함수 $F(t)$를 그래프로 나타내기 위하여 함수 plot3를 이용한다. 다음 표 1 에 제공된 실행문을 수행하면 매개변수 t에 의하여 정의된 함수

$$F(t) = (\sin(t), \cos(t), 2t)$$

의 그래프를 출력한다(그림 1). 상자 모양의 박스를 표시하기 위하여 실행문 box on(off)을 수행한다.

표 1

```
t = 0:pi/100:6*pi;
plot3(sin(t),cos(t),2*t,'linewidth',2)
grid on
xlabel('x');
ylabel('y');
zlabel('z');
```

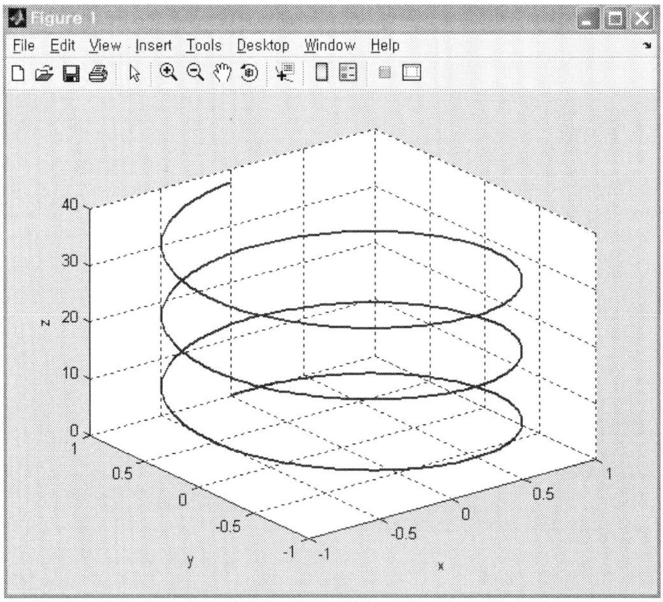

그림 1

2.7 활용 예제

다음은 아이스크림 체적 구하기 예제를 통하여 매틀랩을 활용하여 보자. 선호군은 대학을 졸업한 후 아이스크림 회사에 취직을 하게 되었다. 취직한 회사에서 판매하는 아이스크림의 모양은 그림 A와 같은 원뿔모양이다.

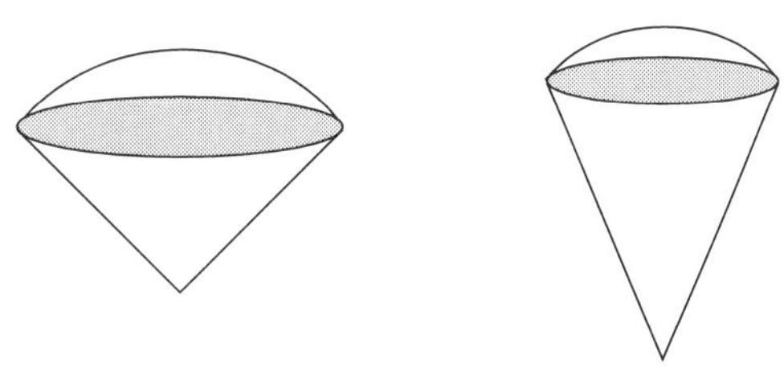

그림 A　　　그림 B

회사 발전을 위하여 직원 대상으로 아이디어 공모가 있었고 선호군도 신청하였다. 어린이들은 작게 보이는 것 보다는 크게 보이는 아이스크림을 좋아하는 성향을 파악하고 원뿔 모양의 아이스크림을 변형하여 보기로 했다. 생각 끝에 그림 B와 같은 모양의 아이스크림을 추천하였고 이 회사의 올해 이익은 전년도에 비하여 30% 늘어났다. 이러한 과정에서 대학 시절 배웠던 매틀랩을 이용하였다고 하는데 그 과정을 살펴보자.

회 사

우선 회사 입장에서는 그림 B 모양의 아이스크림 양은 그림 A 모양의 아이스크림 양보다 적기 때문에 재료비가 절약되었다.

어린이

양은 적을 지라도 그림 B 모양의 아이스크림 크기가 그림 A 모양의 아이스크림 크기보다 더 커 보인다.

신입 회사원

아이디어를 생각해낸 선호군은 위와 같은 결과를 얻기 위하여 여러 가지 크기의 컵을 만들어 시행착오 끝에 만든 것이 아니었다. 먼저 구면좌표계를 이용하였다. 구면좌표계는 보통 (ρ, ϕ, θ)로 표현되며 그 의미는 다음과 같이 그림 C 에 표시되었다.

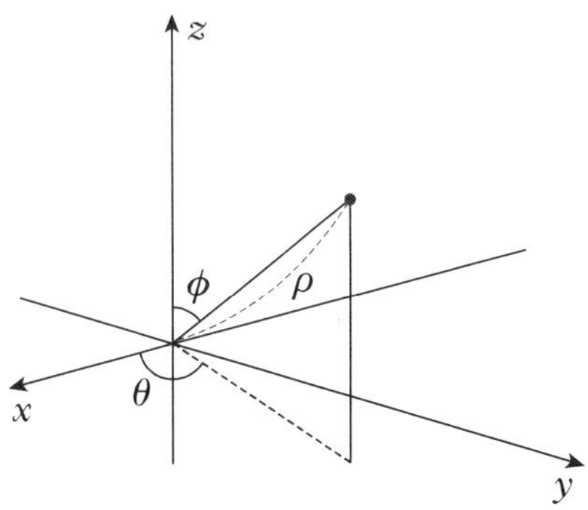

그림 C

그림 A 나 그림 B 에 있는 모양의 아이스크림은 구 $x^2+y^2+z^2=9$와 원뿔 $z=\sqrt{x^2+y^2}$에 의하여 둘러싸인 부분(그림 D)으로 생각하여 다음과 같이 적분을 이용하여 그 체적이 계산될 수 있다.

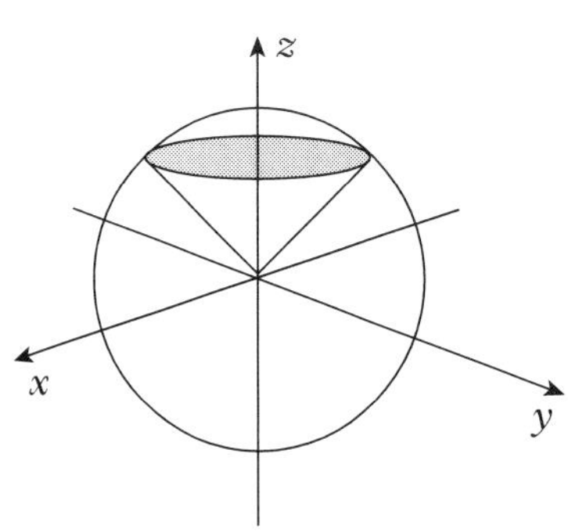

그림 D

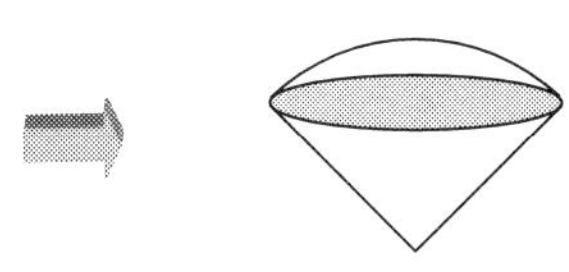

그림 E

먼저 원뿔면과 z 축과의 사이각 ϕ를 구하여 보자. 원뿔

$$z=\sqrt{x^2+y^2}$$

의 양변을 제곱하여 얻은

$$z^2 = x^2 + y^2$$

을 구의 방정식에 대입하여 다음을 얻는다.

$$9 = x^2 + y^2 + z^2 \ = z^2 + z^2 = 2z^2$$

위의 식과 관계식 $z = \rho\cos\phi$ 을 이용하여

$$\frac{3}{\sqrt{2}} = 3\cos\phi$$

이므로 사이각 $\phi = \frac{\pi}{4}$ 이다. 그러므로 범위 $0 \le \rho \le 3$, $0 \le \phi \le \frac{\pi}{4}$, $0 \le \theta \le 2\pi$ 에 대한 **그림 E** 에 대응하는 체적은 다음과 같다. 다음 식에서 C는 **그림 E** 를 의미한다.

$$V = \iiint_C dV = \int_0^{2\pi}\int_0^{\frac{\pi}{4}}\int_0^3 \rho^2 \sin\phi \, d\rho \, d\phi \, d\theta$$

$$= \int_0^{2\pi}\int_0^{\frac{\pi}{4}} 9\sin\phi \, d\phi d\theta \quad = \int_0^{2\pi} 9(-1)\cos\phi|_0^{(\pi/4)} d\theta$$

$$= -9\int_0^{2\pi}\left(\frac{\sqrt{2}}{2} - 1\right)d\theta = 9\pi(2 - \sqrt{2}) \approx 16.5627$$

신입 회사원은 범위를 바꿔가며 적분을 이용하여 매번 계산한 것이 아니고 다음과 같이 범위만 변경을 하여 매틀랩으로 원하는 결과를 빠르게 얻을 수 있었다. 예를 들어, 위와 같은 적분

$$V = \iiint_C dV = \int_0^{2\pi}\int_0^{\frac{\pi}{4}}\int_0^3 \rho^2 \sin\phi \, d\rho \, d\phi \, d\theta$$

을 함수 triplequad으로 다음과 같이 간단히 계산하였다.

```
>> triplequad(inline('x.^2.*sin(y)+0*z'),0,3,0,pi/4,0,2*pi)
ans =
   16.5627
```

위의 매틀랩 계산에서 (x, y, z)은 (ρ, ϕ, θ)에 대응된다. 또한 피적분함수에서 변수 z에 대응하는 식이 없으므로 0*z 이라는 항이 피적분함수에 추가 되었다. 함수 triplequad을 이용한 계산에서 변수 x와 y의 범위를 변경하여 여러 가지 아이스크림 모양의 체적값을 빠르고 쉽게 계산할 수 있었고 결과로 선호군은 입사하자마자 포상금과 함께 능력 인정을 받았다. 또는 **프로그램 1** 에서와 같이 함수형 M-파일 ftcream.m을 작성 저장 후 작업창에서 다음과 같이 실행한다.

```
>> creamvol = triplequad(@ftcream,0,3,0,pi/4,0,2*pi)
creamvol =
   16.5627
```

프로그램 1 **ftcream.m**

```
function f = ftcream(x,y,z)
f = x.^2.*sin(y);
```

제2장 연습문제

1. 함수 text.m 이용시 사용되는 아래의 명령어(또는 기호)에 대응하는 기호(또는 명령어)를 쓰시오.

(a) \int (b) \leq (c) \partial

(d) $\neq$ (e) $\pm$ (f) \in

2. 함수 plot.m 이용시 사용되는 네 가지 선의 종류에 대한 기호를 쓰고 설명하시오.

3. 함수 fprintf.m 사용시 %−17.5g의 의미를 설명하시오.

4. 다음 질문에 답하시오.

(a) 일변수 함수 $h(x)=\dfrac{\sin(x)}{\sqrt{3}}$ 을 m-file 함수로 만들어 저장하고 작업창 (Command Window)에서 $x=\dfrac{\pi}{2}$ 일 때 $h(\pi/2)$의 값을 구하고 그 값을 hvalue 라는 변수에 할당하시오.

(b) 일변수 함수 $y=\dfrac{sin(x)}{2x^2+5}$ 을 m-file 함수로 만들어 작업창에서 $y(\pi/2)$의 값을 구하고 그 값을 변수명 yval에 대입하는 과정을 설명하시오.

5. Matlab 명령어를 이용하여 아래의 함수를 그리시오. 각 변수의 stepsize = 0.1이다.

$$h=\sin(\sqrt{u^2+v^2}\ )\ /\ \sqrt{u^2+v^2}\ ,\ -1\le u\le 1,\ 0\le v\le 1$$

6. Matlab 명령어를 이용하여 $\int_0^2 x^2\,dx$ 의 근사값을 구하시오. 단, 함수 핸들(function handle)을 이용하여라.

7. 위의 5번의 결과로 얻어지는 그래프박스(Figure Window)를 대상으로 다음 실행문을 자세히 해석하고 결과로 얻어지는 그림을 그리시오.

```
>> set(gcf,'pos',[300 200 400 350],'name','AEROSPACE', ...
    'color','c','menubar','none','resize','off');
```

8. 다음 질문에 답하시오.

   (a) surfc.m와 mesh.m과의 차이점을 설명하시오.

   (b) break, return, eps의 의미와 작용에 대해서 설명하시오.

9. 작업창에서 다음의 실행문을 수행하였을 때 나오는 변수의 값들을 모두 구하고 이유를 설명하시오.

```
>> A = zeros(3,4);
>> M1 = size(A,1);
>> M2 = size(A,2);
>> [s1,s2]=size(A);
```

10. 프로그램 작성시 반복 계산을 하게 될 때 사용하는 for 문과 while 문의 특징을 비교 설명하시오.

11. mh(3,'a','b','c')의 결과를 적으시오.

```
function mh(n,s,u,d)
if n==1
   fprintf('\n   %s%d -> %s',s,n,d);
else
   mh(n-1,s,d,u);
   fprintf('\n   %s%d -> %s',s,n,d);
   mh(n-1,u,s,d);
end
fprintf('\n');
```

12. 함수 get.m과 관계되는 용어 gcf, gca, gco에 대한 설명을 하시오.

13. 다음 내용을 만족하는 함수A를 작성하시오.

(1) 세 개의 성분을 가지는 벡터 V를 작업창(Command Window)에서 입력하여 함수 A로 보낸다. V=[p q r]이고 p, q, r은 모두 자연수이다.

(2) 함수A 기능의 첫 번째 임무는 입력된 벡터의 세 성분의 크기 비교이고 두 번째 임무는 세 성분을 계수로 하는 2차 방정식의 근을 구하는 것이다. a가 세 자연수 p, q, r 중 가장 큰 수, c가 p, q, r 중 가장 작은 수이고 b가 부등식 $a \leq b \leq c$를 만족하는 자연수일 때 대응하는 2차 방정식은 $ax^2 + bx + c = 0$이다.

(3) 함수 A의 첫 번째 임무는 서브함수(subfunction) B에 의하여 수행된다.

(4) 함수 A의 두 번째 임무는 서브함수(subfunction) C에 의하여 수행한다.

(5) 함수 A의 구조는 다음과 같다:

```
함수 A

    서브함수 B 이용 : 세 수 크기 비교한다.
    서브함수 C 이용 : 2차 방정식의 근을 구한다.

서브함수 B
서브함수 C
```

(6) 입력변수 V가 함수A에 전달되어 실행이 되면 작업창(Command Window)에서 다섯 개의 출력 값을 얻을 수 있어야 하고 다음의 순으로 작업창에 출력되도록 한다:

```
첫 번째 출력값: a
두 번째 출력값: b
세 번째 출력값: c
네 번째 출력값: 근 1
다섯 번째 출력값: 근 2
```

MATLAB과 응용

Chapter 03

자료 입력, 출력과 관련 명령어

여러 종류의 정보를 분류하고 제어하기 위하여 자료 관리는 현대 사회의 꼭 필요한 영역이다. 개인에서 국가 기관에 이르기까지 모든 정보가 어떤 형태의 자료로서 취급되고 있다. 백화점 같은 대형마트에서는 고객관리를 위하여 자료를 입력 저장하고 정기적으로 그 내용을 분석하기 위하여 자료 출력이 필요하다. 또한 대학에서 모든 학생에 대한 정보와 성적을 관리하기 위한 프로그램을 사용할 때에도 수시로 자료 입력 및 출력이 이루어진다. 자료를 입력하여 저장하고 그 저장된 자료를 읽어 출력하는 기능을 매틀랩은 훌륭히 수행할 수 있다. 이번 장에서는 수(Number)와 문자로 구성된 자료를 다루는 방법을 공부하여 본자. 우선 자료 입력 및 출력에 관계된 명령어를 살펴보자.

3.1 파일 개방과 닫음

파일을 개방할 때 사용하는 함수 fopen에 관하여 알아보자.

`fopen`

☑ fid = fopen('파일명', '선택항목')   % 실행문A

위의 실행문A에 의하여 fid 라는 파일 인식자(File Identifier)를 생성한다. 선택항목에 따라 파일을 성공적으로 개방하면 fid에 3 이상의 정수를 할당하고 파일 개방을 실패하면 fid에 -1을 할당한다. 선택항목은 표 1 에 제공된다.

☑ [fid, message] = fopen('파일명', '선택항목')   % 실행문B

실행문B가 실행문A와 다른 점은 출력항목에 변수명 message가 추가된 점이다. 파일을 개방하지 못하였을 때 이미 설명한 바와 같이 fid에 -1이 할당되고 왜 파일을 개방하지 못하였는지 시스템에 따른 에러 메시지를 변수 message에 저장한다. 파일이 성공적으로 개방되면 변수 message의 내용은 비어있게 된다.

☑ fids = fopen('all')

개방된 모든 파일의 인식자를 성분으로 하는 행벡터를 fids에 할당한다. 그러므로 변수 fids의 성분의 개수는 개방된 파일의 수와 같다.

`fclose`

개방된 파일을 닫을 때 사용하는 함수이다. 세부 내용은 다음과 같다.

☑ status = fclose(fid)

파일 인식자 fid와 연결된 파일을 닫는데 성공하면 0를 실패하면 -1을 변수 status에 전달한다.

☑ status = fclose('all')

개방된 모든 파일을 닫는다. 성공하면 0를 실패하면 -1을 변수 status에 전달한다.

표 1 선택항목(또는 Permission Specifiers)과 내용

선택	내용
r	읽기 위하여 파일을 개방한다(Default).
r+	읽고 쓰기 위하여 파일을 개방한다.
w	쓰기 위하여 파일을 개방하거나 새로운 파일을 생성한다. 파일 개방시 이미 있던 내용은 사라진다.
w+	읽거나 쓰기 위하여 파일을 개방하거나 새로운 파일을 생성한다. 파일 개방시 이미 있던 내용은 사라진다.
a	쓰기 위하여 파일을 개방하거나 새로운 파일을 생성한다. 이미 존재하였던 파일을 개방하면 그 파일의 끝에 새로운 자료를 첨부한다.
a+	읽거나 쓰기 위하여 파일을 개방하거나 새로운 파일을 생성한다. 이미 존재하였던 파일을 개방하면 그 파일의 끝에 자료를 첨부한다.

다음 실행문을 수행하여 보자.

```
>> [fidr,messages] = fopen('databank.txt','r')
fidr =
   -1
messages =
No such file or directory
```

위의 결과에서 보듯이 변수 fidr에 -1의 값이 전달되었다. 파일 databank.txt가 존재하지 않기 때문이다. 그러므로 함수 fopen에 의하여 해당 파일 개방에 실패하였다. 다음 실행문에 의하여 파일 databank.txt가 새로이 생성되었고 그러한 사실은 변수 fidw에 3의 값이 전달된 것으로부터 확인된다.

```
>> fidw = fopen('databank.txt','w')
fidw =
    3

>> dir
databank.txt
```

다음 실행문으로 또 다른 파일 databanktwo.txt을 생성하였다.

```
>> fidw2 = fopen('databanktwo.txt','w')
fidw2 =
     4
```

다음 실행문으로 개방된 모든 파일의 인식자를 성분으로 하는 행벡터를 변수 fidall에 전달한다.

```
>> fidall = fopen('all')
fidall =
     3     4
```

필요한 작업을 한 뒤에 파일 databank.txt을 다음과 같이 닫을 수 있고 성공적으로 닫은 사실을 변수 status에 전달된 0의 값으로 확인할 수 있다.

```
>> status = fclose(fidw)
status =
     0
```

아래의 실행문들을 수행하여 남아있는 파일 인식자를 확인하고 닫도록 한다.

```
>> fidall = fopen('all')
fidall =
     4

>> fclose('all')
ans =
     0

>> fidall = fopen('all')
```

```
fidall =
     []
```

현재 개방된 파일이 없음을 알 수 있다.

3.2 자료 읽기와 자료 쓰기

함수 fopen에 의하여 개방된 파일로부터 자료를 읽고 또는 개방된 파일에 자료 쓰기에 관한 내용을 살펴보자. 파일을 개방하거나 새로 생성하여 그 파일에 데이터 입력은 1.8.6절에서 배운 함수 fprintf를 이용한다. 그 때,

```
myop = fprintf(fid, format_string, d1, d2, ... dn)
```

의 형식에서 fid를 생략하여 출력을 화면에서 보여주었다. 지금부터는 함수 fopen에 의하여 생성된 파일 인식자 fid를 이용하여 개방 또는 새로 생성된 파일에 데이터를 저장할 수 있다. 다음 주어진 실행문들은 표 1 에 제공된 데이터를 가지는 파일 myfile.txt을 생성하는 과정을 보여준다.

표 1 **myfile.txt**

```
2008 China
2010 SouthAfrica
1707 Euler
```

```
>> c = 'China'
c =
China

>> c1 = 2008
```

```
c1 =

        2008

>> fh = fopen('myfile.txt','w')
fh =
     3

>> tbytes = fprintf(fh,'%6d %s\n',c1,c)
tbytes =
    13
```

현재 (표 1)의 첫 번째 줄까지 입력되었고 다음과 같이 명령어 type를 이용하여 확인할 수 있다.

```
>> type myfile.txt
  2008 China

>> s = 'SouthAfrica'
s =
SouthAfrica

>> s1 = 2010
s1 =
        2010

>> tbytes = fprintf(fh,'%6d %s\n',s1,s)
tbytes =
    19
```

여기까지 진행하면 (표 1)의 두 번째 줄까지 입력된다. 다음과 같이 확인하여 보자.

```
>> type myfile.txt
```

```
  2008 China
  2010 SouthAfrica

>> e = 'Euler'
e =
Euler

>> e1 = 1707
e1 =
       1707

>> tbytes = fprintf(fh,'%6d %s\n',e1,e)
tbytes =
    13
```

바로 전 실행문으로 파일 myfile.txt에는 표 1 의 모든 내용이 입력되었다.

```
>> type myfile.txt
  2008 China
  2010 SouthAfrica
  1707 Euler

>> fclose(fh)
ans =
     0
```

이로써 표 1 의 내용을 가진 파일 myfile.txt가 완성되었다. 다음으로 생성된 파일 myfile.txt에 있는 데이터를 읽어서 mydata 라는 셀(Cell) 배열에 전달하여 보자. 즉, 표 2 에서 보여준 내용을 가지는 셀 배열 mydata를 생성하여 보자.

표 2 셀 배열 **mydata**

```
>> mydata
mydata =
    [2008]    'China'
    [2010]    'SouthAfrica'
    [1707]    'Euler'
```

다음 실행문을 수행하여 셀배열 변수 mydata를 생성한다.

```
>> fh = fopen('myfile.txt','r');
>>  for icount = 1:3
     mydata{icount,1} = fscanf(fh,'%d',1);
     mydata{icount,2} = fscanf(fh,'%s',1);
   end
>> fclose(fh)
ans =
     0
```

파일 myfile.txt의 내용이 셀배열 변수 mydat에 제대로 전달되었는지 확인하여 보자:

```
>> mydata
mydata =
    [2008]    'China'
    [2010]    'SouthAfrica'
    [1707]    'Euler'
```

위와 같이 셀 배열 mydata가 생성된 뒤에는 mydata 내에 있는 데이터를 프로그램 작성 시 사용할 수 있다. 위의 실행문 중에서 파일로부터 데이터를 읽을 때 사용하는 함수 fscanf에 관하여 자세히 알아보자.

`fscanf.m`

☑ A = fscanf(fid, format)

함수 fopen에 의하여 생성된 파일 인식자 fid에 의하여 지정된 파일로부터 데이터를 읽는다. 데이터를 읽을 때는 format에서 지정한 형식에 따른다. 하나의 데이터에 대응하여 format에서 사용하여 기본 형식은 표 3 에서 보는바와 같이 세 부분(기호 %, 필드폭, 전환문자)으로 나뉜다. 표 3 에서 보여준 예는 10자리 내에 있는 10진법의 수를 대응시키고 있다. 기본형식은 기호 %를 가지고 시작하며 가운데 있는 필드폭은 선택사항이므로 생략할 수 있다. 전환문자에 관해서는 1.8.6절의 내용을 참조한다. 결정된 기본 형식을 이용하여 읽혀진 데이터는 행렬 A에 전달된다.

표 3 기본 형식

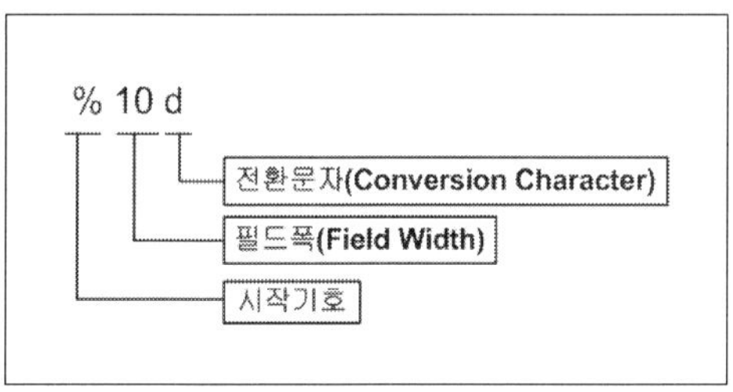

☑ [A, count] = fscanf(fid, format, size)

바로 전의 fscanf 실행문과 비교 시 count와 size 라는 항목이 추가 되었는데 출력변수 count에는 읽은 데이터의 개수가 전달되고 함수 fscanf의 입력항목 size에 의해서는 얼마나 많은 데이터를 읽을지를 결정한다. size 이용에는 세 가지 형식이 있는데 다음과 같다.

1. size의 위치에 수(Number) `N` 을 사용(입력시 네모박스 생략)하면 N 개의 수(Numbers), 문자(Characters), 문자열(Strings)을 읽는다.
2. 파일에 있는 데이터를 끝까지 읽고자 할 때에는 `inf` 을 사용한다.
3. 형식 `[m, n]` 을 선택하면 최대 m × n 개의 수, 문자, 문자열을 읽는다. 출력변수 A는 최대 m 행을 가진 행렬이 되고 데이터는 1열, 2열, ... 순으로 저장된다.

형식 [m, n]에서 n은 inf가 될 수 있지만 m은 inf가 될 수 없다. 수(Numbers)만이 읽혀진 경우 출력변수 A의 마지막 열에서 데이터로 채워지지 않는 성분이 있으면 영(Zeros)이 된다. 문자(Characters)만이 읽혀진 경우 출력변수 A의 마지막 열에서 데이터로 채워지지 않는 성분이 있으면 char(0)이 된다.

출력변수의 하나인 행렬 A의 형태는 파일의 데이터 종류와 size에 의존한다. 만약에 fscanf가 수(Numbers)만을 읽고 size가 [m, n]의 형식이 아니면 출력변수 A는 하나의 열벡터가 된다. 예를 들어, 파일 numonly.dat이 표 3 과 같이 주어졌을 때 다음을 실행하여 보자.

표 3 **numonly.dat**

```
10 20 30
40 50 60
```

```
>> myfid = fopen('numonly.dat','r');
>> [mydata, dn] = fscanf(myfid,'%d %d')
>> fclose(myfid);

mydata =
    10
    20
    30
    40
    50
    60
dn =
     6
```

반면에 fscanf가 문자(또는 문자열)만을 읽고 size가 [m, n]의 형식이 아니면 출력변수 A는 문자로 이루어진 하나의 행벡터가 된다. 예를 들어, 파일 stringonly.dat이

표 4 와 같이 주어졌을 때 다음을 실행하여 보자.

표 4 **stringonly.dat**

```
abc
abcd
abcde
```

```
>> myfid = fopen('stringonly.dat','r');
>> [mydata, dn] = fscanf(myfid,'%s')
>> fclose(myfid);

mydata =
abcabcdabcde
dn =
    3
```

다음으로 fscanf 이용 시 문자(또는 문자열)와 수가 혼합되어있는 파일을 읽고 size가 [m, n]의 형식이 아닌 경우를 보자. 예를 들어, 파일 stringnum.dat이 표 5 와 같이 주어졌을 때 다음을 실행하여 보자.

표 5 **stringnum.dat**

```
abc 10 abcd 20 abcde 30
```

```
>> myfid = fopen('stringnum.dat','r');
>> [mydata, dn] = fscanf(myfid,'%s %d')
>> fclose(myfid);

mydata =
    97
```

```
      98
      99
      10
      97
      98
      99
     100
      20
      97
      98
      99
     100
     101
      30
dn =
       6
```

함수 fscanf에 의하여 어떤 파일을 읽을 때 매틀랩은 파일에 있는 데이터를 format에서 지정한 형식에 대응시킨다.이 때, 성공적으로 대응이 되면 출력변수 A에 전달하고 부분적인 대응이 발생하면 올바르게 대응이 된 데이터만 출력변수 A에 전달하고 읽는 작업을 멈춘다. format에서 전환문자가 %d, %e, %f, %g, %o, %x 인 경우에는 파일로부터 수(Numbers)만을 읽게 되고 출력변수 A의 모든 성분은 수(Numbers)가 된다. 반면에 format에서 전환문자가 %c, %s 인 경우에는 파일로부터 문자(Character) 또는 문자열(Strings)만을 읽게 되고 출력변수 A의 모든 성분은 문자 또는 문자열이 된다.

표 1 에서 주어진 파일 myfile.txt의 데이터는 수(Numbers)와 문자열로 구성된 혼합형 파일이다. 이러한 파일에서 데이터를 읽어 표 2 에서 주어진 셀 배열 mydata를 생성하기 위하여 사용한 실행문을 잘 기억하도록 하자. 다음의 실행문을 수행하여 함수 fscanf와 항목 size의 활용을 익히도록 하자.

```
>> x=0:0.2:1
x =
        0    0.2000    0.4000    0.6000    0.8000    1.0000

>> y = [x ; x.^3]
y =
        0    0.2000    0.4000    0.6000    0.8000    1.0000
        0    0.0080    0.0640    0.2160    0.5120    1.0000

>> cubfid = fopen('cubic.dat','w+')
cubfid =
     3

>> tb = fprintf(cubfid,'%4.1f %6.3f\n',y)
tb =
    72

>> fidok = fclose(cubfid)
fidok =
     0

>> type cubic.dat
 0.0  0.000
 0.2  0.008
 0.4  0.064
 0.6  0.216
 0.8  0.512
 1.0  1.000

>> myfid = fopen('cubic.dat','r')
myfid =
     3
```

```
>> [mydata, dn] = fscanf(myfid,'%f %f\n',[2,inf])
mydata =
         0    0.2000    0.4000    0.6000    0.8000    1.0000
         0    0.0080    0.0640    0.2160    0.5120    1.0000
dn =
    12

>> fclose(myfid)
ans =
     0
```

계속하여 다음을 실행하여 보자:

```
>> myfid = fopen('cubic.dat','r');
>> [mydata, dn] = fscanf(myfid,'%f %f\n',[5,inf])
>> fclose(myfid);

mydata =
         0    0.0640    1.0000
         0    0.6000    1.0000
    0.2000    0.2160         0
    0.0080    0.8000         0
    0.4000    0.5120         0
dn =
    12
```

세 번째 열의 빈 공간이 수 0으로 채워져 있음을 볼 수 있다. 표 4 에서 제공된 파일 stringonly.dat에 대해서도 다음의 실행문을 수행하여 보자:

```
>> myfid = fopen('stringonly.dat','r');
>> [mydata, dn] = fscanf(myfid,'%s\n',[5,inf])
>> fclose(myfid);
```

```
mydata =
acd
bde
ca
ab
bc
dn =
     3

>> size(mydata)
ans =
     5     3
```

변수 mydata의 크기가 5×3 임을 알 수 있고 세 번째 열의 빈 공간은 char(0)에 대응한다.

3.3 파일 입출력 단순 예제

다음과 같은 예제 내용을 수행하는 프로그램을 작성하여 보자.

예제 내용

> 두 종류의 데이터인 학생 이름과 수학점수를 화면으로 입력받아 파일을 만든다. 파일이 저장된 후 학생 이름을 입력하면 만들어진 파일로부터 자료를 읽어 입력한 학생의 자료를 화면에 출력한다. 사용자가 종료를 원할 때까지 학생의 자료를 화면에 출력할 수 있다.

프로그램 과정

- 학생 수를 함수 menu를 이용하여 입력한다(표 1).

표 1

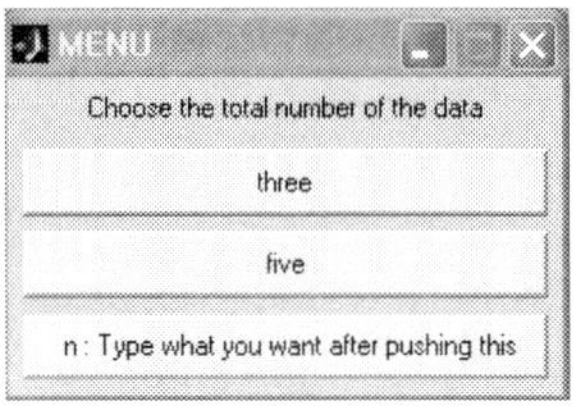

- 설명을 위하여 첫 번째 서브박스 세 개의 경우(three)를 택한다. 표 2 와 같은 데이터를 가진 파일을 만들기 위하여 화면에서 다음과 같이 입력한다.

표 2

```
duck      99
goose     82
bear      93
```

```
>> Type the name =   duck
>> Type the score of math =   99

>> Type the name =   goose
>> Type the score of math =   82

>> Type the name =   bear
>> Type the score of math =   93
```

- 학생 3명의 데이터 입력 후 표 2 의 내용을 가진 파일을 databank.txt로 저장한다. 저장 시 점수를 정렬한다.

- 파일 저장 후 다시 함수 menu를 이용하여 학생찾기를 선택하면 입력된 학생이름이 작업창(Command Window)에 표 3 과 같이 모두 출력 되고 바로 아래에 누구를 찾을 것인지 질문하는 메시지가 출력되게 한다.

표 3

```
<< The list of names >>

  duck     goose     bear
```

```
Who do you want to know ?  Please type the name =
```

- 학생을 goose로 선택했을 때 다음의 출력이 되도록 한다.

```
Who do you want to know ?  Please type the name =    goose

 Name:      goose        Math score:    82
```

- 사용자가 종료를 원할 때까지 학생의 자료를 화면에 출력할 수 있도록 작성하며 입력한 학생의 이름이 없는 경우를 대비한 메시지 출력을 고려한다.

3.4 자료 입출력 완성하기

앞 절에서 공부한 내용을 기본으로 하여 몇 가지의 내용을 이번 절에서 추가하여 보자.

- 먼저 개인별 입력 자료 항목을 네 가지로 설정하자. 개인별로 이름, 취미, 수학 점수, 영어 점수를 입력하여 텍스트 파일 databank.txt에 저장한다.
- 수학 점수와 영어 점수의 개인별 평균을 구하여 databank.txt에 있는 내용과 함께 새로운 파일 databankaver.txt에 저장하고 자료 검색 시 개인별 자료로서 이름,

취미, 수학 점수, 영어 점수, 평균의 순으로 개인의 데이터가 화면에 출력되는 프로그램을 작성하여 보자.

- 개인별 평균은 간단히 구할 수 있지만 수학 점수와 영어 점수를 입력 변수로 하는 함수형 M-파일을 이용하여 구한다.
- 예를 들어 입력된 데이터가 표 1 과 같다고 가정하여 보자.

표 1

```
duck     diving     99     87
goose    reading    82     91
bear     skating    93     95
```

- 파일 databankaver.txt의 내용은 표 2 와 같이 되도록 한다.

표 2

```
duck     diving     99     87     93.00
goose    reading    82     91     86.50
bear     skating    93     95     94.00
```

- 함수 menu를 이용하여 학생찾기를 선택하면 앞 절과 같이 화면(Command Window)에서 입력한 학생이름이 모두 출력 되고 다음과 같이 바로 아래에 누구를 찾을 것인지 질문하는 메시지가 출력되게 한다.

```
<< The list of names >>

   duck    goose    bear
```

```
Who do you want to know ?  Please type the name =
```

- 만약에 선택을 goose로 하였다면 다음의 출력이 되도록 한다.

```
Who do you want to know ?  Please type the name =    goose

   Name        Hobby      Math      English      Average
   goose      reading      82         91          86.50
```

- 사용자가 종료를 원할 때까지 학생의 자료를 화면에 출력할 수 있도록 작성하며 입력한 학생의 이름이 없는 경우에 대비한 메시지 출력을 고려한다.
- 파일 databankaver.txt를 저장 시 하나의 기능을 추가하여 저장하여 보자. 즉, 데이터가 평균성적을 기준으로 내림차순이 되게 정렬한다. 최종결과로 얻어지는 파일 databankaver.txt의 내용이 표 3 과 같이 되도록 한다(연습문제 2).

표 3

```
bear      skating      93      95      94.00
duck      diving       99      87      93.00
goose     reading      82      91      86.50
```

3.5 구조(Struct) 배열 변수 활용

셀 배열 변수를 이용하면 서로를 구별하기 위하여 첨자를 이용한다. 따라서 프로그램 작성자가 아닌 사람이 프로그램을 분석하기 위해서는 상대적 어려움이 있다. 그러나 셀 배열 변수를 이용한 프로그램은 간결하게 보일 수 있다. 반면에 고객관리 같은 데이터베이스 프로그램을 만드는 경우 구조(Struct) 배열 변수는 프로그램 내용을 상대적으로 쉽게 알 수 있게 하기 때문에 프로그램 작성이나 해석에 큰 도움을 준다. 가령 개인의 이름, 취미, 점수를 입력 및 활용하고자 할 때 표 1 과 같이 한 사람의 대한 자료를 하나의 변수로 묶어서 관리하면 여러모로 편리하다.

표 1

이름:	취미:	점수:

표 1 과 같은 형태의 자료를 레코드(Record)라 명칭한다. 표 1 은 하나의 레코드에 세 개의 항목(Field)을 가지는 형태를 보여준다. 이와 같은 형태의 자료에 적합한 것이 구조(Struct) 배열 변수이다. 앞 절까지의 내용을 종합하여 구조 배열 변수로 프로그램을 작성하려면 다음과 같은 내용을 담고 있어야 한다.

1. 자료 입력 받고(개인별 네 가지 항목: 표 2) 파일(databank.txt)에 저장한다.

표 2 네 가지 항목

이름:	취미:	수학점수:	영어점수:

2. 함수를 이용하여 과목 점수 평균 구하기

3. 파일 databankaver.m에 이름, 취미, 각 과목 성적, 평균 순으로 표 3 과 같이 출력한다(평균 내림차순 후).

표 3

이름:	취미:	수학점수:	영어점수:	평균:

4. 작업창(Command Window)에서 이름을 치면 그 사람에 대한 정보가 화면에 출력된다.

5. 사용되는 중요 M-파일은 다음과 같다:

```
input.m    fopen.m    fclose.m    fprintf.m    strcmp.m
```

이와 같은 내용을 구조 배열 변수를 이용하여 프로그램을 작성하여 본다. 입력 자료가 같으면 출력이 동일하기 때문에 셀 배열 변수를 이용한 프로그램과 비교함으로써 각 변수의 사용법과 장단점을 확실히 이해할 수 있다.

구조(Struct) 형태 변수 person을 이용하여 표 4 에서와 같이 자료 입력을 한다.

표 4 구조 배열 변수

```
chk = 1;
while chk <= maxnum
    pname = input('\n Type the name =   ','s');
    phobby = input('\n Type the hobby =   ','s');
    pmath = input('\n Type the score of Math =   ');
    peng = input('\n Type the score of English =   ');

person(chk)=struct('names',pname,'hobbies',phobby,'maths',pmath,...
                        'engs',peng,'averages',paver);
    chk = chk + 1;
end
```

함수 struct에 관한 사용법은 1.4.3절을 참고하도록 한다. 표 4 에서 변수 pname, phobby, pmath, peng에 각각 duck, diving, 99, 87이 입력되었다면 chk = 1 인 경우 person(1)은 네 개의 항목을 가지며 표 5 와 같은 내용이 할당된다.

표 5 네 개의 항목

```
person(1).names = 'duck'
person(1).hobbies = 'diving'
person(1).maths = 99
person(1).engs = 87
```

결정된 maxnum(표 4)의 값에 따라서 사람 수가 결정되고 chk가 maxnum에 도달하기까지 표 5 와 같은 형태로 입력된다. 검색 시 화면출력 부분도 생성된 구조 배열 변수를 이용하여 표 6 과 같이 작성할 수 있다.

표 6

```
str = input('\n\n Who do you want to know ?  Please type the name =   ','s');
spy = 1;
for ind = 1:maxnum
    if strcmp(str,person(ind).names)
        fprintf('\n  %10s  %10s  %8s  %8s  %8s', 'Name',...
        'Hobby','Math','Eng','Average');
        fprintf('\n  %10s  %10s  %8d  %8d  %8.2f \n',...
        person(ind).names, person(ind).hobbies, person(ind).maths, ...
        person(ind).engs, person(ind).averages);
        spy = 2;   % Or break
    end
end
```

셀 배열 변수는 항목구분을 첨자로서 구조 배열 변수는 마침표 '.'를 이용하고 있다. 참고로 작업창에서 person(1)을 입력 후 실행하면

```
>> person(1)
ans =
       names: 'duck'
     hobbies: 'diving'
       maths: 99
        engs: 87
    averages: 93
```

와 같이 예상된 내용을 가지고 있다. 표의 내용을 참조하여 프로그램을 완성하여 본다.

제3장 연습문제

1. 3.3절 내용은 학생이름과 수학점수인 두 종류의 데이터를 이용하고 있다. 여기에 새로운 데이터 항목 '취미' 하나를 추가 하여 이름, 취미, 수학점수에 대하여 작동하는 프로그램을 작성하여 보자.

   (a) 실행의 결과로서 생성된 파일 'databank.txt'의 내용으로 3.3절의 표 2 내용 대신에 아래 박스 내에 있는 내용이 되도록 다음의 진행을 가지는 프로그램을 작성하시오.

```
duck      diving        99
goose     reading       82
bear      skating       93
```

```
Type the name =  duck
Type the hobby =  diving
Type the score of math =  99

Type the name =  goose
Type the hobby =  reading
Type the score of math =  82

Type the name =  bear
Type the hobby =  skating
Type the score of math =  93
```

   (b) 위 (a)에서 생성된 파일 'databank.txt'를 저장한 후 검색을 위하여 파일 'databank.txt'을 다시 개방한 뒤에 셀 배열 namemath을 이용하여 데이터를 읽는 내용의 프로그램을 완성하시오.

2. 3.4절에서 설명한 파일 databankaver.txt의 내용이 같은 절 표 3 과 같이 정렬이 되어 저장되기 위해서는 먼저 데이터가 평균성적을 기준으로 내림차순이 되게 정렬되어야 한다. 학생의 총수를 maxnum로 하고 2차원 셀 배열 namemath의 각 행에는 이름, 취미, 수학점수, 영어점수, 평균 순으로 데이터가 저장되어 있다고 가정하여 셀 배열 namemath의 평균성적을 기준으로 내림차순 정렬하여라.

3. 3.4절 내용 중 두 수를 입력 받아 평균값을 구하는 함수형 M-파일을 일반화하여 보자. 입력변수가 임의의 수 배열(Number Array)이고 출력 변수에는 평균값이 대응되는 M-파일을 작성하시오. 즉, 각 성분이 수인 배열 변수 inputdata에 대하여 다음의 실행문을 수행하면 inputdata의 모든 성분의 평균값을 y로 출력하도록 하는 프로그램(함수형 M-파일: averscore.m)을 작성 하시오.

```
>> y = averscore(inputdata)
```

4. 3.4절 내용에서 표 2 와 같은 데이터를 평균성적 기준으로 내림차순이 되게 정렬할 때
   (a) 제어문 if-end와 deal을 이용하여 작성 하시오.
   (b) 명령어 sort와 deal을 이용하여 작성하시오(셀 배열 변수 이용).

5. 셀 배열 변수를 이용한 위 문제 4의 (b)의 답을 구조배열(Struct Array) 변수로 작성하시오.

MATLAB과 응용

Chapter 04

MATLAB

1계 미분 방정식 수치적 해법

이번 장에서는 1계 미분 방정식 초기치 문제를 오일러 해법으로 해결하여 보자.

4.1 배경

1계 미분 방정식 초기치 문제에 대한 이론적 내용과 결과를 이해하기 위하여 필요한 Lipschitz 조건에 대한 정의는 다음과 같다.

정의 1

정의역 $D(\subseteq R^2)$ 위의 변수 t, y 에 대하여 함수 $f(t,y)$가 다음 내용을 만족하면 Lipschitz 조건을 만족한다고 한다: 두 개의 점 $(t, y_1), (t, y_2)$가 정의역 D의 원소일 때 변수 y에 관하여

$$|f(t,y_1) - f(t,y_2)| \le L|y_1 - y_2|$$

의 부등식을 만족하는 양의 상수 L이 존재한다. 이 때, 상수 L을 함수 f에 대한 Lipschitz 상수라고 한다.

다음과 같은 예를 통하여 Lipschitz 상수를 구하여 보자.

보기 1

정의역 D가 $D=\{(t,y)|-1\le t\le 2, -1\le y\le 3\}$로 주어지고 함수 f가 $f(t,y)=t^2|y|$로 주워졌을 때 가장 작은 Lipschitz 상수를 구하라.

$$\begin{aligned}|f(t,y_1)-f(t,y_2)| &= |\,t^2|y_1|-t^2|y_2|\,| = t^2\,||y_1|-|y_2|| \\ &\le t^2|y_1-y_2| \le 4|y_1-y_2|\end{aligned}$$

와 같은 부등식을 얻을 수 있으므로 Lipschitz 상수의 가장 작은 값은 4가 된다.

이러한 정의를 가지고 1계 미분 방정식 초기치 문제를 다루어 보자. 1계 미분방정식의 이론적 해에 관한 결론을 **정리 1** 에 서술하였다. 관련 내용은 참고서적 [BIR]와 [HAR]에서 알아볼 수 있다.

정리 1

$D=\{(t,y)\,|\,a\le t\le b, -\infty<y<\infty\}$일 때 $f(t,y)$가 D에서 연속이고 변수 y에 관하여 Lipschitz 조건을 만족하면, 1계 미분방정식 초기치 문제 $y'(t)=f(t,y)$, $a\le t\le b$, $y(a)=\alpha$은 주어진 t의 범위에서 유일한 해 $y(t)$를 갖는다.

그러므로 이 책에서 다루는 1계 미분방정식 초기치 문제의 이론적 해는 존재하는 것으로 가정한다.

4.2 Euler Method

미분 방정식의 수치적 해법의 첫 번째로 오일러 해법을 설명하여 보자. 초기치 문제가

$$\frac{dy}{dt} = f(t, y), \quad a \le t \le b, \quad y(a) = \alpha \tag{1}$$

와 같이 주어졌을 때 t 의 정의역을 N 등분하자. 각각의 $i = 0, 1, 2, \ldots, N$에 대하여

$$t_i = a + ih \ , \ h = \frac{b-a}{N} \tag{2}$$

와 같이 기호 t_i와 h를 도입한다. 즉, 도입된 t_i의 값은 구간 $[a, b]$를 h간격으로 N 등분 하였을 때 생성되는 $N+1$ 개의 점에 대응한다. 앞으로 이러한 점을 '분할점'으로 명칭한다. 1변수 테일러 정리에 의하면 어떤 수 $\xi_i \in (t_i, t_{i+1})$ 에 대하여

$$\begin{aligned} y(t_{i+1}) &= y(t_i) + y'(t_i)(t_{i+1} - t_i) + \frac{(t_{i+1} - t_i)^2}{2} y^{(2)}(\xi_i) \\ &= y(t_i) + h\, y^{(1)}(t_i) + \frac{h^2}{2} y^{(2)}(\xi_i) \\ &= y(t_i) + hf(t_i, y(t_i)) + \frac{h^2}{2} y^{(2)}(\xi_i) \end{aligned} \tag{3}$$

와 같이 쓸 수 있다. 이때 각각의 $i = 0, 1, 2, \ldots, N$에 대하여

$$\begin{aligned} w_0 &= y(t_0) = \alpha \\ w_{i+1} &= w_i + hf(t_i, w_i) \end{aligned} \tag{4}$$

와 같은 w_i에 관한 관계식을 오일러 해법에 대한 "차분 방정식(Difference Equation)" 이라고 부른다. 변수 $t = a$에서의 y의 값, 즉 초기값 α의 값이 주어지면 생성된 차분 방정식에 의하여 모든 w_i $(i = 0, 1, \ldots, N)$의 값을 구할 수 있다. 다음은 일변수에 대한 Taylor 정리를 정리하여 보았다.

Remark 1 Taylor 정리

f가 구간 $[a, b]$ 위에서 실함수(real function)이고 $f^{(n-1)}$가 연속함수이다 (n은 양의 정수). 임의의 $t \in (a, b)$에 대하여 n차 도함수 $f^{(n)}(t)$가 존재한다. t_0와 t_1가 구간 $[a, b]$ 위의 서로 다른 두 점이고 다음과 같이 $P(t)$를 정의할 때

$$P(t) = \sum_{k=0}^{n-1} \frac{f^{(k)}(t_0)}{k!}(t-t_0)^k \tag{5}$$

아래의 식을 만족하는 t_0와 t_1 사이의 점 x가 존재한다([RUD]).

$$f(t_1) = P(t_1) + \frac{f^{(n)}(x)}{n!}(t_1 - t_0)^n . \tag{6}$$

$n=1$인 경우는 평균값정리(Mean Value Theorem)가 된다. 정리의 결과로부터 함수 f는 $n-1$차 다항식으로 접근되어질 수 있음이 보여진다. 만약에 $|f^{(n)}(x)|$의 값이 밝혀지면 $f(t_1)$와 $P(t_1)$사이의 차이를 알 수 있다. 식 (5)인 $(n-1)$차 다항식 $P(t)$를 주어진 함수 f에 대한 $(n-1)$차 Taylor 다항식이라 명칭한다(중심 t_0).

〈 오일러 해법의 기하학적 의미 〉

다음 그림 1 에서 제시된 것 같이 주어진 점 $(t_i, y(t_i))$을 지나고 기울기가 $y'(t_i)$인 직선 $y(t)$을 구하여 보자.

$$y(t) - y(t_i) = y'(t_i)(t - t_i)$$
$$y(t) = y(t_i) + y'(t_i)(t - t_i)$$

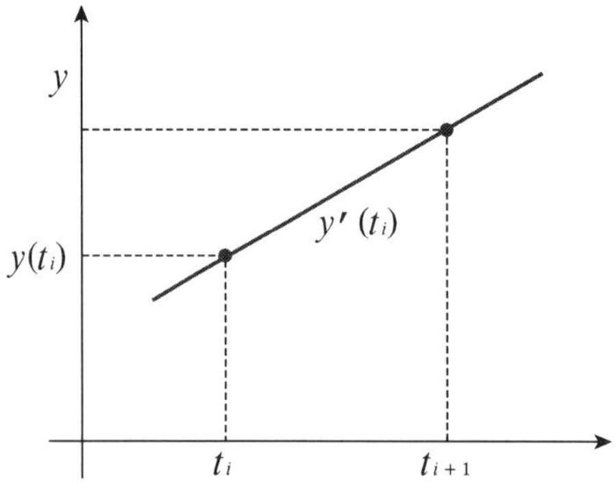

그림 1

이 때, 위에서 구한 직선에 $t = t_{i+1}$ 을 대입하면

$$\begin{aligned} y(t_{i+1}) &= y(t_i) + y'(t_i)(t_{i+1} - t_i) \\ y(t_{i+1}) &= y(t_i) + h\, y'(t_i) \\ y(t_{i+1}) &= y(t_i) + h\, f(t_i, y(t_i)) \end{aligned} \tag{7}$$

을 얻는다. 식 (7)의 세 번째 방정식과 식 (4)에서 주어진 차분 방정식을 비교하면 $y(t_i)$가 w_i로 변경된 사실을 알 수 있다. 따라서 차분 방정식이 (4)와 같을 때 근사값 w_{i+1}는 분할점 t_{i+1}에서의 유일해 $y(t_{i+1})$의 근사값으로 해석될 수 있다. 오일러 해법에 의해서 구한 w_i를 구하는 과정이 [그림 2], [그림 3], [그림 4]에 의하여 설명된다. 다음 [그림 2]에서 보여주는 것은 초기치 문제

$$y' = f(t, y), \quad a \le t \le b, \quad y(a) = \alpha$$

의 유일해 $y(t)$를 그리고 5개의 분할점에서 유일해 위치를 표시하였다.

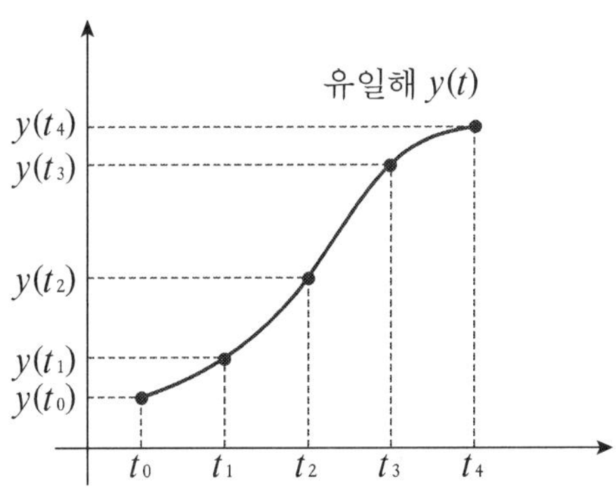

[그림 2]

계속하여 [그림 3]에서는 $y(t_1)$의 근사값 w_1의 위치를 찾는 방법을 보여준다. 즉, 점 $(t_0, y(t_0))$를 지나고 기울기 $y'(t_0)$를 가지는 직선에서 $t = t_1$에서의 값 w_1을 구한다.

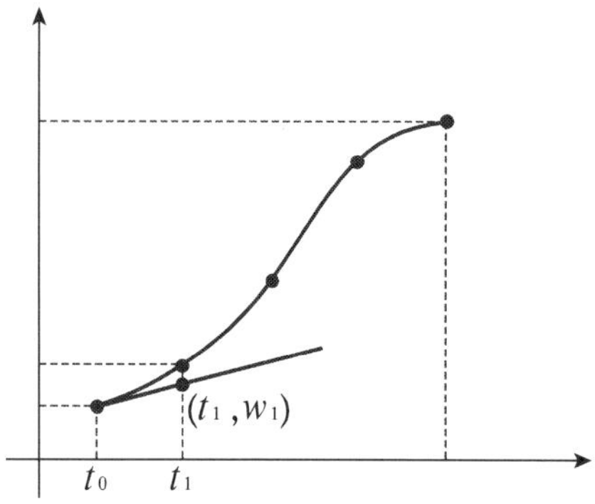

그림 3

다음 그림 4 에서는 식 (4)를 적용하여 구한 5 개의 점 (t_i, w_i)을 연결한 조각적 직선(piecewise linear line)을 보여준다.

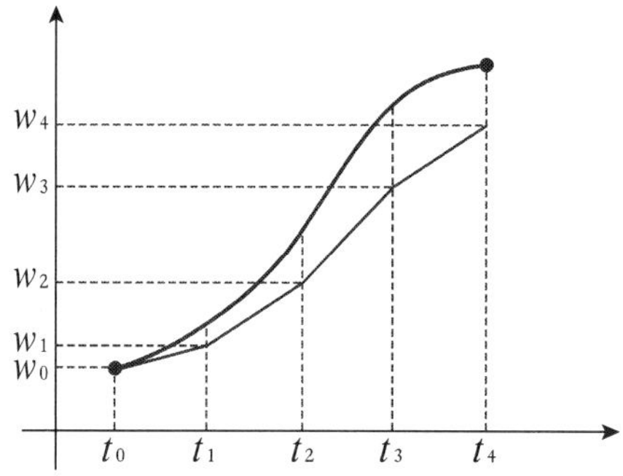

그림 4

오일러 방법은 좀처럼 실제적으로 사용되지는 않으나 유도과정이 복잡한 경우의 것을 단순하게 생각할 수 있도록 도와주기 때문에 그 나름대로의 장점이 있다. 따라서 오일러 방법과 관계된 식에 대한 유도과정 및 전체적인 고찰은 수치적 해법을 접하는 학생들에게 필요하다.

나중에 설명하는 정리 2 에서는 오일러 방법에 대한 차분 방정식의 에러에 대한 이론적 결과를 보여준다. 이러한 내용을 증명하기 위하여 필요한 두 가지 사실을 살펴보자.

Remark 2

양수 m과 모든 실수 $u \geq -1$에 대하여 주어진 부등식이 만족한다.

$$0 \leq (1+u)^m \leq e^{mu} \tag{8}$$

증명 〈 연습문제 8번 〉

위의 **Remark 2** 의 결과는 다음 **Remark 3** 의 내용을 유도하기 위하여 이용된다.

Remark 3

s와 v가 양의 실수이다. 수열 $(a_i)_{i=0}^{k}$은 부등식 $a_0 \geq -v/s$을 만족하고 각각의 $i = 0, 1, \ldots, k$ 대하여 부등식

$$a_{i+1} \leq (1+s)a_i + v \tag{9}$$

을 만족할 때 아래의 부등식을 만족한다.

$$a_{i+1} \leq e^{(i+1)s}\left(a_0 + \frac{v}{s}\right) - \frac{v}{s}. \tag{10}$$

증명 〈 연습문제 9번 〉

설명한 **Remark 3** 의 결과를 이용하여 분할점에서의 해 $y(t_i)$와 그것의 근사값 w_i 사이의 에러 크기를 결정할 수 있다.

정리 2

$D = \{(t, y) \mid a \leq t \leq b, -\infty < y < \infty\}$로 주어진 정의역 D에서 $f(t, y)$가 연속하고 변수 y에 대하여 Lipschitz 조건(상수 L 존재)을 만족한다. 또한 모든 $t \in [a, b]$에 대하여 $|y^{(2)}(t)| \leq M$의 식을 만족하는 상수 M의 값이 존재한다고 가정하고 초기치 문제

$$y'(t) = f(t, y),\ \ a \le t \le b,\ y(a) = \alpha$$

의 유일해를 $y(t)$라 가정하자. 오일러 해법(Euler Method)에 의하여 생성된 해의 근사값을 $w_0, w_1, \ldots, w_N$ 라고 할 때 각각의 $i = 0, 1, 2, \ldots, N$ (N은 양의 자연수)에 대하여 부등식

$$|y(t_i) - w_i| \le \frac{hM}{2L}\left[e^{L(t_i - a)} - 1 \right] \tag{11}$$

을 만족한다.

증명

$y(t_0) = w_0 = \alpha$ 이고 $t_0 = a$ 이므로 $i = 0$일 경우 식 (11)은 만족한다. 식 (3)과 식 (4) 로부터 즉,

$$y(t_{i+1}) = y(t_i) + hf(t_i, y(t_i)) + \frac{h^2}{2} y^{(2)}(\xi_i)$$

와 차분 방정식

$$w_{i+1} = w_i + hf(t_i, w_i)$$

를 이용하면

$$y(t_{i+1}) - w_{i+1} = y(t_i) - w_i + h(f(t_i, y(t_i)) - f(t_i, w_i)) + \frac{h^2}{2} y^{(2)}(\xi_i)$$

이다. 위의 식에 절대값을 취하여

$$|y(t_{i+1}) - w_{i+1}| \le |y(t_i) - w_i| + h|f(t_i, y(t_i)) - f(t_i, w_i)| + \frac{h^2}{2}|y^{(2)}(\xi_i)| \tag{12}$$

의 결과를 얻는다. Lipschitz 조건의 관계식과 부등식 $|y^{(2)}(t)| \le M$ 을 식 (12)에 적용하면

$$|y(t_{i+1}) - w_{i+1}| \le (1 + hL)|y(t_i) - w_i| + \frac{h^2 M}{2}$$

이다. **Remark 3** 에서 $s = hL, v = h^2M/2$ 와 $a_j = |y(t_j) - w_j|$ $(j = 0, 1, \ldots, N)$ 를 대입하면

$$|y(t_{i+1}) - w_{i+1}| \le e^{(i+1)hL}\left(|y(t_0) - w_0| + \frac{h^2M}{2hL}\right) - \frac{h^2M}{2hL}$$

이다. 또한

$$|y(t_0) - w_0| = |\alpha - \alpha| = 0$$

이고

$$(i+1)h = t_{i+1} - t_0 = t_{i+1} - a$$

이므로 각각의 $i = 0, 1, \ldots, N-1$ 에 대하여

$$|y(t_{i+1}) - w_{i+1}| \le \frac{hM}{2L}\left(e^{(t_{i+1} - a)L} - 1\right)$$

이다. 즉, 식 (11)과 같은 관계식이 얻어졌다.

◙

정리 2 의 결론은 정의역 분할 간격인 h 의 값을 줄이면 w_i의 값이 점점 이론적 해 $y(t_i)$ 에 접근한다는 것을 보여주고 있다. 그러나 실제적으로 컴퓨터를 이용하여 계산하는 상황에서 h 의 값을 작게만 한다고 좋은 근사값을 얻을 수 있는 것은 아니다. 즉, 최적의 h 값을 찾아야 한다. 이러한 내용을 다음 절에서 설명하여 보자.

4.3 최적화(Optimization)

실제적으로, 분할점(partition point) t_i에서 해 y_i 에 대한 근사값을 계산하기 위하여 사용하는 차분 방정식의 형태는 각각의 $i = 0, 1, 2, \ldots, N-1$에 대하여

$$\begin{aligned} w_0 &= y(t_0) = \alpha \\ w_{i+1} &= w_i + hf(t_i, w_i) \qquad (1) \end{aligned}$$

의 형태가 아니고 각각의 $i = 0, 1, 2, \dots, N-1$에 대하여

$$\begin{cases} u_0 &= \alpha + \delta_0 \\ u_{i+1} &= u_i + hf(t_i, u_i) + \delta_{i+1} \end{cases} \tag{2}$$

이다. 각각의 δ_i는 u_i와 관계된 반올림 오차(roundoff error)이다. 앞 절 4.2의 증명 과정과 비슷하게 정리 1 의 내용이 증명된다.

정리 1

초기치 문제

$$y'(t) = f(t, y), \ a \le t \le b, \ y(a) = \alpha \tag{3}$$

의 유일해를 $y(t)$라 하자. 그리고 $u_0, u_1, \dots, u_N$ 을 위의 식 (2)를 사용하여 얻은 해의 근사값이라 하자. 만약에 초기치 문제 (3)에 대한 가정이 4장 2절 정리 2 의 내용과 같고 각각의 $i = 0, 1, 2, \dots, N$에 대하여 $|\delta_i| < \delta$ 의 식이 만족한다면 다음 부등식을 얻는다:

$$|y(t_i) - u_i| \le \frac{1}{L}\left(\frac{hM}{2} + \frac{\delta}{h}\right)[e^{L(t_i - a)} - 1] + |\delta_0| e^{L(t_i - a)} \tag{4}$$

설명한 정리 1 의 내용 중 4.2절 정리 2 의 결과와 크게 다른 점은 분할 간격 h가 분자 뿐만 아니라 분모에도 나타난다는 점이다. 그러므로 분자의 h값을 줄이기 위하여 h의 값을 작게 하면 분모에 있는 h에 의하여 에러가 커지게 되는 항이 존재한다. 따라서 분할 간격 h를 변수로 하는 함수 $E(h)$를 식 (5)와 같이 정의하고 $E(h)$의 최소값을 가지는 h값을 식 (5) 다음에 설명하는 **Remark 1** 에서 알아보자:

$$E(h) = \frac{hM}{2} + \frac{\delta}{h} \tag{5}$$

Remark 1

분할 간격 h가 다음과 같은 값을 가질 때 $E(h)$는 최소값을 가진다:

$$h = \sqrt{\frac{2\delta}{M}} \tag{6}$$

증명

식 (5)에서 정의된 함수 $E(h)$를 h에 관하여 미분하면

$$E^{(1)}(h) = \frac{M}{2} - \frac{\delta}{h^2} = \frac{M}{2h^2}\left(h^2 - \frac{2\delta}{M}\right) \tag{7}$$

이 된다. $E^{(1)}(h) = 0$ 로부터 $h > 0$ 인 범위에서 $E(h)$의 최소값은

$$h = \sqrt{\frac{2\delta}{M}} \tag{8}$$

일 때 가지게 된다.

◘

다음 절에서는 구체적으로 오일러 해법을 이용하여 초기치 문제를 다루어본다.

4.4 1차 미분 방정식 초기치 문제

초기치 문제

$$y' = -ty + \frac{4t}{y}, \quad 0 \le t \le 2, \quad y(0) = 1 \tag{1}$$

에 대하여 정의역을 10등분($N = 10$)한다. 즉, 분할 간격 h는

$$h = \frac{b-a}{N} = \frac{2}{10} = 0.2 \tag{2}$$

이 되고 분할점 t_i에 대응하는 식은 각각의 $i = 0, 1, \ldots, 10$에 대하여

$$t_i = 0.2i \tag{3}$$

이다($a = 0$ 이므로). 이 때, 미분 방정식 $y' = f(t, y)$ 에 대한 오일러 해법은

$$\begin{aligned} w_0 &= y(t_0) = 1 \\ w_{i+1} &= w_i + hf(t_i, w_i) \end{aligned} \tag{4}$$

이므로 각각의 $i = 0, 1, 2, \ldots, N-1(=9)$에 대하여 차분 방정식은

$$\begin{aligned} w_{i+1} &= w_i + h\left(-t_i w_i + 4\frac{t_i}{w_i}\right) \quad (5) \\ &= w_i + 0.2\left(-0.2 i w_i + 0.8\frac{i}{w_i}\right) \\ &= w_i - 0.04 i w_i + 0.16\frac{i}{w_i} \\ &= (1-0.04i)w_i + 0.16\frac{i}{w_i} \end{aligned}$$

이다. 변수분리법이나 Bernoulli 방정식 해법을 적용하면 주어진 초기치 문제 (1)의 이론해(또는 exact solution)는

$$y(t) = \sqrt{4-3e^{-t^2}} \quad (6)$$

이다. 식 (6)에 주어진 이론해를 구하기 위하여 두가지 방법으로 **Remark 1** 과 **Remark 2** 에서 시도하여 보자.

Remark 1

식 (1)에 주어진 초기치 문제를 변수 분리법으로 풀어보자. 먼저 변수를 분리 하면

$$\begin{aligned} y' &= -ty + \frac{4t}{y} = t\left(\frac{4-y^2}{y}\right) \\ \frac{y}{4-y^2}\,dy &= t\,dx \quad (7) \\ \left(-\frac{1}{2}\right)\frac{-2y}{4-y^2}\,dy &= t\,dx \end{aligned}$$

을 얻고 적분법에 의하여

$$-\frac{1}{2}\ln|4-y^2| = \frac{t^2}{2} + C_1 \qquad (\ C_1 \text{은 상수}\ ) \quad (8)$$

구한다. 로그의 성질을 이용하여 위의 식 (8)을 정리하면

$$\ln|4-y^2| = -2C_1 - t^2$$

$$|4-y^2| = e^{(-2C_1-t^2)} = e^{-2C_1}\cdot e^{-t^2}$$

$$4-y^2 = \pm e^{-2C_1}\cdot e^{-t^2}$$

$$y^2 = 4 \mp e^{-2C_1}\cdot e^{-t^2} = 4+Ce^{-t^2} \qquad (9)$$

이다. 따라서 $y = \pm\sqrt{4+Ce^{-t^2}}$ 이고 초기치 조건을 이용하여

$$1 = y(0) = \sqrt{4+Ce^0} = \sqrt{4+C}\ , \quad C = -3 \qquad (10)$$

와 같이 상수값을 결정한다. 그러므로 $y = \sqrt{4-3e^{-t^2}}$ 이다.

Remark 2

식 (1)에 주어진 초기치 문제를 Bernoulli 방정식 해법을 이용하여 풀어보자.

$$y' = -ty + \frac{4t}{y} \quad (\text{ 또는 } \ y' + ty = \frac{4t}{y}\ ) \qquad (11)$$

이므로 관계식 $u = y^2$ 으로부터

$$u' = 2yy' = 2y(-ty + \frac{4t}{y})$$

$$= -2ty^2 + 8t = -2tu + 8t \qquad (12)$$

이므로 다음과 같은 선형 미분 방정식이 얻어진다:

$$u' + 2tu = 8t \qquad (13)$$

치환식 $p = 2t,\ r = 8t$ 을 이용하면 선형 미분 방정식 해는

$$u(t) = e^{-h}[\int e^h r\,dt + C] \quad (\ h = \int p\,dt \ = \int 2t\,dt = t^2)$$

$$= e^{-t^2}[\int e^{t^2} 8t\,dt + C] \qquad (14)$$

$$= e^{-t^2}(C + 4e^{t^2}) = 4 + Ce^{-t^2}$$

이다. 위 식에서 $u = y^2$ 이므로 $y = \pm\sqrt{4 + Ce^{-t^2}}$ 이고 초기치 조건

$$1 = y(0) = \sqrt{4 + C}\ , \quad C = -3 \tag{15}$$

을 이용하여 $y = \sqrt{4 - 3e^{-t^2}}$ 로 해를 구한다.

Bernoulli 방정식 해법에 대한 자세한 설명은 4.7.1절을 참고하자. 다음 절에서는 4.4절에서 다룬 예제를 가지고 오일러 해법에 대한 Matlab 프로그램을 만들어 본다.

4.5 Euler Method에 대한 Matlab 프로그램

1계 미분 방정식

$$y'(t) = f(t, y), \quad a \le t \le b, \ y(a) = \alpha \tag{1}$$

의 수치적 해를 얻기 위한 Euler Method를 적용할 경우 다음 **Remark 1** 과 같이 몇 가지 단계로 나눌 수 있다.

Remark 1

- **Step 1** 구간 양 끝점 a와 b, 초기값 α, 분할 구간 수 N 입력
- **Step 2** 분할 구간 간격 $h = (b - a)/N$, 함수 $f(t, y)$ 생성
- **Step 3** 차분 방정식에 대응하는 함수형 M-파일 생성
- **Step 4** 반복문을 이용하여 차분 방정식 계산 후 근사값 w_i 구함
- **Step 5** 각각의 분할점 t_i에 대응하는 $y(t_i)$과 근사값 w_i의 그래프

아래에 주어진 **프로그램 1** 은 함수형 M-파일(eulermethod.m)로 작성되었다. 이 파일은 1계 미분 방정식 (1)의 f에 따라 다른 결과를 보여주도록 생성되었다. 파일 eulermethod.m은 **Remark 1** 의 **Step 3**과 **Step 4**에서 이용된다.

프로그램 1

```
%
% < Euler Method >
%
% Input    yprime= f(t,y), tvar= [a, b], wi= y의 초기값, h= 분할간격
% Output  t= 분할점, w= y의 근사값
%
function [t,w] = eulermethod(yprime,tvar,wi,h)
tvari=tvar(1);
tvarf=tvar(2);
t = (tvari:h:tvarf)';
n = length(t);
w = wi*ones(n,1);
for ind = 1:n-1
 w(ind+1) = w(ind) + feval(yprime,t(ind),w(ind))*(t(ind+1)-t(ind));
end
%
```

4.4절에서 풀이된 초기치 문제 (1)을 프로그램 1 에 주어진 함수형 M-파일을 이용하여 표 1 과 같은 결과를 얻을 수 있다.

표 1

Nodes	Exact	Euler	Error
0.00	1.000000	1.000000	0.000000
0.20	1.057181	1.000000	0.057181
0.40	1.201486	1.120000	0.081486
0.60	1.380931	1.316114	0.064817
0.80	1.555031	1.522891	0.032141
1.00	1.701870	1.699482	0.002389
1.20	1.813620	1.830317	0.016697
1.40	1.891408	1.915540	0.024132
1.60	1.941156	1.963880	0.022725
1.80	1.970408	1.987210	0.016801
2.00	1.986216	1.996448	0.010233

첫 번째 열은 정의역 $[0,2]$의 분할점(노드)의 값이고 두 번째 열은 주어진 미분방정식의 Exact 해(이론해)의 값이다. 또한 세 번째 열은 Euler 해법에 의한 근사값($= w_i$)이고 마지막 열은 각각의 노드에서 Exact 해와 Euler Method에 의한 근사값의 차이의 절대값이다. 수식으로 표현하면 |Exact - Euler|이다. 표 1 에 주어진 값을 그래프로 표현하여 그림 1 을 얻는다.

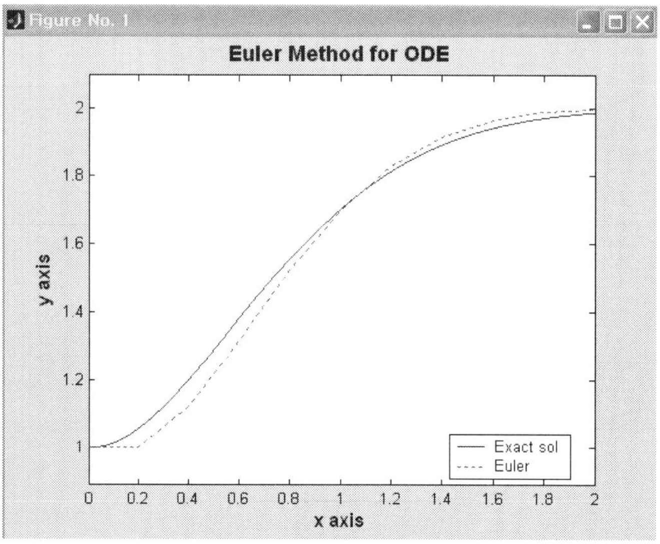

그림 1

명령어 set(gcf,'menubar','none')를 이용하여 그림 1 에서 menubar를 생략하였다.

앞에서 주어진 프로그램 1 을 좀 더 자세히 설명하여 보자.

- Line 1: 함수형 M-파일 선언부이다. 입력변수로 yprime, tvar, wi, h가 선언되었다. 출력변수로 t와 w가 선언되었다.
- Line 2: 입력받은 배열 변수 tvar의 첫 번째 원소를 tvari에 입력한다. tvari에 구간 $[a, b]$에서 a의 값이 입력된다.
- Line 3: 입력받은 배열 변수 tvar의 두 번째 원소를 tvarf에 입력한다. tvarf에 구간 $[a, b]$에서 b의 값이 입력된다.

- Line 4: 입력받은 변수 h의 값은 분할간격이고 구간 $[a, b]$ 에서 생성되는 분할점은 변수 t에 열 벡터로 입력된다.
- Line 5: 분할점의 총 개수가 n에 저장된다.
- Line 6: 분할점에 대응하는 근사값 w를 초기화 한다.
- Line 7: 반복문 for-end 문의 시작이고 총 n-1번 실행된다.
- Line 8: 오일러 해법의 핵심부분이며 차분 방정식 4.2절 식(4)에 대응하는 식이다. $y(t_i)$ 의 근사값 w_i 의 값이 얻어진다.
- Line 9: 반복문 for-end 문의 종료이다. 이로써 분할점 t_i 에 대응하는 모든 근사값 w_i 의 값이 얻어진다.

설명한 표 1 의 결과를 얻기 위해 프로그램 1 을 포함하여 몇 가지 명령어가 추가되어야 한다. 즉, **Remark 2** 에서 설명하는 내용을 이용하여 각자 표 1 을 구하여 보자.

Remark 2

명령어 inputdlg.m 이용하여 입력 창을 화면에 만든 후 그림 2 에서와 같이 항목별로 입력할 수 있다. 그림 2 에서 항목별 대응되는 데이터는 다음과 같다:

- 1st line: $f(t, y)$ 에 대응하는 함수
- 2nd line: 초기치 문제의 이론해(exact solution)
- 3rd line: 구간 $[a, b]$ 에서 a 의 값
- 4th line: 구간 $[a, b]$ 에서 b 의 값
- 5th line: $y(a) = \alpha$ 에서 α 의 값

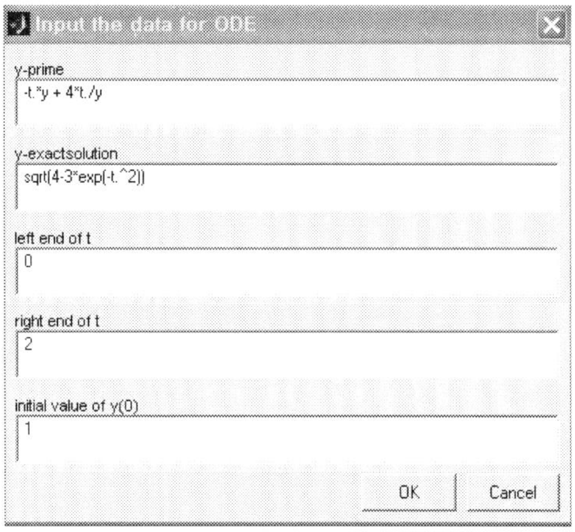

그림 2

4.6 1차 미분 방정식 해법

이번 절에서는 1차 미분 방정식의 해를 구하는 방법을 소개한다. 변수를 분리함으로써 미분 방정식의 해를 구하는 변수 분리형 미분 방정식을 첫 번째 경우로 소개한다.

4.6.1 변수 분리형

정의 1

미분 방정식이 $y' = A(t)B(y)$의 형태로 변형되면 **분리형 미분 방정식**(Separable Differential Equation)이라 정의한다.

분리형 미분 방정식은 $B(y) \neq 0$ 인 경우에

$$\frac{dy}{B(y)} = A(t)dt \tag{1}$$

의 형태로 쓸 수 있고 식 (1)의 양변을 적분하면

$$\int \frac{1}{B(y)}\,dy = \int A(t)\,dt \tag{2}$$

이 된다. 미분 방정식의 해(일반해) y를 구할 때 이와 같은 방법으로 얻어지면 '변수 분리법'으로 해를 구하였다고 말한다. 이 경우 식 (2)는 미분 방정식의 해 y를 함축적(implicitly)으로 표현하고 있다.

보기 1

주어진 미분 방정식 해(일반해)를 구하여라:

$$\ln(y^{t})\,y' = 3t^2 y \tag{3}$$

풀이

로그의 성질을 이용하여 주어진 미분 방정식을 변수 분리한 후 적분하면

$$\int \frac{\ln y}{y}\,dy = \int 3t\,dt \tag{4}$$

이고 변수 변환식 $u = \ln y$을 이용하여 식 (4)의 좌변을 계산하면

$$\int \frac{\ln y}{y}\,dy = \int u\,du = \frac{u^2}{2} + C_1 = \frac{(\ln y)^2}{2} + C_1 \tag{5}$$

이다. 또한 식 (4)의 우변은

$$\int 3t\,dt = \frac{3}{2}t^2 + C_2 \tag{6}$$

이므로 식 (5)와 식 (6)의 결과를 식 (4)에 대입하여

$$\frac{(\ln y)^2}{2} = \frac{3}{2}t^2 + C_1 - C_2 \tag{7}$$

를 얻고 정리하면 다음과 같이 일반해가 음함수로 표현된다(해가 함축적으로 표현된다):

$$(\ln y)^2 = 3t^2 + C \qquad (C = 2C_1 - 2C_2,\ C_1\text{과 } C_2\text{는 상수}).$$

◻

변수 분리형 미분 방정식 해법을 이용한 응용문제로서 다음과 같은 사건을 생각하여 보자.

살인사건

카지노를 운영하는 특급호텔 룸에 투숙한 여행객이 피살되었다. 호텔 종업원의 신고로 수사팀이 급파되었다. 수사팀은 제일 먼저 피살자의 신원을 확인했고 수사 대상이 되는 사람들의 알리바이를 확인하기 위하여 사망시각을 알아내려고 한다.

1. 환경

- 에어컨디셔너 덕택에 20도를 항상 유지하는 호텔 방에 사망한 사람이 있었다.

2. 가정

- 사망 시 사망자의 체온으로 정상인을 기준하여 36.5도라 가정하자.
- 사망 뒤 몸에서 열이 빠져나가 몸이 차가워진다.

3. 절차

- 조사를 시작할 때 사망자의 체온을 측정하여 얼마의 시간이 흘러갔는지를 계산한다.

4. 과학적 사실

- Newton의 Cooling Law에 따르면, 몸에서 방출되는 열에너지는 방안의 온도와 체온사이의 온도차에 비례한다. $B(t)$를 시간 t에서 체온이라 가정하자. 이 때 비례상수 k에 대하여 다음의 식이 성립한다:

$$B'(t) = k(B(t) - 20)$$

5. 변수 분리법을 이용:

- 위의 식에서 변수 분리한 후 적분하면

$$\frac{1}{B-20}\,dB = k\,dt, \quad \ln|B-20| = kt + C_1$$

이고 로그 성질을 이용하여

$$|B-20| = e^{kt+C_1} = e^{C_1}e^{kt} = C_2 e^{kt}$$

$$B-20 = \pm C_2 e^{kt}$$

이므로 체온 함수는 다음과 같이 얻어진다:

$$B(t) = 20 + Ce^{kt} \quad (C = \pm C_2,\ C_2 = e^{C_1},\ C_1 \text{은 상수})$$

6. 상수 C, k의 값을 구한다.

- 수사관들이 P.M. 6시에 도착하여 시체의 체온을 측정한 결과 33도였다.
- 현재 오후 6시를 상대 시간 0분으로 설정하자.
- 위의 내용을 이용하여 다음과 같이 C의 값을 구할 수 있다.

$$33 = B(0) = C + 20, \qquad C = 33 - 20 = 13$$

이므로 $B(t) = 20 + 13e^{kt}$ 이 된다.

- 사건 장소에서 오후 7시 정각이 되었을 때 수사관이 시체의 체온을 다시 측정하여 보니 31.2도였다. 따라서 다음과 같이 k의 값을 구할 수 있다:

$$31.2 = B(60) = 20 + 13e^{60k}, \quad e^{60k} = \frac{11.2}{13}$$

$$60k = \ln\left(\frac{11.2}{13}\right), \quad k = \frac{\ln\left(\frac{11.2}{13}\right)}{60}$$

- 시각 t에서의 체온 함수는

$$B(t) = 20 + 13e^{\frac{\ln\left(\frac{11.2}{13}\right)t}{60}}$$

이다.

7. 사망시간 계산

- 사망시 체온이 36.5도로 가정하였기 때문에

$$36.5 = B(t) = 20 + 13e^{\frac{\ln\left(\frac{11.2}{13}\right)t}{60}}$$

$$\frac{16.5}{13} = e^{\frac{\ln\left(\frac{11.2}{13}\right)t}{60}}, \quad \ln\left(\frac{16.5}{13}\right) = \frac{\ln\left(\frac{11.2}{13}\right)t}{60}$$

$$t = \frac{60\ln\left(\frac{16.5}{13}\right)}{\ln\left(\frac{11.2}{13}\right)} \cong -95.98 \text{ 分}$$

와 같이 체온이 36.5도 였을 때의 시각 $t \cong -95.98$ 가 계산된다.

8. 결론

- 시체가 발견된 오후 6시에서 약 96분 전에 사망 하였다. 즉, 오후 4시 24분경 사망이라는 결론을 얻을 수 있다.

비례식 이용

사망 시각을 추정하기 위하여 비례식을 이용한다면 다음과 같은 결론이 유도된다:

- 사망 시(정상체온): 36.5도
- 수사관 도착 시(오후 6시): 33도
- 다시 체크 시(오후 7시): 31.2도

비례식

$$60 : 1.8 = x : 3.5$$

로부터

$$x = \frac{60 \times 3.5}{1.8} = \text{ 약 } 116.67 \text{ 분}$$

그러므로 수사관 도착 시각인 오후 6시를 기준으로 117분(1시간 57분) 전에 살인사건 발생하였다고 추정할 수 있다. 즉, 오후 4시 3분경 사망이라는 결론이 얻어진다.

다음으로 선형 미분 방정식의 해를 구하는 방법에 대하여 설명한다.

4.6.2 선형

정의역 D에서 $p(t)$, $q(t)$가 연속 함수일 때 1차 미분 방정식이

$$y'(t) + p(t)y(t) = q(t) \tag{1}$$

의 형태를 가지면 선형(Linear)이라 정의한다.

선형 미분 방정식의 일반해를 구하기 위하여 식 (1)의 양변에 다음과 같이 $e^{\int p(t)dt}$를 곱한다.

$$y'(t)\, e^{\int p(t)dt} + p(t)y(t)\, e^{\int p(t)dt} = q(t)e^{\int p(t)dt} \tag{2}$$

두 함수 곱의 미분과 합성함수 미분법을 이용하면 식 (2)는 다음과 같이 식 (3)으로 표현된다.

$$\frac{d}{dt}\left(y(t)e^{\int p(t)dt}\right) = q(t)e^{\int p(t)dt} \tag{3}$$

위의 (3) 식을 적분하면

$$y(t)e^{\int p(t)dt} = \int q(t)e^{\int p(t)dt}\, dt + C \tag{4}$$

이고 일반해 $y(t)$에 관하여 정리하면

$$y(t) = e^{-\int p(t)dt}\left(\int q(t)e^{\int p(t)dt}\, dt + C\right) \tag{5}$$

이다. 식 (1) 형태의 선형 미분 방정식의 일반해는 식 (5)와 같이 공식화 할 수 있다.

보기 1

다음 선형 미분 방정식의 일반해를 구하시오:

$$y' + \sec(t)y = \cos(t) \tag{6}$$

풀이

$p(t) = \sec(t)$, $q(t) = \cos(t)$ 라고 가정하면

$$\int p(t)\,dt = \int \sec(t)\,dt = \ln|\sec(t) + \tan(t)|$$

$$(\ = \ln(\sec(t) + \tan(t))\ )$$

이므로 일반해는 식 (5) 로부터 다음과 같이 구한다:

$$\begin{aligned} y(t) &= \frac{1}{\sec(t)+\tan(t)}\left(\int \cos(t)(\sec(t)+\tan(t))\,dt + C\right) \\ &= \frac{1}{\sec(t)+\tan(t)}\left(\int 1+\sin(t)\,dt + C\right) \\ &= \frac{t-\cos(t)+C}{\sec(t)+\tan(t)} \end{aligned} \tag{7}$$

◘

다음에 소개되는 내용은 완전 미분 방정식 해법에 관한 것이다.

4.6.3 완전형

미분 방정식 $y' = f(t, y)$ 가

$$M(t, y) + N(t, y)y' = 0 \quad (\text{또는 } M(t, y)dt + N(t, y)dy = 0\ ) \tag{1}$$

의 형태로 표현될 수 있는 경우를 생각한다. 만약에 u 라는 함수가 있어서 아래 (2)의 식을 만족한다고 가정하여 보자(이 경우 (1)에 주어진 식을 완전(Exact) 미분 방정식으로 부른다).

$$\frac{\partial u}{\partial t} = M(t, y) \text{ 와 } \frac{\partial u}{\partial y} = N(t, y) \tag{2}$$

그러므로 위의 식을 이용하여 주어진 식 (1)은

$$\frac{\partial u}{\partial t} + \frac{\partial u}{\partial y}\frac{dy}{dt} = 0 \tag{3}$$

로 바뀌고 연쇄 법칙(Chain Rule)에 의하여

$$\frac{d}{dt}u(t,\, y(t)) = 0 \tag{4}$$

이다. 따라서 미분 방정식 $y' = f(t, y)$ 의 일반해 y를 음함수(implicit function)로 표현한 식

$$u(t, y(t)) = C \qquad (\ C \text{ 는 상수 }) \tag{5}$$

을 얻는다.

그러면 무슨 조건하에서 식 (2)를 만족하는 u가 존재하게 되는지 알아보자. 정의역 $D \subseteq R^2$의 임의의 점 (t, y)에 대하여 함수 $M, N, \partial M/\partial y$, $\partial N/\partial t$가 모두 연속이라고 가정할 때 식 (1)에 주어진 미분 방정식이 식 (2)에서 주어진 두 개의 방정식을 만족하기 위한 필요충분조건은

$$\frac{\partial M}{\partial y} = \frac{\partial N}{\partial t} \tag{6}$$

임을 증명할 수 있다. 먼저 식 (6)을 가정하고 다음과 같이 함수 u를 정의한다.

$$u(t, y) = \int_{t_0}^{t} M(\xi, y_0)\,d\xi + \int_{y_0}^{y} N(t, \eta)\,d\eta \qquad (\ (t_0, y_0) \in D\ ) \tag{7}$$

위의 식을 변수 y로 미분하면 함수 u의 첫 번째 항은 t의 함수이므로 사라지고 두 번째 항의 미분 결과인 방정식

$$\frac{\partial u}{\partial y} = N(t, y) \tag{8}$$

을 얻게 된다. 즉, 식 (2)의 두 번째 방정식이 구하여졌다. 또한

$$\frac{\partial u}{\partial t} = \frac{\partial}{\partial t}\int_{t_0}^{t} M(\xi, y_0)\,d\xi + \frac{\partial}{\partial t}\int_{y_0}^{y} N(t,\eta)\,d\eta \tag{9}$$

$$= M(t, y_0) + \int_{y_0}^{y} \frac{\partial}{\partial t} N(t,\eta)\,d\eta$$

$$= M(t, y_0) + \int_{y_0}^{y} \frac{\partial}{\partial \eta} M(t,\eta)\,d\eta \qquad \text{(식 (6) 이용)}$$

$$= M(t, y_0) + M(t, y) - M(t, y_0)$$

$$= M(t, y)$$

이므로 식 (2)의 첫 번째 방정식을 유도하였다. 역으로, 식 (2)에 주어진 방정식을 가정하면

$$\frac{\partial M}{\partial y} = \frac{\partial}{\partial y}\frac{\partial u}{\partial t} = \frac{\partial^2 u}{\partial y \partial t} = \frac{\partial^2 u}{\partial t \partial y} = \frac{\partial}{\partial t}\frac{\partial u}{\partial y} = \frac{\partial N}{\partial t} \tag{10}$$

의 결과를 얻는다. 이로써 식 (2)를 만족하는 u가 존재하기 위한 필요충분 조건은 식 (6) 임을 증명하였다. 따라서 미분 방정식의 일반해를 구하고자 할 때는 먼저 필요충분조건

$$\partial M / \partial y = \partial N / \partial t$$

을 체크하여 미분 방정식

$$M(t, y)\,dt + N(t, y)\,dy = 0$$

이 '완전(Exact)' 타입인지 아닌지를 가린 후 완전 미분 방정식이면 식 (5)에 의하여 일반해를 얻는다.

보기 1

다음 미분 방정식의 일반해를 구하시오:

$$4y^4 + 3\cos(t) + (16y^3 t - 3\cos(y))\,y' = 0 \tag{11}$$

풀이

$M(t, y) = 4y^4 + 3\cos(t)$, $N(t, y) = 16y^3 t - 3\cos(y)$ 라고 하였을 때

$$\frac{\partial M}{\partial y} = 16y^3 = \frac{\partial N}{\partial t}$$

이므로 주어진 미분 방정식은 완전형이다. 그러므로

$$\frac{\partial u}{\partial t} = 4y^4 + 3\cos(t) \text{ 와 } \frac{\partial u}{\partial y} = 16y^3 t - 3\cos(y) \tag{12}$$

의 두 번째 식으로부터

$$\begin{aligned} u(t,y) &= \int 16y^3 t - 3\cos(y)\,dy \\ &= 4y^4 t - 3\sin(y) + r(t) \end{aligned} \tag{13}$$

을 얻고 이렇게 구한 $u(t,y)$를 변수 t에 관하여 미분하면

$$\begin{aligned} \frac{\partial}{\partial t}u(t,y) &= \frac{\partial}{\partial t}(4y^4 t - 3\sin(y) + r(t)) \\ &= 4y^4 + r'(t) \end{aligned} \tag{14}$$

이다. 위의 결과를 (12)의 첫 번째 식에 대입하면

$$r'(t) = 3\cos(t)$$

이므로

$$r(t) = 3\sin(t)$$

이다. 따라서 음함수

$$4y^4 t - 3\sin(y) + 3\sin(t) = C \qquad (\ C\text{는 상수}\ ) \tag{15}$$

로서 표현되어 일반해 y가 얻어진다.

▣

이것으로 완전형 미분 방정식 해법을 끝내고 적분인자를 이용한 미분 방정식 해법을 공부한다.

4.6.4 적분 인자(Integrating Factors)

완전 타입이 아닌 미분 방정식에 어떤 함수를 곱함으로써 완전 미분 방정식으로 만들 수 있다. 그 어떤 함수를 '적분 인자'라고 말하고 다음과 같이 정의된다.

정의 1

> 정의역 $D \subseteq R^2$ 에서 함수 $M(t, y), N(t, y)$ 가 정의되어 있다. 정의역 D 에서 방정식 $kM + kNy' = 0$ 이 완전 미분 방정식이면 함수 $k(t, y)$ 를 미분 방정식 $M + Ny' = 0$ 에 대하여 **적분인자(Integrating Factor)**라고 부른다.

완전 타입이 아닌 미분 방정식 $M + Ny' = 0$ 의 적분인자를 구하기 위하여 다음 식을 만족하는 함수 $k(t, y)$ 를 구해야 한다:

$$\frac{\partial}{\partial t}(kN) = \frac{\partial}{\partial y}(kM) \tag{1}$$

실제적으로 미분 방정식에서 적분인자 k 를 구할 때는 k 를 1변수 함수, $k = k(t)$ (또는 $k(y)$),로 가정하고 구한다.

보기 1

다음 미분 방정식의 일반해를 구하시오.

$$y^2 + y - ty' = 0 \tag{2}$$

풀이

$$\frac{\partial}{\partial y}(y^2 + y) = 2y + 1 \neq -1 = \frac{\partial}{\partial t}(-t) \tag{3}$$

이므로 식 (2)는 완전 미분 방정식이 아니다. 주어진 미분 방정식에 적분인자 $k = k(y)$ 를 곱하면

$$k(y)(y^2 + y)\, dt - t\, k(y) dy = 0 \tag{4}$$

이므로

$$M = k(y)(y^2 + y),\ N = -tk(y) \tag{5}$$

라 하자. 완전 미분 방정식이 되기 위한 필요충분조건을 이용하기 위하여 계산된

$$\frac{\partial M}{\partial y} = k'(y)(y^2 + y) + k(y)(2y + 1) \tag{6}$$

$$\frac{\partial N}{\partial t} = -k(y)$$

을 $\frac{\partial M}{\partial y} = \frac{\partial N}{\partial t}$에 대입하여 정리하면

$$\int \frac{1}{k}\,dk = \int -\frac{2}{y}\,dy \qquad (\ y \neq 0, -1\ ) \tag{7}$$

이다. 로그의 성질을 이용하여

$$\ln|k| = -2\ln|y| + C_1 \tag{8}$$

$$\ln|ky^2| = C_1$$

$$ky^2 = \pm e^{C_1}$$

$$k(y) = \frac{C_2}{y^2} \qquad (\ C_2 = \pm e^{C_1},\ C_1 \text{은 상수}\ )$$

으로 적분인자($=1/y^2$)가 결정된다. 구한 적분인자 k를 식 (2)에 곱하면

$$(1 + \frac{1}{y})dt - \frac{t}{y^2}dy = 0 \tag{9}$$

은 완전 미분 방정식이 되고 4.6.3절에서 배운 완전형 미분방정식 해법에 따라

$$\frac{\partial u}{\partial t} = 1 + \frac{1}{y},\ \frac{\partial u}{\partial y} = -\frac{t}{y^2} \tag{10}$$

이므로 위의 식 첫 번째 방정식에서

$$u(t, y) = (1 + \frac{1}{y})t + r(y) \tag{11}$$

을 구한다. 구한 $u(t,y)$를 변수 y로 미분하면

$$\frac{\partial u}{\partial y} = -\frac{t}{y^2} + r'(y) \tag{12}$$

이므로 식 (10)의 두 번째 방정식과 비교하여 $r(y) =$ 상수의 관계를 얻는다. 따라서 $r(y) = 0$로 택할 때

$$t + \frac{t}{y} = C \qquad (C\text{는 상수}) \tag{13}$$

와 같이 일반해가 얻어진다. 참고로 식 (13)을 변수 t로 미분하면 처음 형태의 미분 방정식 (2)를 다시 얻는다. 즉, 음함수 미분법을 사용하여

$$(1+\frac{1}{y}) - \frac{t}{y^2}\frac{dy}{dt} = \frac{d}{dt}(t+\frac{t}{y}) = \frac{d}{dt}C = 0 \tag{14}$$

을 얻고 위 식의 양 변에 y^2을 곱하여 식 (2)를 구할 수 있다.

▣

이것으로 적분인자를 이용한 미분방정식 해법을 마친다. 다음 절의 내용은 다음과 같다: 어떤 특수한 형태의 미분 방정식들은 기계적인 방법에 의하여 해를 구하는 것이 가능하고 이와 같은 내용이 설명된다.

4.7 특수 형태의 1차 미분 방정식 해법

첫 번째 형태에 대한 해법은 Bernoulli 방정식의 정의에서 시작한다.

4.7.1 Bernoulli 방정식

정의 1

정의역 $D \subseteq R^2$에서 함수 $p(t), q(t)$가 정의되어 있을 때 다음과 같은 형태의 1차 미분 방정식을 Bernoulli 방정식이라고 부른다:

$$y' + p(t)y = q(t)y^a \qquad (\ a\text{는 실수}\ ) \tag{1}$$

Bernoulli 방정식에서 $a = 0$이면 변수분리 미분 방정식, $a = 1$이면 선형 미분 방정식이 된다. 그 이외의 값 a에 대해서는 다음과 같은 변수변환(Change of Variables)식

$$v = y^{1-a} \tag{2}$$

을 이용하여 방정식 (1)을 선형 미분 방정식으로 변형한다. 그 과정은 다음과 같다:

$$\begin{aligned} v' &= (1-a)y^{-a}y' \qquad (3) \\ &= (1-a)y^{-a}(q(t)y^a - p(t)y) \quad (\text{식 (1) 이용}) \\ &= (1-a)q(t) - (1-a)p(t)y^{1-a} \end{aligned}$$

위의 식 마지막 항에 있는 y^{1-a} 대신에 다시 v를 대입하고 이항하면

$$v' + (1-a)p(t)v = (1-a)q(t) \tag{4}$$

와 같이 선형 미분 방정식이 얻어지고 앞에서 분석한 해법에 따라 일반해를 구한다. 자세한 계산은 4.4절에서 다룬 바 있다.

4.7.2 Riccati 방정식

먼저 Riccati 미분 방정식의 형태를 정의를 통하여 알아보자.

정의 1

정의역 $D \subseteq R^2$에서 함수 $p(t), q(t), r(t)$가 정의되어 있을 때 다음과 같은 형태의 1차 미분 방정식을 Riccati 방정식이라고 부른다.

$$y' = p(t)y^2 + q(t)y + r(t) \tag{1}$$

Ricaati 방정식에서 $p \equiv 0$ 인 경우 식 (1)은 선형 미분 방정식이 된다. 일반적으로 하나의 특수해 $v(t)$가 알려지면 변수 변환식

$$y = v(t) + \frac{1}{x} \tag{2}$$

을 통하여 선형 미분 방정식으로 변형된다.

보기 1

다음 Riccati 미분 방정식의 해를 구하시오.

$$y' = \frac{1}{2t}y^2 - \frac{1}{t}y - \frac{4}{t} \tag{3}$$

풀이

방정식 $y \equiv -2$ 은 주어진 미분 방정식을 만족한다. 그러므로 변수 변환식

$$y = -2 + \frac{1}{x} \tag{4}$$

로부터

$$y' = -\frac{1}{x^2}x' \tag{5}$$

이 되고 식 (3)에 대입하면

$$-\frac{1}{x^2}x' = \frac{1}{2t}\left(-2+\frac{1}{x}\right)^2 - \frac{1}{t}\left(-2+\frac{1}{x}\right) - \frac{4}{t} \tag{6}$$
$$= \frac{1}{t}\left(4-\frac{4}{x}+\frac{1}{x^2}\right) + \frac{1}{t}\left(2-\frac{1}{x}\right) - \frac{4}{t}$$

이다. 정리하면

$$x' - \frac{3}{t}x = -\frac{1}{2t} \tag{7}$$

와 같이 선형 미분 방정식을 얻고 이것의 일반해를 구하기 위하여 (4.6.2)절 식 (5)를 이용한다. 즉,

$$\int -\frac{3}{t}\,dt = \ln|t^{-3}| \quad (= \ln(t^{-3}) : \text{계산의 단순성을 위하여}) \tag{8}$$

와

$$\int \left(-\frac{1}{2t}\right)e^{\ln(t^{-3})}\,dt = -\int \frac{1}{2t^4}\,dt = \frac{1}{6t^3} \quad (\text{적분 상수 생략}) \tag{9}$$

로부터

$$x(t) = e^{-\ln(t^{-3})}\left(\frac{1}{6t^3} + C\right) \tag{10}$$
$$= \frac{1}{6} + Ct^3 \qquad (\,C\text{는 상수}\,)$$

이다. 따라서 변환식 (4)를 다시 이용하면 주어진 Riccati 미분 방정식의 일반해는

$$y = -2 + \frac{1}{x} = \frac{6}{1+Kt^3} - 2 \qquad (\,K = 6C\,) \tag{11}$$

가 된다.

◙

마지막으로 다루는 형태는 동차 미분 방정식이다.

4.7.3 동차(Homogeneous) 방정식

다음 정의에서 동차의 의미를 설명한다.

정의 1

1차 미분 방정식의 형태가 다음과 같이 어떤 함수 h에 의하여 정의되어지면 동차(Homogeneous)라고 부른다.

$$y' = h\left(\frac{y}{t}\right) \tag{1}$$

미분 방정식이 동차일 경우 다음과 같이 변수 u를 도입한다.

$$y = ut \tag{2}$$

위 식을 변수 t로 미분하여 얻은

$$y' = u't + u \tag{3}$$

을 식 (1)에 대입하여 정리하면

$$u't + u = h(u) \tag{4}$$

$$\frac{1}{h(u) - u}\frac{du}{dt} = \frac{1}{t}$$

의 형태가 된다. 즉, 변수 분리법으로 u를 구한 뒤 식 (2)를 이용하여 동차 미분 방정식의 일반해를 구한다.

보기 1

다음 미분 방정식의 일반해를 구하시오.

$$y' = \frac{t}{y} + \frac{y}{t} \tag{5}$$

풀이

동차 미분 방정식이므로 변수 변환 $y = ut$를 이용하여 식 (5) 로부터 다음 과정을 보일 수 있다:

$$u'\,t + u = \frac{1}{u} + u \tag{6}$$

$$\int u\,du = \int \frac{1}{t}\,dt$$

$$u^2 = 2\ln|t| + C \qquad (\ C\text{는 상수}\ )$$

변환식 $u = y/t$를 위의 식에 대입하면

$$y^2 = t^2\,(2\ln|t| + C) \tag{7}$$

의 형태로 일반해가 구해진다.

◎

지금까지 배운 1차 미분방정식의 해법을 이용하여 연습문제를 스스로 해결하여 본다(연습문제 2번).

제4장 연습문제

1. 주어진 초기치 문제에 Euler Method를 적용하여 근사해를 구하는 과정 중 생기는 아래 질문에 답하여라.

$$y' = \frac{2y}{t} + t^2 e^t, \quad 1 \le t \le 2, \quad y(1) = 0$$

(a) 이론해(Exact Solution)를 구하시오.

(b) 분할 간격 $h = 0.1$ 일 때 주어진 문제에 대한 차분 방정식을 구하시오.

(c) 위의 (b)에서 구한 차분 방정식을 이용하여 아래의 표를 완성하시오:

Nodes	Exact	Euler	Error
1.00	0.000000	0.000000	0.000000
1.10	0.345920	0.271828	0.074092
⋮			

두 번째 열은 각각의 분할점에 대응하는 (a)에서 구한 유일해의 값이다. 세 번째 열은 (b)에서 구한 분할점에 대응하는 차분 방정식의 결과이다. 네 번째 열은 각각의 분할점에 대응하는 이론해 $y(t_i)$와 근사값 w_i 사이의 오차에 대한 절대값이다. 식으로 표현하면 Error $= |y(t_i) - w_i|$ 이다.

(d) 위의 완성된 표에서 얻은 값(Exact, Euler)을 그래프로 나타내시오.

(e) 4.5절에서 설명한 **프로그램 1** 은 근사값 w_i를 구할 때 4.4절 식(5)로 주어진 차분 방정식을 이용하지 않고 명령어 feval를 이용하였다. 근사값 w_i를 구하기 위하여 **프로그램 1** 과 같이 feval을 이용하고 그 값을 (c)에서 구한 표의 세 번째 열의 값과 비교하시오.

(f) 분할 간격 $h = 0.1, 0.05, 0.01$ 일 때 대응하는 표를 (c)와 같이 작성하시오.

(g) 분할 간격의 값이 변했을 때 그에 따른 에러(Error)의 값은 어떻게 변하였는가? 4.2절 식 (11)의 결과를 관련시켜서 설명하시오.

2. 주어진 미분 방정식의 일반해를 구하시오.

(a) $x^2 y' = 1 + y \quad (x \neq 0,\ y \neq -1)$

(b) $y' - y = e^{2t}$

(c) $e^t \sin y - 2t + (e^t \cos y + 1) y' = 0$

(d) $\dfrac{2ty}{y-1} - y' = 0$

(e) $y' = \dfrac{1}{t} y^2 + \dfrac{1}{t} y - \dfrac{2}{t}$

(f) $y' + ty = ty^2$

(g) $t^3 y' = t^2 y - y^3$

3. 초기치 문제 $y' = y - t^2 + 1,\ \ 0 \le t \le 1,\ \ y(0) = 0.5$ 에서 분할 간격을 0.1로 하여 Euler Method를 적용하였을 때 다음 질문에 답하여라.

(a) 각각의 분할점에서 이론적 오차 크기(Error Bound)를 구하여라.

(b) Euler Method의 결과로 얻은 근사값 w_i 과 유일해 $y(t_i)$ 의 사이의 오차 크기와 (a)에서 얻은 값과 비교하시오.

4. 다음 초기치 문제에 대하여 문제 1에서 제시한 질문을 적용하여 답하여라.

(a) $ty' - 4y = t^6 e^t,\ \ y(1) = 0,\ 1 \le t \le 3$

(b) $y' + ty = ty^2,\ y(0) = -1,\ 0 \le t \le 2$

(c) $x^2 y' = 1 + y,\ y(1) = 0,\ 1 \le t \le 3$

(d) $y' - y = e^{2t},\ y(0) = 2,\ 0 \le t \le 2$

5. 다음 함수의 Taylor 다항식을 구하시오.

(a) $\cos(t)$ (중심 0, $2n$차 다항식)

(b) $\tan^{-1}(t)$ (중심 0, 7차 다항식)

(c) $\ln(t)$ (중심 1, n차 다항식)

6. Taylor 다항식을 이용하여 주어진 함수 값의 근사값을 구할 때 오차(Error)가 0.001 보다 작게 되는 Taylor 다항식의 차수를 결정하여라.

(a) $e^{-1/2}$

(b) $(83)^{1/4}$

7. 문제 3에서 분할 간격 h를 계속 줄여나가면서 오차 크기를 측정하여 4.3절에서 분석한 최적의(Optimal) 분할 간격 $\sqrt{2\delta/M}$ 과의 관계를 비교 설명하시오.

8. 4.2절의 **Remark 2** 의 내용을 증명하시오.

9. 4.2절의 **Remark 3** 의 내용을 증명하시오.

MATLAB과 응용

Chapter 05

1계 미분 방정식 고차 수치적 해법

미분방정식의 수치적 해를 구하기 위하여 4장에서 Euler Method를 살펴 보았다. 수치해(근사값)의 오차를 줄이기 위한 방법을 이번 장에서 연구한다. Euler Method의 핵심 부분은 1차 Taylor 다항식을 이용한 차분 방정식의 유도 과정에 있었다. 다른 형태의 차분 방정식을 얻기 위하여 Taylor 다항식의 차수를 늘려 보자. 그 결과로 오차가 줄어들게 된다. 이러한 내용을 5.1절에서 살펴본다.

5.1 고차 Taylor Method

실제값(이론해)과 근사값 사이의 오차에 대한 용어 설명이 정의 1 에 주어진다.

정의 1

각각의 $i=0,1,\ldots,n-1$에 대하여 차분방정식이

$$w_0 = \alpha$$
$$w_{i+1} = w_i + h\phi(t_i, w_i), \qquad (1)$$

와 같은 형태로 얻어졌을 때 $(i+1)$번째 분할점 t_{i+1}에서의 **국소단절오차** (LTE: Local Truncation Error)에 대한 정의는 다음과 같다:

$$LTE_{i+1}(h) = \frac{y(t_{i+1}) - (y(t_i) + h\phi(t_i, y(t_i))}{h} \tag{2}$$

위의 식에서 h는 분할간격(step size)이고 각각의 t_i는 정의역 내의 분할점 (노드점)이다.

위의 정의 1 내용을 앞 절에서 공부한 Euler Method에 적용하면

$$LTE_{i+1}(h) = \frac{h}{2} y^{(2)}(\xi_i), \quad \xi_i \in (t_i, t_{i+1}) \tag{3}$$

이다. 만약에 $y^{(2)}$가 $|y^{(2)}| \leq M$와 같은 부등식을 만족하면

$$|LTE_{i+1}(h)| = |\frac{h}{2} y^{(2)}(\xi_i)| \leq \frac{h}{2} M \tag{4}$$

이 된다.

n차 Taylor 다항식을 이용하는 n차 Taylor Method를 설명하자. 초기치 미분 방정식

$$y' = f(t,y), \ a \leq t \leq b, \ y(a) = \alpha$$

의 해 $y(t)$가 t에 관하여 $(n+1)$번 미분해도 연속이라 가정한다. 분할점 $t = t_i$에 관한 n차 Taylor 다항식을 구한 뒤 $t = t_{i+1}$의 값을 t에 대입하여 얻어지는 식은 다음과 같다(4.2절 **Remark 1** 참고). 즉, 적당한 수 $\xi_i \in (t_i, t_{i+1})$에 대하여

$$y(t_{i+1}) = y(t_i) + hy^{(1)}(t_i) + \frac{h^2}{2} y^{(2)}(t_i) + \ldots + \frac{h^n}{n!} y^{(n)}(t_i) + \frac{h^{n+1}}{(n+1)!} y^{(n+1)}(\xi_i) \tag{5}$$

이다. 관계식

$$y^{(1)}(t) = f(t, y(t))$$

$$y^{(2)}(t) = f^{(1)}(t, y(t))$$
$$\vdots$$
$$y^{(k)}(t) = f^{(k-1)}(t, y(t)) \tag{6}$$

을 이용하여 식 (5)에 대입하면

$$\begin{aligned} y(t_{i+1}) &= y(t_i) + hf(t_i, y(t_i)) + \frac{h^2}{2} f^{(1)}(t_i, y(t_i)) + \dots + \\ &\quad \frac{h^n}{n!} f^{(n-1)}(t_i, y(t_i)) + \frac{h^{n+1}}{(n+1)!} f^{(n)}(\xi_i, y(\xi_i)) \\ &= y(t_i) + h[\, f(t_i, y(t_i)) + \frac{h}{2} f^{(1)}(t_i, y(t_i)) + \dots + \\ &\quad \frac{h^{n-1}}{n!} f^{(n-1)}(t_i, y(t_i))\,] + \frac{h^{n+1}}{(n+1)!} f^{(n)}(\xi_i, y(\xi_i)) \end{aligned} \tag{7}$$

을 얻는다. 위의 식으로부터 n차 Taylor Method에 대응하는 차분 방정식은 다음과 같이 정의된다.

정의 2

n차 Taylor Method 차분 방정식은

$$\begin{aligned} w_0 &= \alpha \\ w_{i+1} &= w_i + h\phi_T^{(n)}(t_i, w_i),\ i = 0, 1, \dots, n-1 \end{aligned} \tag{8}$$

이다. 위의 식 (8)에서 2변수 함수 $\phi_T^{(n)}$는

$$\phi_T^{(n)}(t_i, w_i) = f(t_i, w_i) + \frac{h}{2} f^{(1)}(t_i, w_i) + \dots + \frac{h^{n-1}}{n!} f^{(n-1)}(t_i, w_i) \tag{9}$$

으로 정의된다.

지금부터 n차 Taylor Method의 국소단절오차를 구하여 보자. 국소단절오차는 **정의 1** 에서 이미 설명하였다.

정리 1

분할간격이 h이고 $y \in C^{n+1}[a,b]$ 일 때, n차 Taylor Method를 초기치 문제

$$y^{(1)} = f(t,y),\ a \le t \le b,\ y(a) = \alpha \tag{10}$$

에 적용하면 국소단절오차는

$$O(h^n)(= \text{상수} \times h^n) \tag{11}$$

이다. 즉, n차 Taylor Method의 국소단절오차 크기는 상수$\times h^n$으로 나타낼 수 있다(또는 '국소단절오차의 차수가 n이다'라고 부른다). 도입된 기호 $C^{n+1}[a,b]$에 대한 정의는 다음과 같다:

$$C^{n+1}[a,b] = \{ y \mid y: [a,b] \to R,\ y^{(n+1)} \text{은 연속} \} \tag{12}$$

풀이

식 (7)과 (9)를 이용하면 각각의 $i = 0,1,\ldots,n-1$에 대하여 국소단절오차는

$$\begin{aligned} LTE_{i+1}(h) &= \frac{y(t_{i+1}) - (y(t_i) + h\phi_T^{(n)}(t_i, y(t_i)))}{h} \\ &= \frac{1}{h} \frac{h^{n+1}}{(n+1)!} f^{(n)}(\xi_i, y(\xi_i)) \end{aligned} \tag{13}$$

이다. 함수 $y \in C^{n+1}[a,b]$이기 때문에

$$|y^{(n+1)}(t)| \le M \tag{14}$$

을 만족하는 상수 M이 존재한다. 상수 M의 존재성은 다음 **Remark 1** 에서 설명하는 최대·최소값 정리의 결과이다. 따라서

$$y^{(n+1)}(t) = f^{(n)}(t, y(t)) \tag{15}$$

이므로 각각의 $i = 0,1,\ldots,n-1$에 대하여

$$|LTE_{i+1}(h)| = \left|\frac{h^n}{(n+1)!} f^{(n)}(\xi_i, y(\xi_i))\right| \le \frac{M}{(n+1)!} h^n$$

이다. 따라서 식 (11) 인

$$|LTE_{i+1}(h)| = O(h^n)(= \text{상수} \times h^n)$$

의 결과가 얻어진다. ▣

Remark 1 최대 · 최소값 정리

> 실수함수(Real Function) f가 정의역 $[a, b]$에서 연속이고 상수 M, N이 다음과 같이 정의되었다.
>
> $$M = \max\{f(p) \mid p \in [a, b]\},\ N = \min\{f(q) \mid q \in [a, b]\}.$$
>
> 이때, 관계식
>
> $$M = f(p_0),\ N = f(q_0)$$
>
> 을 만족하는 수 $p_0, q_0 \in [a, b]$가 존재한다[RUD].

다음 절에서는 4장에서 다루었던 같은 초기치 문제를 2차 Taylor Method로 접근하여 본다.

5.2 2차 Taylor Method

초기치 문제

$$y' = -ty + 4t/y,\ 0 \le t \le 2,\ y(0) = 1 \tag{1}$$

에 대하여 정의역 $[0, 2]$를 10등분($N = 10$)한다. 즉, 분할 간격 h는

$$h = \frac{b-a}{N} = \frac{2-0}{10} = 0.2 \tag{2}$$

이 되고 분할점에 대응하는 식은

$$t_i = 0.2i \tag{3}$$

이다. 이 때, 미분 방정식 $y' = f(t, y)$ 에 대한 2차 Taylor Method의 차분 방정식은 각각의 $i = 0,1, \ldots, N-1(=9)$ 에 대하여

$$w_0 = y(t_0) = 1$$
$$w_{i+1} = w_i + h\phi_T^{(2)}(t_i, w_i) \tag{4}$$

이다. 위의 차분 방정식에서

$$\phi_T^{(2)}(t_i, w_i) = f(t_i, w_i) + \frac{h}{2} f^{(1)}(t_i, w_i) \tag{5}$$

으로 주어지므로 $f^{(1)}(t, y)$에 대응하는 식을 구한다. 즉,

$$\begin{aligned} f^{(1)}(t,y) &= \frac{d}{dt}(-ty + \frac{4t}{y}) \\ &= -y - ty' + \frac{4}{y} - \frac{4ty'}{y^2} \\ &= -y - t(-ty + \frac{4t}{y}) + \frac{4}{y} - \frac{4t(-ty + \frac{4t}{y})}{y^2} \\ &= -y + t^2 y + \frac{4}{y} - \frac{16t^2}{y^3} \\ &= t^2\left(y - \frac{16}{y^3}\right) - y + \frac{4}{y} \end{aligned} \tag{6}$$

로부터

$$\phi_T^{(2)}(t_i, w_i) = -t_i w_i + \frac{4t_i}{w_i} + \frac{h}{2}\left(t_i^2(w_i - \frac{16}{w_i^3}) - w_i + \frac{4}{w_i}\right) \tag{7}$$

이다. 따라서 위의 식 (7)을 식 (4)에 대입함으로써 차분 방정식은 완성된다. 다음 절에서는 이러한 결과를 Matlab 프로그램으로 변환하고 그 결과를 plot을 이용하여 그림으로 출력한다.

5.3 Matlab 프로그램

앞 절에서 식 (1)로 주어진 초기치 문제에 대하여 4장에서 분석한 Euler Method와 앞 절에서 얻은 2차 Taylor Method의 결과를 프로그램을 가지고 비교하여 보자. 2차 Taylor Method의 프로그램만을 생성하려면, 4.5절 **Remark 1** 에서 설명한 Euler Method에 관한 순서를 똑같이 따르면 된다. 그러나 이번 절에서는 Euler Method와 2차 Taylor Method의 결과를 비교하는 것이 목적이므로 다음과 같이 **Remark 1** 에서 제시된 내용으로 프로그램을 작성하여 보자.

Remark 1

- **Step 1** 구간 양 끝점 a와 b, 초기값 α, 분할 구간 수 N 입력
- **Step 2** 분할 구간 간격 $h=(b-a)/N$, 함수 $f(t,y)$ 생성
- **Step 3** Euler Method의 차분 방정식에 대응하는 함수형 M-파일 생성
  2차 Taylor Method의 차분 방정식에 대응하는 함수형 M-파일 생성
- **Step 4** 반복문을 이용하여 차분 방정식 계산 후 각각의 근사값 w_i 구함
- **Step 5** Euler Method와 2차 Taylor Method의 근사값과 이론해의 오차 계산.
- **Step 6** 각각의 분할점 t_i에 대응하는 $y(t_i)$와 각 Method의 근사값 w_i의 그래프를 함께 출력

주어진 **프로그램 1**은 스크립트형 M-파일로 작성되었고 실행하면 초기치 문제(5.2절 (1)식)에 대한 2차 Taylor Method의 결과를 얻는다. 즉, 각각의 분할점 t_i 에서의 근사값 w_i가 얻어진다.

프로그램 1

```
a = 0; b = 2; N = 10;
h1 = (b-a)/N ;
t1 = a:h1:b;
ytaylor2(1) = 1;
yprime = inline('-t.*y + 4*t./y ','t','y');
y2prime = inline('-y + (t.^2).*y + 4./y - (16*t.^2)./(y.^3)','t','y');
for iter = 1:N-1
  yptaylor2 = feval(yprime,t1(iter),ytaylor2(iter));
  y2ptaylor2 = feval(y2prime,t1(iter),ytaylor2(iter));
  ytaylor2(iter+1) = ytaylor2(iter) + ...
                 h1*(yptaylor2 + h1/2*y2ptaylor2);
end
```

4.5절에서 분석되어진 Euler Method의 내용과 위의 프로그램을 이용하여 표 표 1 을 각자 구하여 보자. 표 1 에서 4번째 열인 Error_E는 Euler Method의 근사값 w_i^E 과 이론해(exact solution) $y(t_i)$ 사이의 오차의 절대값, Error_E = $|y(t_i) - w_i^E|$, 이고 6번째 열인 Error_T는 2차 Taylor Method의 근사값 w_i^T 과 이론해 사이의 오차의 절대값, Error_T = $|y(t_i) - w_i^T|$, 을 나타낸다.

표 1

nodes	Exact	Euler	Error_E	Taylor2	Error_T
0.00	1.00000	1.00000	0.00000	1.00000	0.00000
0.20	1.05718	1.00000	0.05718	1.06000	0.00282
0.40	1.20149	1.12000	0.08149	1.21292	0.01143
0.60	1.38093	1.31611	0.06482	1.39660	0.01567
0.80	1.55503	1.52289	0.03214	1.56981	0.01478
1.00	1.70187	1.69948	0.00239	1.71305	0.01118
1.20	1.81362	1.83032	0.01670	1.82049	0.00687
1.40	1.89141	1.91554	0.02413	1.89449	0.00308
1.60	1.94116	1.96388	0.02272	1.94158	0.00043
1.80	1.97041	1.98721	0.01680	1.96939	0.00102
2.00	1.98622	1.99645	0.01023	1.98471	0.00150

제공된 표 1 은 프로그램의 결과이고 얻은 데이터를 그래프로 나타내면 다음과 같이 그림 1 을 출력할 수 있다.

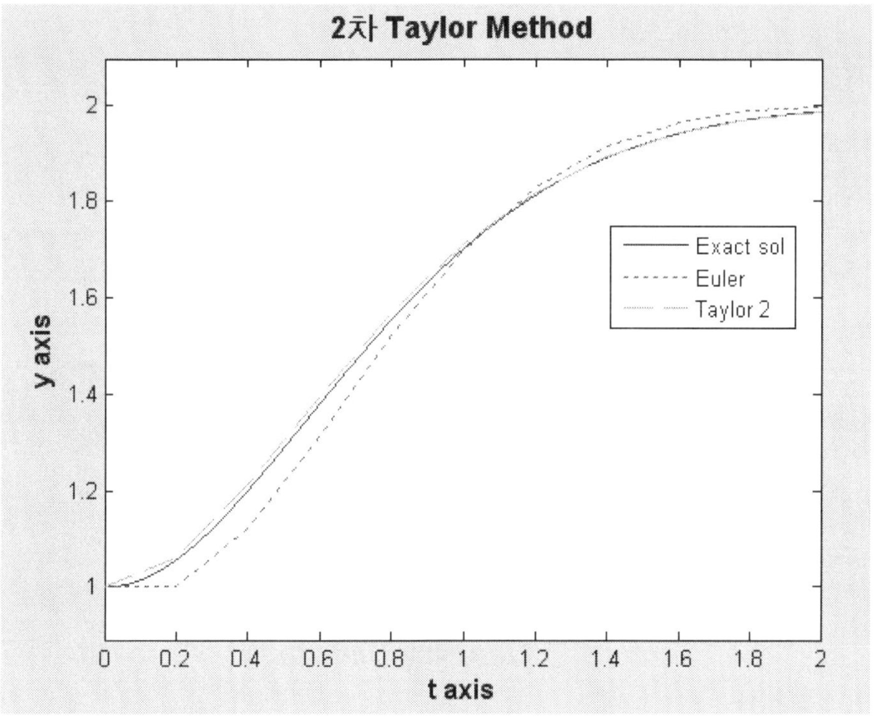

그림 1

표와 그림 결과에서 보듯이 2차 Taylor Method의 결과가 전반적으로 Euler Method보다 상대적 정확도에서 높은 것을 볼 수 있다. 부분적으로 확대하면 그림 2 와 같고 이 그림에서 2차 Taylor Method가 Euler Method의 근사값 보다 좀 더 정확한 근사값을 구할 수 있음을 확실히 보여준다.

프로그램 1 에 주어진 프로그램의 명령어를 설명하여 보자.

- Line 1: 정의역 $[a, b]$ 의 양 끝점 a, b 의 값과 분할 구간의 개수 N을 입력한다.
- Line 2: 분할 간격의 값을 변수 h1에 입력한다.
- Line 3: 분할 간격 h1에 의하여 분할점을 배열 변수 t1에 입력한다.
- Line 4: 초기치 $w_0 = 1$ 을 배열 변수 ytalyor2(1)에 입력한다.

- Line 5: 초기치 문제 $y^{(1)} = f(t,y)$ 에서 $f(t,y)$를 2변수 함수 yprime으로 정의한다.
- Line 6: 함수 $f(t,y)$를 변수 t에 관한 미분 즉, 함수 $f^{(1)}(t,y)$을 2변수 함수 y2prime으로 정의한다.
- Line 7: 반복문 for-end 문의 시작이다.
- Line 8: 변수 yptaylor2에 $f(t_i, w_i)$ 의 값을 대입한다.
- Line 9: 변수 y2ptaylor2에 $f^{(1)}(t_i, w_i)$ 의 값을 대입한다.
- Line 10: 차분 방정식

$$w_{i+1} = w_i + h\phi_T^{(2)}(t_i, w_i)$$

$$\phi_T^{(2)}(t_i, w_i) = f(t_i, w_i) + \frac{h}{2} f^{(1)}(t_i, w_i)$$

에서 근사값 w_i의 값을 배열 변수 ytaylor2에 대입한다.

- Line 11: 반복문 for-end 문의 종료이다.

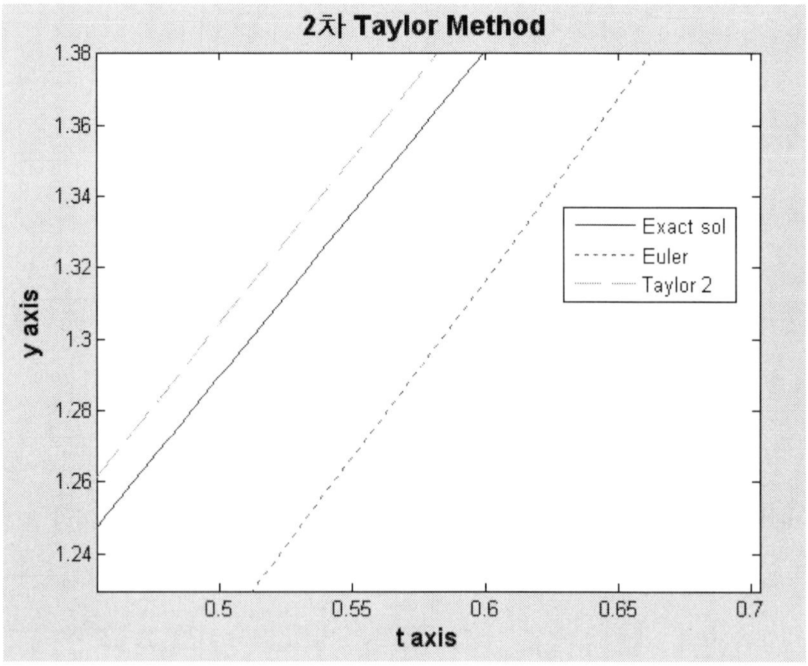

그림 2

이번 장에서는 2차 Taylor 다항식으로부터 유도된 2차 Taylor Method를 자세히 살펴 보았으며 비슷한 방식과 절차를 따라 3차 이상의 Taylor Method를 유도할 수 있다.

제5장 연습문제

1. 주어진 초기치 문제에 2차 Taylor Method를 적용하여 근사해를 구하는 과정에서 생기는 다음 질문에 답하여라.

$$y' = \frac{2y}{t} + t^2 e^t, \quad 1 \le t \le 2, \quad y(1) = 0$$

(a) 분할 간격 h 에 대한 차분 방정식을 구하시오.

(b) 위의 (a)에서 구한 차분 방정식을 이용하여 분할 간격 $h = 0.1$ 일 때 아래의 표를 완성하시오:

nodes	Exact	Taylor2	Error
1.00	0.00000	0.00000	0.00000
1.10	0.34592	0.33979	0.00613
⋮			

두 번째 열은 각각의 분할점에 대응하는 주어진 미분 방정식의 이론해(Exact Solution)의 값이다. 세 번째 열은 (a)에서 구한 분할점에 대응하는 차분 방정식의 결과이다. 네 번째 열에서 Error $= |y(t_i) - w_i|$ 이다.

(c) 위의 (b)에서 얻은 값(Exact, Taylor2)과 4장 Euler Method에 의하여 구한 근사값을 하나의 그래프에 함께 나타내시오.

(d) 5.3절에서 설명한 **프로그램 1** 을 위의 미분 방정식에 적용하여 얻은 근사값과 (b)에서 구한 세 번째 열의 값(Taylor2에 대응하는 값)을 비교하시오.

(e) 분할 간격의 값이 변했을 때 그에 따른 오차(Error)의 값은 어떻게 변하였는가? 국소단절오차를 이용하여 설명하시오.

(f) 위의 (c)에서 구한 그래프 결과를 위하여 다음의 표를 완성하시오.

Nodes	Exact	Euler	Error_E	Taylor2	Error_T2
1.00	0.00000	0.00000	0.00000	0.00000	0.00000
1.10	0.34592	0.27183	0.07409	0.33979	0.00613
⋮					

2. 아래 주어지는 미분 방정식 각각에 대하여 문제 1번의 (a)–(f)에서 제시된 질문에 답하시오.

(a) $ty' - 4y = t^6 e^t,\ y(1) = 0,\ 1 \le t \le 3$

(b) $y' + ty = ty^2,\ y(0) = -1,\ 0 \le t \le 2$

(c) $x^2 y' = 1 + y,\ y(1) = 0,\ 1 \le t \le 3$

(d) $y' - y = e^{2t},\ y(0) = 2,\ 0 \le t \le 2$

3. 명령어 dsolve.m을 이용하여 다음 미분 방정식의 해를 구하시오.

(a) $y' = y - t^2 + 1,\quad y(0) = 0.5$

(b) $ty' - 4y = t^6 e^t,\ y(1) = 0$

(c) $y^{(3)} + y^{(1)} = 2\sin(t),\ y(0) = 1,\ y^{(1)}(0) = 1,\ y^{(2)}(0) = -1$

(d) $y^{(3)} - 6y^{(2)} + 11y^{(1)} - 6y = 0$

(e) $t^2 y^{(2)} - 5ty^{(1)} + 8y - 24 = 0,\ y(1) = 3,\ y(2) = 1$

(f) $y_1^{(1)} + y_2^{(1)} = e^t,\ y_1^{(1)} + y_1 + y_2 = 1$

(g) $y_1^{(1)} - y_1 + 2y_2 = 4\cos(t) - 2\sin(t)$
$y_2^{(1)} - 3y_1 + 4y_2 = 5\cos(t) - t\sin(t)$
$y_1(0) = 1$
$y_2(0) = 2$

4. 5.3절 표 1 에서 3번째 열의 Euler 근사값과 5번째 열의 2차 Taylor 근사값을 각각 구할 때 다음과 같은 메뉴창을 이용하는 프로그램을 만들어 보시오.

MATLAB과 응용

Chapter 06

2차 Runge-Kutta Method

이번 장에서는 Runge-Kutta Method를 이용한 1계 미분방정식의 근사값을 구하는 과정을 배우게 된다. Runge-Kutta Method의 핵심부분은 2변수에 대한 Taylor 정리의 결과를 이용하므로 그 내용을 소개한다.

6.1 2변수에 대한 Taylor 정리

다음 정리의 내용으로 2변수에 대한 n차 Taylor 다항식을 생성할 수 있다.

정리 1

함수 $f(t,y)$와 $f(t,y)$에 관한 $n+1$ 이하의 모든 차수 편도함수($\dfrac{\partial^k f}{\partial t^k}$, $\dfrac{\partial^k f}{\partial y^k}$, $k=1,2,\dots,n+1$)가 정의역 $D=\{(t,y)\,|\,a \le t \le b, c \le y \le d\}$에서 연속이라 가정하자. 한 점 (t_0, y_0)가 정의역 D에 속할 때(즉, $(t_0, y_0) \in D$일 때), 임의의 한 원소 $(t,y) \in D$에 대하여 다음 식을 만족하는 ξ, μ가 각각 차례로 t와 t_0 그리고 y와 y_0 사이에 존재한다:

$$f(t,y) = P_n(t,y) + R_n(t,y) \tag{1}$$

위의 식에서 t, y에 관한 n차 Taylor 다항식 $P_n(t, y)$은

$$P_n(t,y)= f(t_0, y_0)+ (t-t_0)\frac{\partial f(t_0, y_0)}{\partial t} + (y-y_0)\frac{\partial f(t_0, y_0)}{\partial y}$$
$$+\frac{(t-t_0)^2}{2}\frac{\partial f^2(t_0, y_0)}{\partial t^2} + (t-t_0)(y-y_0)\frac{\partial f^2(t_0, y_0)}{\partial t\,\partial y} \quad (2)$$
$$+\frac{(y-y_0)^2}{2}\frac{\partial f^2(t_0, y_0)}{\partial y^2} + \ldots + \frac{1}{n!}\sum_{j=0}^{n}\binom{n}{j}(t-t_0)^{n-j}(y-y_0)^j$$

로 주어지고 나머지 항 $R_n(t, y)$은

$$R_n(t,y)= \frac{1}{(n+1)!}\sum_{j=0}^{n+1}\binom{n+1}{j}(t-t_0)^{n+1-j}(y-y_0)^j\frac{\partial f^{(n+1)}(\xi,\mu)}{\partial t^{n+1-j}\partial y^j} \quad (3)$$

이 된다. 이 때, (t_0, y_0) 를 중심으로 명칭한다.

위에서 설명한 정리 1 에 대한 증명은 참고서적 [FUL]에서 제공되고 이 정리의 결과를 이용하여 2차 Runge-Kutta Method 인 Midpoint Method에 대하여 알아보자.

6.2 Midpoint Method

Taylor Method와 관계한 차분방정식을 살펴보면 미분을 이용하고 있다. 반면 이 절에서 설명하는 Midpoint Method에서는 미분의 형태가 사라지게 된다. 또한 2차 Taylor Method가 가지는 국소단절오차(LTE) 수준의 오차를 Midpoint Method 도 가지게 된다. 이러한 결과를 설명하기 위하여 앞 장에서 배운 2차 Taylor Method의 내용을 [I]와 [II]에서 요약하였다.

[I]. 차분 방정식(Difference equation)

$$w_0 = \alpha$$
$$w_{i+1}= w_i + h\phi_T^{(2)}(t_i,w_i),\ i= 0,1,\ldots,N-1,$$
$$\phi_T^{(2)}(t_i, w_i)= f(t_i,w_i)+\frac{h}{2}f^{(1)}(t_i,w_i) \quad (1)$$

[II]. 국소단절오차(LTE)는 $O(h^2)$ 이다.

이 때, 위의 식 (1)에 주어진 차분 방정식에 있는

$$\phi_T^2(t,y) = f(t,y) + \frac{h}{2} f^{(1)}(t,y) \tag{2}$$

의 형태를 미분을 사용하지 않은

$$kf(t+\alpha_1, y+\beta_1) \tag{3}$$

와 같은 모양으로 변경하여 보자. 식 (3)에 있는 $kf(t+\alpha_1, y+\beta_1)$에서 세 개의 미지수 k, α_1, β_1의 값을 구하기 위하여 아래와 같이 2변수에 대한 연쇄법칙과 2변수 Taylor 정리의 결과를 이용한다.

연쇄법칙(Chain Rule) :

$$\begin{aligned} f^{(1)}(t,y) &= \frac{df(t,y)}{dt} = \frac{\partial f(t,y)}{\partial t}\frac{dt}{dt} + \frac{\partial f(t,y)}{\partial y}\frac{dy}{dt} \\ &= \frac{\partial f(t,y)}{\partial t} + \frac{\partial f(t,y)}{\partial y} f(t,y) \end{aligned} \tag{4}$$

위의 과정은 연쇄법칙 $\dfrac{df(t,y)}{d\square} = \dfrac{\partial f}{\partial t}\dfrac{dt}{d\square} + \dfrac{\partial f}{\partial y}\dfrac{dy}{d\square}$에서 $\square$에 t를 대입하여 얻는다. 그러므로

$$\begin{aligned} \phi_T^2(t,y) &= f(t,y) + \frac{h}{2} f^{(1)}(t,y) \\ &= f(t,y) + \frac{h}{2}\left(\frac{\partial f(t,y)}{\partial t} + \frac{\partial f(t,y)}{\partial y} f(t,y)\right) \end{aligned} \tag{5}$$

이다. 한 편, 6.1절 **정리 1**의 결과를 이용하여 $f(t+\alpha_1, y+\beta_1)$를 중심 (t,y)에 관하여 1차 Taylor 다항식으로 전개하면

$$f(t+\alpha_1, y+\beta_1) = f(t,y) + \alpha_1 \frac{\partial f(t,y)}{\partial t} + \beta_1 \frac{\partial f(t,y)}{\partial y} + R_1(t+\alpha_1, y+\beta_1) \tag{6}$$

이다. 이 때, 나머지 항 R_1은

$$R_1(t+\alpha_1, y+\beta_1) = \frac{1}{2}\alpha_1^2 \frac{\partial f^2(\xi,\mu)}{\partial t^2} + \alpha_1\beta_1 \frac{\partial f^2(\xi,\mu)}{\partial t\,\partial y} + \frac{1}{2}\beta_1^2 \frac{\partial f^2(\xi,\mu)}{\partial y^2} \tag{7}$$

이고 ξ는 t와 $t+\alpha_1$ 사이, μ는 y와 $y+\beta_1$ 사이에 존재하는 값이다. 따라서

$$\begin{aligned} &kf(t+\alpha_1, y+\beta_1) \\ &= k\left(f(t,y) + \alpha_1 \frac{\partial f(t,y)}{\partial t} + \beta_1 \frac{\partial f(t,y)}{\partial y} + R_1(t+\alpha_1, y+\beta_1) \right) \end{aligned} \tag{8}$$

이고 (5)에서 얻은 식과 비교하여

$$k=1,\ k\alpha_1 = \frac{h}{2},\ k\beta_1 = \frac{h}{2}f(t,y) \tag{9}$$

라고 할 때

$$k=1,\ \alpha_1 = \frac{h}{2},\ \beta_1 = \frac{h}{2}f(t,y) \tag{10}$$

이므로 결과적으로 방정식

$$kf(t+\alpha_1, y+\beta_1) = \phi_T^2(t,y) + R_1(t+\alpha_1, y+\beta_1) \tag{11}$$

을 유도할 수 있다. 위 식을 $\phi_T^2(t,y)$에 관하여 정리하고 식 (10)에 제공된 상수값을 대입하면

$$\begin{aligned} \phi_T^2(t,y) &= kf(t+\alpha_1, y+\beta_1) - R_1(t+\alpha_1, y+\beta_1) \\ &= f\left(t+\frac{h}{2}, y+\frac{h}{2}f(t,y)\right) - R_1\left(t+\frac{h}{2}, y+\frac{h}{2}f(t,y)\right) \end{aligned} \tag{12}$$

을 얻는다. 나머지 항과 관계한 식 (7)에 $\alpha_1 = \frac{h}{2},\ \beta_1 = \frac{h}{2}f(t,y)$의 값을 대입하면

$$\begin{aligned} R_1\left(t+\frac{h}{2}, y+\frac{h}{2}f(t,y)\right) &= \frac{h^2}{8}\frac{\partial f^2(\xi,\mu)}{\partial t^2} + \frac{h^2}{4}f(t,y)\frac{\partial f^2(\xi,\mu)}{\partial t\,\partial y} \\ &\quad + \frac{h^2}{8}(f(t,y))^2 \frac{\partial f^2(\xi,\mu)}{\partial y^2} \end{aligned} \tag{13}$$

이다. 다음으로, 아래의 조건을 만족하는 양의 상수 값 M_1, M_2, M_3 이 존재한다고

가정하자:

$$|f_{tt}| < M_1, \quad |f_{ty}| < M_2, \quad |f_{yy}| < M_3 \tag{14}$$

이 때, 오차 항에 해당하는 $R_1(t+\frac{h}{2}, y+\frac{h}{2}f(t,y))$ 은 $O(h^2)$ 가 된다. 이것은 2차 Taylor Method의 국소단절오차의 차수(order)이다. 요약하면, 2차 Taylor Method는 식 (1)에 주어졌고 식 내용 중에 다음과 같은 변환

$$\phi_T^{(2)}(t, w) \quad \Rightarrow \quad f(t+\frac{h}{2}, y+\frac{h}{2}f(t,y)) \tag{15}$$

을 이용하여 2차 Taylor Method의 국소단절오차의 차수를 유지하면서 새로운 형태의 차분 방정식을 유도할 수 있는데 이것을 Midpoint Method에 대한 차분 방정식이라 부른다. 이러한 결과를 다음 정리에서 수식으로 표현하였다.

정리 1

Midpoint Method에 대한 차분 방정식은 각각의 $i=0,1,\ldots,N-1$ 에 대해서 다음과 같다:

$$w_0 = \alpha$$
$$w_{i+1} = w_i + hf(t_i+\frac{h}{2}, w_i+\frac{h}{2}f(t_i, w_i))$$

중요한 사실로서 Midpoint Method의 국소단절오차(LTE)가 여전히 $O(h^2)$ 인 점이다. 다음 절에서는 예제를 통하여 Midpoint Method를 적용하여 보자.

6.3 초기치 문제에 Midpoint Method 적용

앞 장에서 다루었던 같은 초기치 문제를 Midpoint Method로 접근하여 보자.

초기치 문제

$$y' = -ty + 4t/y, \ 0 \le t \le 2, \ y(0) = 1 \tag{1}$$

에 대하여 정의역을 20등분($N=20$)한다. 즉, 분할 간격 h는 0.1이 되고 각각의 분할점 $t_i=0.1i$ 이다. 이 때, 위의 미분 방정식 $y'=f(t,y)$ 에 대하여 Midpoint Method를 적용하면

$$f(t,y) = -ty + 4t/y \tag{2}$$

이므로 대응하는 차분 방정식은 각각의 $i=0,1,\dots,19$ 에 대해서

$$\begin{aligned} w_0 &= 1 \\ w_{i+1} &= w_i + hf\left(t_i+\frac{h}{2}, w_i+\frac{h}{2}f(t_i,w_i)\right) \end{aligned} \tag{3}$$

이다. 앞 장에서 하였던 것과 마찬가지로 식 (2)를 이용하여 w_i의 관계식으로 w_{i+1}의 최종적인 형태를 다음과 같이 표현할 수 있다:

$$w_{i+1} = w_i + h\left(-\left(t_i+\frac{h}{2}\right)\left(w_i+\frac{h}{2}\left(-t_iw_i+\frac{4t_i}{w_i}\right)\right)+\frac{4\left(t_i+\frac{h}{2}\right)}{w_i+\frac{h}{2}\left(-t_iw_i+\frac{4t_i}{w_i}\right)}\right) \tag{4}$$

다음 절에서 Midpoint Method를 Matlab 프로그램으로 작성 시 위의 식으로 w_{i+1} 의 값을 구하거나 또는 명령어 feval.m을 이용(이때, $f(t,y)$ 는 입력인자)하여 w_{i+1} 의 값을 구할 수 있다.

6.4 Matlab 프로그램

4.5절 [프로그램 1]을 변형하여 바로 앞 절에서 설명한 초기치 문제에 대해 Midpoint Method를 적용하고 5장에서 배운 2차 Taylor Method의 결과와 함께 나타나도록 프로그램화한다. 그 결과로 다음의 [표 1]을 얻는다. 이 표에서 4번째 열의 값은 이론해와 Midpoint 해법에 의한 근사값과의 차이의 절대값(=|Exact - Midpoint|)이고 마지막 열의 값은 이론해와 2차 Taylor 해법에 의한 근사값과의 차이의 절대값(=|Exact - Taylor2|)이다. 이 두 개의 열에서 보듯이 Midpoint 해법과 2차 Taylor 해법의 오차 크기는 비슷한 것을 알 수 있다.

표 1

Nodes	Exact	Midpoint	Error	Taylor2	Error
0.00000	1.00000	1.00000	0.00000	1.00000	0.00000
0.10000	1.01482	1.01500	0.00018	1.01500	0.00018
0.20000	1.05718	1.05783	0.00065	1.05817	0.00099
0.30000	1.12170	1.12286	0.00116	1.12373	0.00203
0.40000	1.20149	1.20303	0.00154	1.20442	0.00293
0.50000	1.28981	1.29151	0.00170	1.29331	0.00350
0.60000	1.38093	1.38258	0.00165	1.38465	0.00372
0.70000	1.47042	1.47185	0.00144	1.47407	0.00365
0.80000	1.55503	1.55615	0.00112	1.55840	0.00337
0.90000	1.63261	1.63337	0.00076	1.63557	0.00296
1.00000	1.70187	1.70225	0.00038	1.70434	0.00247
1.10000	1.76222	1.76224	0.00002	1.76418	0.00196
1.20000	1.81362	1.81333	0.00029	1.81508	0.00146
1.30000	1.85646	1.85592	0.00054	1.85747	0.00101
1.40000	1.89141	1.89069	0.00072	1.89203	0.00062
1.50000	1.91932	1.91849	0.00084	1.91963	0.00030
1.60000	1.94116	1.94027	0.00089	1.94121	0.00006
1.70000	1.95787	1.95699	0.00089	1.95776	0.00012
1.80000	1.97041	1.96957	0.00084	1.97018	0.00023
1.90000	1.97961	1.97884	0.00076	1.97932	0.00029
2.00000	1.98622	1.98555	0.00067	1.98591	0.00030

주어진 표 1 의 데이터를 명령어 plot을 이용하여 그리게 되면 그림 1 과 같이 된다. 보는 바와 같이 세 가지 종류의 값(이론해, Midpoint 해법, 2차 Taylor 해법)이 거의 겹쳐 그려진다. 일부분을 확대하면 그림 2 와 같다.

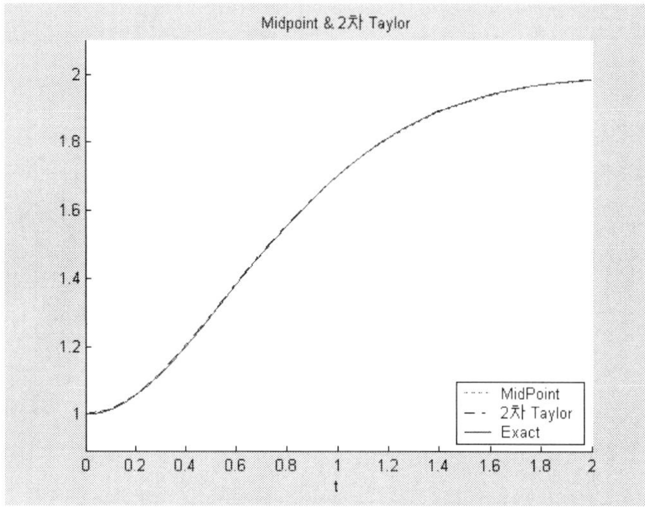

그림 1

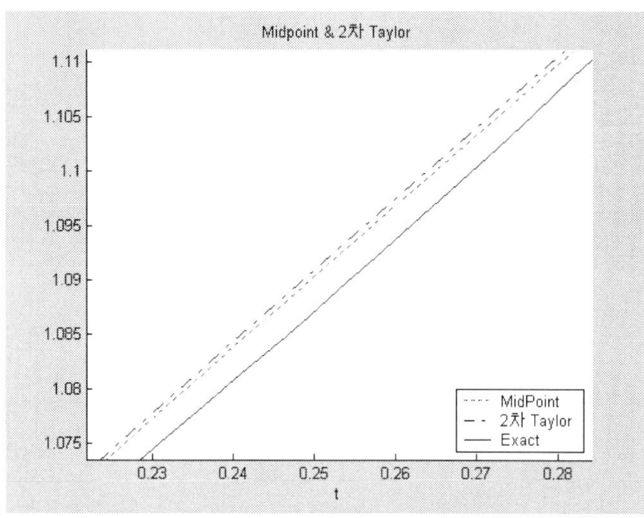

그림 2

6.5 Modified Euler Method와 Heun Method

좀 더 나은 정확도의 근사값을 얻기 위해 Midpoint Method 전개 과정 중 사용하였던 식

$$\phi_T^2(t,y) = f(t,y) + \frac{h}{2} f^{(1)}(t,y) \tag{1}$$

에 항을 하나 더 첨가한 $\phi_T^{(3)}$는 다음과 같다:

$$\phi_T^{(3)}(t,y) = f(t,y) + \frac{h}{2} f^{(1)}(t,y) + \frac{h^2}{6} f^{(2)}(t,y) \tag{2}$$

위의 식의 근사값으로서 가장 적절한 형태는 다음과 같이 알려져 있다. 이 때, 네 개의 미지수(a_1, a_2, b_1, b_2)가 존재한다.

$$a_1 f(t,y) + a_2 f(t+b_1, y+b_2 f(t,y)) \tag{3}$$

6.2절 식 (4)에서 얻었던 관계식

$$f^{(1)}(t,y) = f_t + f_y f \tag{4}$$

을 이용하면

$$\begin{aligned}\phi_T^{(3)}(t,y) &= f(t,y) + \frac{h}{2} f^{(1)}(t,y) + \frac{h^2}{6} f^{(2)}(t,y) \\ &= f(t,y) + \frac{h}{2}(f_t + f_y f) + \frac{h^2}{6} \frac{d}{dt}(f_t + f_y f)\end{aligned} \tag{5}$$

가 된다. 위의 식에서 마지막 항을 좀 더 계산하면

$$\begin{aligned}\frac{h^2}{6} \frac{d}{dt}(f_t + f_y f) &= \frac{h^2}{6}\left(\frac{\partial}{\partial t}(f_t + f_y f)\frac{dt}{dt} + \frac{\partial}{\partial y}(f_t + f_y f)\frac{dy}{dt}\right) \\ &= \frac{h^2}{6}\left(f_{tt} + f_{yt} f + f_y f_t + (f_{ty} + f_{yy} f + f_y f_y) f\right)\end{aligned} \tag{6}$$

이므로

$$\begin{aligned}\phi_T^{(3)}(t,y) &= f(t,y) + \frac{h}{2}(f_t + f_y f) \\ &\quad + \frac{h^2}{6}\left(f_{tt} + f_{yt} f + f_y f_t + f_{ty} f + f_{yy} f^2 + f_y^2 f\right)\end{aligned} \tag{7}$$

이다. 한 편, 네 개의 미지수를 가지는 식 (3)의 2번째 항에 2변수 Taylor 정리의 결과를 적용하면

$$
\begin{aligned}
a_2 f(t+b_1, y+b_2 f(t,y)) &= \\
& a_2\left(f(t,y)+b_1 f_t(t,y)+b_2 f f_y(t,y)+\frac{1}{2}b_1^2 f_{tt}+b_1 b_2 f f_{ty}+\frac{1}{2}(b_2 f)^2 f_{yy}\right) \quad (8)
\end{aligned}
$$

이 된다. 그러므로

$$
\begin{aligned}
& a_1 f(t,y)+a_2 f(t+b_1, y+b_2 f(t,y)) \\
& \quad = a_1 f + a_2\left(f+b_1 f_t+b_2 f f_y+\frac{1}{2}b_1^2 f_{tt}+b_1 b_2 f f_{ty}+\frac{1}{2}(b_2 f)^2 f_{yy}\right) \quad (9)
\end{aligned}
$$

이다. 두 식 (7)과 (9)를 비교하여

$$a_1+a_2=1,\ a_2 b_1=\frac{h}{2},\ a_2 b_2=\frac{h}{2} \quad (10)$$

와 같이 대응시킬 수 있다. 위의 방정식은 3개이고 미지수는 4개이므로 많은 해가 존재하는데 그 중 두 가지 경우는 아래와 같이 알려져 있다. 첫 번째 경우로

$$a_1=a_2=\frac{1}{2},\ b_1=b_2=h \quad (11)$$

일 때 대응하는 차분 방정식을 Modified Euler Method로 부른다. 즉,

정리 1

미분방정식 해법 Modified Euler Method에 대응하는 차분 방정식은 각각의 $i=0,1,2,\ldots,N-1$ 에 대하여 다음과 같다:

$$
\begin{aligned}
& w_0=\alpha \\
& w_{i+1}=w_i+\frac{h}{2}\left(f(t_i,w_i)+f(t_{i+1},w_i+hf(t_i,w_i))\right).
\end{aligned}
$$

또 다른 경우는

$$a_1 = \frac{1}{4}, a_2 = \frac{3}{4}, b_1 = b_2 = \frac{2}{3}h \tag{12}$$

일 때인데 이에 대응하는 차분 방정식을 Heun Method로 부른다. 즉,

정리 2

> 미분 방정식 해법 Heun Method에 대응하는 차분 방정식은 각각의 $i = 0, 1, 2, \ldots, N-1$ 에 대하여 다음과 같다:
>
> $$w_0 = \alpha$$
>
> $$w_{i+1} = w_i + \frac{h}{4}\left(f(t_i, w_i) + 3f(t_i + \frac{2}{3}h, w_i + \frac{2}{3}hf(t_i, w_i))\right)$$

위의 Modified Euler Method와 Heun Method 대한 Matlab 프로그램은 앞 내용(Midpoint Method)에서 다룬 프로그램을 조금 변경하면 만들 수 있다. 이번 절 **정리 1**과 **정리 2**에서 설명한 차분 방정식을 이용하여 6.4절 **표 1**과 같은 형식의 결과를 Modified Euler Method와 Heun Method에 대해서도 구하여 본다.

제6장 연습문제

1. 초기치 문제가 다음과 같이 주워졌을 때 다음 질문에 답하시오:

$$y' = \frac{2y}{t} + t^2 e^t\,,\quad 1 \le t \le 2,\quad y(1) = 0$$

(a) 분할 간격 h에 대한 Midpoint Method에 대응하는 차분 방정식을 구하시오.

(b) 분할 간격 $h = 0.1$일 때 아래의 표를 완성하시오.

Nodes	Exact	Midpoint	Error_M	Taylor2	Error_T2
1.00	0.00000	0.00000	0.00000	0.00000	0.00000
1.10	0.34592	0.34094	0.00498	0.33979	0.00613
⋮					

4번째 열의 값은 이론해와 Midpoint 해법에 의한 근사값과의 차이의 절대값($|Exact - Midpoint|$)이고 마지막 열의 값은 이론해와 2차 Taylor 해법에 의한 근사값과의 차이의 절대값($|Exact - Taylor2|$)이다.

(c) 위의 (b)에서 얻은 2열, 3열, 5열의 값을 하나의 그래프에 나타내시오.

2. 다음 주어진 이변수 함수에 대하여 원점을 중심으로 하여 Taylor 다항식을 구하시오.

(a) $f(t, y) = e^t \ln(1+y)$ (2차 까지)

(b) $f(t, y) = \sin t \sin y$ (2차 까지)

(c) $f(t, y) = te^y$ (3차 까지)

(d) $f(t, y) = 1/(1-t-y)$ (3차 까지)

3. 이변수 함수 $f(t,y) = \sin t \sin y$ 를 원점을 중심으로 하여 2차 Taylor 다항식 $P_2(t,y)$ 를 구하고 $(t,y) = (0.1, 0.1)$ 에서 함수 $f(t,y)$ 와 $P_2(t,y)$ 간의 오차가 0.002 이내에 있음을 보이시오.

4. 위의 1번 (b)의 표 중 네 번째, 여섯 번째 열의 오차(Error)값과 Midpoint Method와 2차 Taylor Method의 국소단절오차(LTE)와의 관계를 설명하시오.

5. 본문 6.3절 식 (1)에서 제공된 초기치 문제를 Modified Euler Method와 Heun Method를 이용하여 근사값을 구하여 보자.

   (a) 각 Method에 대응하는 차분 방정식을 구한다.

   (b) 6.4절 [표 1]과 같은 형식의 근사값을 구한다.

   (c) 위의 (b)에서 얻은 값(Exact, Modified Euler Method, Heun Method)에 대응하는 그래프를 그린다.

6. 아래 주어진 식의 값 또는 제시된 내용을 구하는 Matlab 명령어를 쓰시오.

   (a) $1 + \dfrac{1}{2^2} + \dfrac{1}{3^2} + \dots = \dfrac{\pi^2}{6}$

   (b) $|t| < 1$ 일 때, $1 + t + t^2 + \dots = \dfrac{1}{1-t}$

   (c) 함수 $f(t) = e^t$ 의 Taylor 다항식에서 5째 항까지 구하시오(중심 0).

   (d) 함수 $f(t) = e^t$ 의 Taylor 다항식에서 5째 항까지 구하시오(중심 1).

7. Taylor 다항식 계산기의 역할을 하는 Matlab 명령어 taylortool을 이용하여 문제 6번 (c), (d)를 계산하시오.

8. 6.5절 정리 1 과 정리 2 에서 얻는 Modified Euler Method와 Heun Method에 대한 차분 방정식의 국소단절오차는 무엇인가? 이 결과를 문제 5번에 적용하여 설명하시오.

MATLAB과 응용

Chapter 07

4차 Runge-Kutta Method

7.1 개요

이번 장에서는 4차 Runge-Kutta Method에 관하여 설명한다. 상미분 방정식 해의 근사값을 구하는 방법으로 널리 알려져 있고, 이 방법이 가장 효율적인 이유는 다음 [표 1]을 통하여 이해할 수 있다. 이 표의 내용은 Butcher가 발표한 논문[BUT]에 근거한다. Runge-Kutta Method를 미분 방정식에 적용할 때 계산상 가장 시간을 많이 요하는 부분은 $f(t,y)$를 계산할 때이다. [표 1]의 첫 번째 행은 각각의 Runge-Kutta Method에서 차분 방정식을 한 번 적용할 때 계산하는 $f(t,y)$의 개수를 나타낸다. 두 번째 행은 대응하는 Runge-Kutta Method에서의 국소단절오차(LTE)를 보여준다. 예를 들면 표에서 $n=2$의 경우에 해당하는 Midpoint Method는 국소단절오차가 $O(h^2)$이고 대응하는 차분 방정식을 한번 실행하면 함수 $f(t,y)$를 두 번 계산하게 된다. 차분 방정식의 실행 시 함수 $f(t,y)$의 계산 횟수가 많다면 시간 소비가 많은 것이고 그에 따른 정확도가 증가하여야 하는데 [표 1]에 따르면 차분 방정식을 한번 수행 시 함수 계산을 다섯 번 이상 실행하게 되는 5차 이상의 Runge-Kutta Method의 경우, 증가하는 차수에 대응하여 국소단절오차가 효율적으로 감소하지 않는다. 이와 같은 상황에서 함수 $f(t,y)$의 네 번 계산에 $O(h^4)$의 국소단절오차를 가지는 4차 Runge-Kutta Method는 가장 효율적인 Method로 보여진다.

표 1 LTE와 함수 계산 횟수 상관관계

n	2	3	4	5,6,7	8,9	10 이상
LTE	$O(h^2)$	$O(h^3)$	$O(h^4)$	$O(h^{n-1})$	$O(h^{n-2})$	$O(h^{n-3})$

- n: 각각의 Runge-Kutta Method 실행시 함수 $f(t,y)$의 계산 횟수
- LTE: 대응하는 국소단절오차

7.2 차분 방정식

효율적인 미분 방정식의 해법으로 알려진 4차 Runge-Kutta Method에 대응하는 차분 방정식은 아래와 같이 주어진다: 각각의 $i = 0,1,2,\dots,N-1$에 대하여

$$
\begin{aligned}
&w_0 = \alpha, \\
&k_1 = hf(t_i, w_i), \\
&k_2 = hf(t_i + \frac{h}{2}, w_i + \frac{k_1}{2}), \\
&k_3 = hf(t_i + \frac{h}{2}, w_i + \frac{k_2}{2}), \\
&k_4 = hf(t_{i+1}, w_i + k_3), \\
&w_{i+1} = w_i + \frac{1}{6}(k_1 + 2k_2 + 2k_3 + k_4).
\end{aligned} \tag{1}
$$

4차 Runge-Kutta Method가 다른 미분 방정식 해법과 비교하여 우월성을 가지기 위해서는 앞 절에서 소개한 내용뿐만 아니라 함수 $f(t,y)$ 계산 횟수가 같을 경우 정확성에 있어서도 그 장점을 가져야 한다. 식 (1)에 주어진 4차 Runge-Kutta Method의 차분방정식을 어떤 하나의 구간에 대하여 한번 수행하면 함수 $f(t,y)$의 계산이 4번 있다. 이때 같은 구간을 네 개로 나누어 각각의 서브구간에 Euler Method를 적용하여도 함수 $f(t,y)$ 계산 횟수는 4번으로 같다. 다른 방법으로 같은 구간을 두 개로 나누어 각각의 서브구간에 Midpoint Method를 적용할 수 있는데 이때에도 함수 $f(t,y)$의 계산 횟수는 각 서브구간에서 2번씩 총 4번이다. 즉, 함수 $f(t,y)$의 계산 횟수가 동일할 때 4차 Runge-Kutta Method의 정확도는 다른 Method와 비교해 정

확도가 어떨까? 다음 절의 표 1 에서 보는 바와 같이 4차 Runge-Kutta Method의 정확도가 가장 높다. 이러한 내용을 예제를 통하여 알아보도록 하자.

7.3 Matlab 프로그램

다음의 초기치 문제를 4차 Runge-Kutta Method로 접근하여 본다.

초기치 문제

$$y' = -ty + 4t/y,\ 0 \le t \le 1,\ y(0) = 1 \tag{1}$$

에 대하여 정의역을 10등분($N = 10$)한다. 즉, 분할 간격 h는 0.1이 되고 각각의 분할점은 $t_i = 0.1i$ 이다. 이 때, 비교를 위하여 도입하는 Euler Method의 분할 간격은 0.025, Midpoint Method의 분할 간격은 0.05로 설정한다. 바로 앞 절 식 (1)에서 마지막 방정식을 이용하여 i, w_i의 관계식으로 w_{i+1}의 최종적인 형태를 표현할 수 있으나 함수 $f(t, y)$에 대응하는 함수형 M-파일을 이용하여 Matlab 프로그램을 작성하는 것이 수월하다(명령어 feval 이용). 프로그램 작성 방법은 다음 **Remark 1** 에서 제시된다.

Remark 1 **프로그램 개요**

- **Step 1** : 다음 미분 방정식 해법에 대응하는 차분 방정식을 함수형 M-파일로 생성한다:
  - Euler Method
  - Midpoint Method
  - 4차 Runge-Kutta Method
- **Step 2** : 앞 단계에서 생성한 함수형 M-파일은 다음 입력 항목에 의존한다:
  - 함수 $f(t, y)$
  - 정의역 $[a, b]$에서 a, b의 값
  - 초기값 $f(a)$
  - 분할 간격 h

- **Step 3** : 프로그램 순서

입력

- 함수 $f(t, y)$, 초기값 a, 마지막 값 b, 초기값 $f(a)$
- 이론해(Exact Solution)

계산

- 분할간격 h 계산
- 위의 Step 1에서 생성한 세 가지 해법에 대응하는 근사값 계산
- 세 가지 해법에 대응하는 오차 계산
  (다음 표 1 의 Error 열에 대응하는 값)

출력

- 반복문 for-end 문 이용하여 다음 표 1 의 결과를 얻는다.
- 세 가지 해법에 대응하는 분할 간격이 다르므로 배열첨자를 조절하여 다음의 표 1 완성한다.

4차 Runge-Kutta Method의 차분 방정식은 Matlab 명령어를 이용하여 프로그램 1 과 같이 쓸 수 있다.

프로그램 1

```
function [domaint,rk4w] = rk4method(givenft,tvar,initialw,stepsize)
domaint=tvar(1):stepsize:tvar(2);
N = length(domaint);
rk4w = initialw*ones(1,N);
for ind=1:N-1
 k1 = (domaint(ind+1)-domaint(ind))* ...
        feval(givenft,domaint(ind),rk4w(ind));
 k2 = (domaint(ind+1)-domaint(ind))* ...
        feval(givenft,domaint(ind)+stepsize/2,rk4w(ind)+k1/2);
 k3 = (domaint(ind+1)-domaint(ind))* ...
        feval(givenft,domaint(ind)+stepsize/2,rk4w(ind)+k2/2);
 k4 = (domaint(ind+1)-domaint(ind))* ...
        feval(givenft,domaint(ind)+stepsize, rk4w(ind) + k3);
 rk4w(ind+1) = rk4w(ind) + (k1+2*k2+2*k3+k4)/6;
end
```

제공된 프로그램 1 의 내용을 설명하여 보자:

- Line 1: 4차 Runge-Kutta Method를 수행하는 함수형 M-파일 선언부이다 (rk4method.m)
- Line 2: 정의역의 분할점(nodes)을 생성하여 변수 domaint에 할당한다.
- Line 3: 배열변수 domaint의 길이를 변수 N에 대입한다.
- Line 4: 근사값 변수 rk4w를 초기화한다.
- Line 5-11: 반복분 for-end 문을 이용하여 4차 Runge-Kutta Method의 차분 방정식을 실행한다.

위의 **Remark 1** 과 프로그램 1 을 이용하여 전체 프로그램을 완성하여 다음 표 1 의 결과를 구하여 본다. 구한 표 1 에서 네 번째, 여섯 번째, 여덟 번째 열(Error)에 대응하는 값은 표 2 에서 설명하였다. 각각의 분할점에 대응하는 세 가지 해법에 대한 오차(Error) 비교를 표 1 에서 하였다. 각 해법의 분할간격이 다른 것을 주의하자. 즉, 4차 Runge-Kutta Method, Midpoint Method, Euler Method의 분할간격은 각각 0.1, 0.05, 0.025 이지만 출력의 내용을 조절하였다. 예를 들어, $t=0.1$에서의 근사값 w_i를 출력하기 위하여 $t=0.0$에서의 데이터 값을 가지고 세 개의 해법(4차 Runge-Kutta Method, Midpoint Method, Euler Method)을 각각 1번, 2번, 4번 적용하였다. 결론적으로, 함수 $f(t,y)$의 계산 횟수는 같았지만 4차 Runge-Kutta 해법의 오차가 가장 작은 것을 이 표의 분석을 통하여 알 수 있다.

표 1

nodes	Exact	RK4 h=0.1000	Error	Midpoint h= 0.0500	Error	Euler h=0.02500	Error
0.000	1.00000000	1.00000000	0.00000000	1.00000000	0.00000000	1.00000000	0.00000000
0.100	1.01481550	1.01481587	0.00000037	1.01486065	0.00004515	1.01118591	0.00362959
0.200	1.05718101	1.05718220	0.00000119	1.05733680	0.00015579	1.05068997	0.00649104
0.300	1.12169802	1.12169989	0.00000187	1.12197467	0.00027665	1.11358521	0.00811280
0.400	1.20148601	1.20148810	0.00000209	1.20184879	0.00036278	1.19300279	0.00848323
0.500	1.28980528	1.28980715	0.00000187	1.29020199	0.00039672	1.28193310	0.00787218
0.600	1.38093122	1.38093255	0.00000133	1.38131281	0.00038160	1.37430549	0.00662573
0.700	1.47041519	1.47041576	0.00000057	1.47074463	0.00032945	1.46536145	0.00505374
0.800	1.55503142	1.55503110	0.00000033	1.55528535	0.00025393	1.55163604	0.00339538
0.900	1.63261318	1.63261187	0.00000132	1.63278041	0.00016723	1.63079298	0.00182020
1.000	1.70187005	1.70186771	0.00000234	1.70194923	0.00007918	1.70143101	0.00043904

표 2

```
Exact = 이론해
RK4 = 4차 Runge-Kutta Method
Midpoint = Midpoint Method
Euler = Euler Method
표 1 에서
  네 번째 열(Error)   = | Exact - RK4 |
  여섯 번째 열(Error) = | Exact - Midpoint |
  여덟 번째 열(Error) = | Exact - Euler |
```

참고문헌 [ATK], [BUR], [CHA], [CHE], [HAL], [HIL], [KRE], [ONE]를 참고하여 지금까지 배운 초기치 상미분방정식 관련 수치적 해법의 이론적 내용을 전개하였고 이에 대한 심화 과정과 경계치 상미분 방정식(Boundary Value Problems for Ordinary Differential Equations) 또는 편미분 방정식(Partial Differential Equations)과 관계한 수치적 해법 또한 참고할 수 있다. 이로써 1차 상미분 방정식의 해를 구하는 수치적 방법의 이론적 배경을 분석하였고 이와 관련된 차분 방정식을 Matlab 프로그램으로 해석하여 이론해에 가까운 수치적 해를 얻을 수 있었다.

제7장 연습문제

1. 4차 Runge-Kutta Method의 국소단절오차와 7.3절 [표 1] 의 네 번째 열(Error)의 값과의 관계를 설명하시오.

2. 아래의 초기치 문제에 관하여 답하시오.

$$y^{(1)}(t) = \frac{2y}{t} + t^2 e^t,\ 1 \le t \le 2,\ y(1) = 0$$

(a) 분할 간격 $h = 0.1$ 일 때 다음 박스 내의 내용을 완성하시오.

```
tvalue = 분할점
Rvalue = 이론해
RK4 = 4차 Runge-Kutta Method
Error = | Rvalue - RK4 |
```

tvalue	Rvalue	RK4	Error
1.000	0.00000000	0.00000000	0.00000000
1.100	0.34591988	0.34591029	0.00000959
⋮			

(b) 위의 결과에 Euler Method의 결과를 추가한 아래 내용을 완성하시오.

```
Euler = Euler Method
Error(6번째 열) = | Rvalue - Euler |
```

tvalue	Rvalue	RK4	Error	Euler	Error
1.000	0.00000000	0.00000000	0.00000000	0.00000000	0.00000000
0.100					
⋮					

(c) 7.3절 표 1 과 같은 형식의 다음 내용을 완성하시오.

tvalue	Rvalue	RK4	Error	Midpoint	Error	Euler	Error
		h=0.1000		h= 0.0500		h=0.02500	
1.000	0.00000000	0.00000000	0.00000000	0.00000000	0.00000000	0.00000000	0.00000000
1.100	0.34591988	0.34591029	0.00000959	0.34457926	0.00134062	0.32547330	0.02044658
⋮							
1.000							

3. 위의 2번 (c)에서 얻은 내용과 같은 형식의 결과를 다음 주어진 미분 방정식에 대하여 구하시오.

(a) $ty' - 4y = t^6 e^t,\ y(1) = 0,\ 1 \le t \le 3$

(b) $y' + ty = ty^2,\ y(0) = -1,\ 0 \le t \le 2$

(c) $x^2 y' = 1 + y,\ y(1) = 0,\ 1 \le t \le 3$

(d) $y' - y = e^{2t},\ y(0) = 2,\ 0 \le t \le 2$

4. 다음 물음에 답하시오.

(a) 일변수 함수 $g(t) = 2t^3 + 1$와 이변수 함수 $f(t,y) = t^2 + 2\sin(t)e^y$ 를 명령어 inline.m을 이용하여 정의하고 그 결과를 쓰시오.

(b) 명령어 feval.m을 이용하여 (a)에서 정의된 함수의 값 $g(1)$, $f(1,2)$ 을 구하시오.

(c) 명령어 menu.m과 inputdlg.m을 이용하여 문제 2번 (a),(b),(c)에 주어진 표를 구하는 프로그램을 작성하시오.

5. 작업창(Command Window)에서 주어진 박스내의 명령어를 실행한 뒤에 (a), (b), (c) 에서 수행한 명령어의 결과를 쓰시오.

```
>> syms t y a n m
>> f = 2*t^n
>> g = cos(a + t*y)
```

(a)

```
>> findsym(f)
>> findsym(g)
```

(b)

```
>> h = 5*t^2 + t - 2
>> subs(h,2)
>> subs(g,t,7)
```

(c)

```
>> findsym(g,1)
```

6. 다음 명령어의 결과를 구하시오.

(a)

```
>> A = 2*exp(3) + 5
>> B = cos(5) + sqrt(4)
>> AB = eval('A+B')
```

(b)

```
>> M = [ 1 6 8 2 ;  8 2 3 9 ]
>> [mrow, mcol] = eval('size(M)')
```

MATLAB과 응용

Chapter 08

1, 2차적 곡선 구현

이번 장부터는 주어진 점을 지나는 곡선 구현에 초점을 맞추도록 한다. 먼저 주어진 점을 직선으로 연결하는 함수 또는 조각적 선형 함수(piecewise linear function)를 만드는 방법을 공부한다.

8.1 1차 Spline

평면상의 주어진 점을 지나는 곡선을 정의역 $D(=[a,b])$에서 구현한다고 가정하자. 이 때 정의역을 유한개의 부분 구간으로 나누고 부분 구간별로 함수를 생성하면 부분 구간사이의 공유점에서 곡선의 모양 또는 특성이 변하게 된다. 이 때 각 구간 사이의 공유점과 정의역의 양 끝점 모두를 매듭(Knots)이라 부르자. 예를 들어 그림 1 은 평면 위 네 개의 점을 연결하는 조각적 선형 함수를 보여주고 있고 정의역에 있는 총 네 개의 점 t_0, t_1, t_2, t_3 이 매듭이 된다.

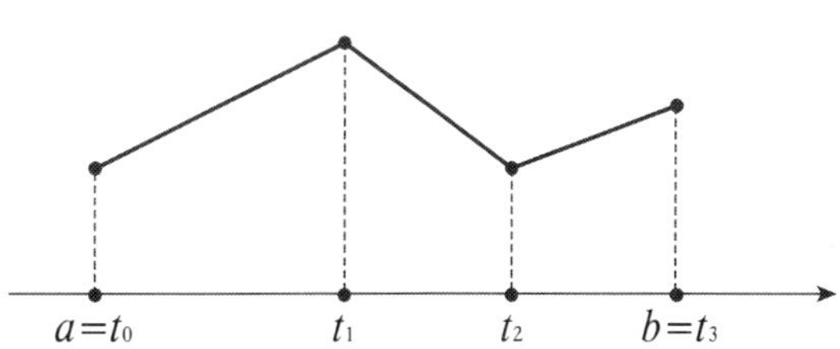

그림 1

유한 개의 매듭은 보통 기호 $t_0, t_1, \ldots, t_n$ 로 표기하고 각각의 부분 구간에서 구현되는 곡선은 매듭을 사이에 두고 곡선의 모양 또는 특성이 변하게 된다. 1차 스플라인을 정의하기 전에 일반적인 Spline 함수의 정의는 다음과 같다.

정의 1

정의역 $[a, b]$ 에서 정의된 함수 f 가 어떤 연속성 조건을 만족하는 여러 개의 다항식 f_i $(i = 0, 1, \ldots, N-1)$로 구성되어 있으면 함수 f 를 스플라인(Spline) 함수라고 한다. 이 때, 각각의 $i = 0, 1, \ldots, N-1$ 에 대하여 매듭 t_i는 $a = t_0 < t_1 < t_2 < \ldots < t_N = b$ 의 관계식을 만족하고 다항식 f_i 의 정의역은 $[t_i, t_{i+1}]$ 이다.

이와 같은 일반적 Spline 함수 정의를 기초로 하여, 어떤 주어진 점을 지나는 가장 단순한 곡선 구현은 1차 Spline이고 그 정의는 다음과 같다.

정의 2

아래 주어진 3가지 조건을 만족하는 함수 S 를 1차 Spline 이라 정의한다:

1. S 의 정의역은 폐구간 $[a, b]$ 이다.
2. S 는 $[a, b]$ 에서 연속이다.
3. 정의역 $[a, b]$ 의 부분구간 $[t_i, t_{i+1}]$ 에서 S 가 최대 1차 다항식(상수 함수도 가능)으로 표현되고 구간 $[a, b]$ 를 분할(partitioning)하는 매듭은 다음의 관계를 갖는다:

$$a = t_0 < t_1 < \ldots < t_n = b$$

위의 **정의 2** 의 2번 내용 중 연속에 대한 개념은 미분적분학 기초내용에 따른다. 즉, 함수 f 가 한 점 $t = c$ 에서 연속하면 다음의 식을 만족한다:

$$\lim_{t \to c^+} f(t) = \lim_{t \to c^-} f(t) = f(c)$$

예를 들면 그림 2 에 주어진 조각적 선형 함수(piecewise linear function) S는 1차 Spline 함수이다. 그림 2 에 주어진 함수 S는 3가지 조건을 모두 만족함을 알 수 있다. 즉, 각각의 부분구간에서 최대 1차 함수(직선)이고 전체구간에서 서로 연결(연속성)되어 있다. 주어진 그림 2 에서 제공된 1차 Spline S는 6개의 매듭을 갖는다.

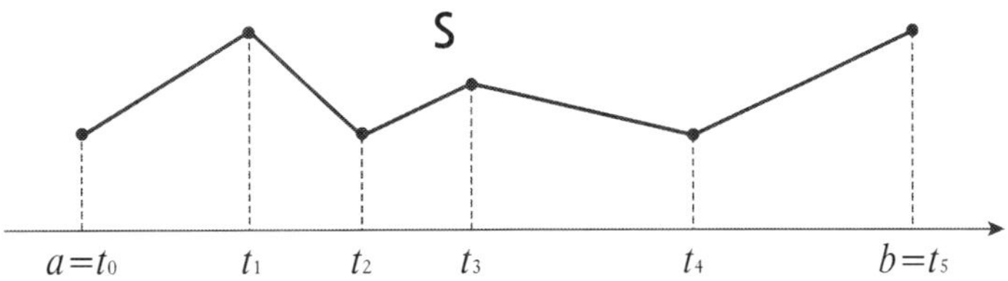

그림 2

일반적인 경우로서 구간 $[a, b]$가 n개의 부분구간으로 분할될 때 조각적 선형함수 S는 다음과 같이 수식으로 표현될 수 있다.

$$S(t) = \begin{cases} S_0(t), & t \in [t_0, t_1] \\ S_1(t), & t \in [t_1, t_2] \\ \vdots & \vdots \\ S_{n-1}(t), & t \in [t_{n-1}, t_n] \end{cases}$$

위의 식에서 각각의 부분구간에서 대응 되는 수식 S_i는 실제적으로

$$S_i(t) = m_i t + k_i \quad (i = 0, 1, \dots, n-1)$$

의 형태를 가진다. 다음 보기 1 에 주어진 함수를 가지고 1차 Spline이 될 수 있는지 판단하여 보자.

보기 1

다음 함수가 1차 Spline의 세 가지 조건을 만족하는지 결정하시오.

$$S(t)=\begin{cases}2, & t\in[-2,1]\\ 3t-1, & t\in[1,2]\\ t+2, & t\in[2,4]\end{cases}$$

풀이

S는 조각적 직선(piecewise linear polynomial)이고 $t=2$에서 불연속이다. 그러므로 1차 Spline이 될 수 없다. ▣

다음과 같이 정의역 내의 매듭 t_i에 대응하는 함수 값 $f(t_i)=f_i$이 다음 표 1과 같이 주어졌다고 가정하자. 총 n개의 부분구간으로 이루어진 정의역 $[a,b]$에서 1차 스플라인 함수 $S(t)$가 결정되기 위해서는 $2n$개의 미지수가 결정되어야 한다. 이 때 표 1에 의해서 각각의 구간에서 두개의 조건

$$f_i=S(t_i),\ f_{i+1}=S(t_{i+1}) \tag{*}$$

이 제공되므로 n개의 구간에서 총 $2n$개의 조건이 제공된다. 즉, 미지수의 개수와 조건의 개수가 같게 된다. 따라서 다음 표 1에 주어진 정보를 이용하여 1차 Spline 함수가 결정된다. 수식으로 쓰면 다음과 같다. 각각의 부분구간 $[t_i,t_{i+1}]$에서의 직선의 식은

$$S_i(t)=f_i+m_i(t-t_i)$$

로 표현되고 위의 식에서 기울기 m_i는

$$m_i=\frac{f_{i+1}-f_i}{t_{i+1}-t_i}$$

이다. 식 (*)에 주어진 두 개의 조건을 위에서 구한 $S_i(t)$가 만족함을 알 수 있다.

표 1

t	t_0	t_1	$\cdots$	t_i	t_{i+1}	$\cdots$	t_n
$f(t)$	f_0	f_1	$\cdots$	f_i	f_{i+1}	$\cdots$	f_n

설명한 바와 같이 1차 Spline은 점과 점을 직선으로 연결하는 연속함수이므로 구현하기가 쉬운 반면 그림 1 과 그림 2 에서 보는 바와 같이 매듭에서 급격한 변화가 있기 때문에 그 모양이 부드럽지 못하다. 이는 구현된 곡선(조각적 선형함수)이 매듭에서 미분 가능하지 않기 때문에 일어나는 현상이다. 그러므로 정의역의 모든 점에서 미분가능하고 나아가 1계 도함수가 연속인 곡선을 만들어 보자.

8.2 2차 Spline

평면상의 점과 점을 연결하는 2차적 곡선 구현은 다음 2차 Spline에 대한 정의에서 시작한다.

정의 1

아래의 3가지 조건을 만족하는 함수 Q를 2차 Spline이라 정의한다:

1. Q의 정의역은 $[a, b]$이다.
2. Q와 일계 도함수 $Q^{(1)}$이 정의역 $[a, b]$에서 연속이다.
3. 정의역 $[a, b]$의 부분구간 $[t_i, t_{i+1}]$에서 Q가 최대 2차 다항식으로 표현되고 구간 $[a, b]$를 분할(partitioning)하는 매듭은 다음의 관계를 갖는다:

$$a = t_0 < t_1 < \dots < t_n = b$$

다음 보기 1 에서 주어진 함수를 가지고 2차 Spline의 정의 내용을 정확하게 이해하여 보자.

보기 1

주어진 함수가 2차 Spline의 성질을 만족하는지 판단하시오:

$$Q(t)=\begin{cases} t^2+1, & -3 \le t \le 0 \\ -t+1, & 0 \le t \le 2 \\ t^2-5t+5, & 2 \le x \le 3 \end{cases}$$

풀이

각각의 부분구간에서 Q는 최대 2차 다항식이다. 정의역 $[-3,3]$에서 Q는 연속이나 일계 도함수 $Q^{(1)}$는 $t=0$에서 불연속이다. **정의 1**의 두 번째 성질을 만족하지 못하므로 2차 Spline이 될 수 없다. ▣

앞에서 정의된 2차 Spline은 다음 절에서 배우는 3차 Spline 만큼 활용도가 높지 않으나 2차 Spline의 전개 과정을 이해함으로써 3차 Spline 생성에 대한 이해가 쉬워진다. 상대적으로 유도과정이 단순한 2차 Spline의 내용 분석을 통하여 복잡한 내용의 3차 Spline에 대한 이해도를 높이게 된다. 주어진 정의역에서 $n+1$ 개의 매듭과 대응하는 함수값이 **표 1**과 같이 주어졌다고 하자.

표 1

t	t_0	t_1	$\cdots$	t_i	t_{i+1}	$\cdots$	t_n
$f(t)$	f_0	f_1	$\cdots$	f_i	f_{i+1}	$\cdots$	f_n

각각의 부분구간 $[t_i, t_{i+1}]$에서 2차 다항식의 형태를

$$a_i t^2 + b_i t + c_i$$

로 표기하면 각 구간에서 3개의 미지수가 생기고 정의역 전체에서 $3n$개의 미지수가 존재한다. 미지수 $3n$ 개를 결정하기 위하여 다음과 같은 3가지 조건을 고려한다. 조건 설명 중 각각의 부분구간 $[t_i, t_{i+1}]$에서 그려지는 2차 Spline Q의 부분을 Q_i로 표시한다. 즉, 수식으로 쓰면 다음과 같다:

$$Q|_{[t_i, t_{i+1}]} \equiv Q_i$$

3가지 조건

[1] 2차 Spline Q의 성분인 Q_i는 각 구간 $[t_i, t_{i+1}]$의 양 끝점에서 주어진 함수 값을 지나야 하므로 주어지는 두 개의 방정식을 만족한다:

$$Q_i(t_i) = f_i, \quad Q_i(t_{i+1}) = f_{i+1}$$

따라서 전체 구간을 n개의 부분(서브)구간으로 분할하면 $2n$개의 방정식이 만들어 진다.

[2] 서브구간 사이에 있는 내부 점(매듭)에서 일계 도함수 $Q^{(1)}$가 연속해야 하므로 $n-1$개의 조건이 생긴다.

[3] 위의 [1]과 [2]에서 파생되는 조건의 총수는 $3n-1$ 이므로 하나의 조건이 더 필요하고 다음과 같이 설정한다.

$$Q^{(1)}(t_0) = 0$$

위의 3가지 조건을 기본으로 해서 아래의 순서를 따라 2차 Spline 함수 $Q(t)$를 생성한다. 2차 Spline 함수 $Q(t)$에 대한 세부적 표기는 다음과 같다.

$$Q(t) = \begin{cases} Q_0(t), & t_0 \le t \le t_1 \\ Q_1(t), & t_1 \le t \le t_2 \\ \vdots & \vdots \\ Q_{n-1}(t), & t_{n-1} \le t \le t_n \end{cases}$$

각각의 $i = 0, 1, \ldots, n-1$에 대하여 $Q_i(t)$는 최대 2차 다항식이다. 이 때, 전 구간에서 Q와 일계 도함수 $Q^{(1)}$가 연속(continuously differentiable)하여야 한다. 또한 표 1의 데이터를 지나야 한다. 즉, 각각의 $i = 0, 1, \ldots, n$에 대하여

$$Q(t_i) = f_i$$

의 식을 만족한다. 먼저, 각각의 부분구간 $[t_i, t_{i+1}]$ 에서 2차 다항식 $a_i t^2 + b_i t + c_i$ 에서 계수 a_i, b_i, c_i 의 값이 존재함을 보이자.

계수값의 존재성 판단

2차 다항식 $Q_i(t)$ 가

$$Q_i(t) = a_i t^2 + b_i t + c_i$$

일 때

$$Q_i^{(1)}(t) = 2a_i t + b_i$$

이다. 방정식 $Q_i(t_i) = f_i$ 을 만족하여야 하고

$$Q_i'(t_i) = z_i, \quad Q_i'(t_{i+1}) = z_{i+1}$$

로 설정하여 새로운 변수 z_i, z_{i+1} 을 도입(현재는 값을 모르지만 나중에 결정됨)하면

$$\begin{aligned} Q_i(t_i) &= a_i t_i^2 + b_i t_i + c_i = f_i \\ Q_i^{(1)}(t_i) &= 2a_i t_i + b_i = z_i \\ Q_i^{(1)}(t_{i+1}) &= 2a_i t_{i+1} + b_i = z_{i+1} \end{aligned} \tag{*}$$

와 같이 쓸 수 있다. 위의 세 방정식을 행렬방정식으로 표현하면

$$\begin{pmatrix} t_i^2 & t_i & 1 \\ 2t_i & 1 & 0 \\ 2t_{i+1} & 1 & 0 \end{pmatrix} \begin{pmatrix} a_i \\ b_i \\ c_i \end{pmatrix} = \begin{pmatrix} f_i \\ z_i \\ z_{i+1} \end{pmatrix}$$

이고 간략하게 표현하여 위의 방정식을

$$AX = Y$$

라고 표기하였을 때

$$\det(A) = \begin{vmatrix} 2t_i & 1 \\ 2t_{i+1} & 1 \end{vmatrix} = 2(t_i - t_{i+1}) \neq 0$$

이므로 $Q_i(t)$의 계수 a_i, b_i, c_i의 값은 항상 존재한다.

계수값 결정

앞의 식 (*)의 세 번째 식에서 두 번째 식을 빼면

$$2(t_{i+1} - t_i)a_i = z_{i+1} - z_i$$

이므로

$$a_i = \frac{z_{i+1} - z_i}{2(t_{i+1} - t_i)}$$

이다. 처음에 설정한 2차 다항식 $Q_i(t) = a_i t^2 + b_i t + c_i$ 형태 대신에

$$Q_i(t) = A_i(t - t_i)^2 + B_i(t - t_i) + C_i \tag{**}$$

로 변경하여 표현하면 여전히

$$A_i = a_i$$

이다. 또한 앞에서 제공된 두 개의 조건식 $Q_i'(t_i) = z_i$, $Q_i'(t_{i+1}) = z_{i+1}$을 식 (**)에 대입하여

$$f_i = Q_i(t_i) = C_i, \quad z_i = Q'_i(t_i) = B_i$$

의 결과를 얻고 정리하면 다음과 같은 형태가 된다. 각각의 $i = 0, 1, \ldots, n-1$에 대하여

$$Q_i(t) = \frac{z_{i+1} - z_i}{2(t_{i+1} - t_i)}(t - t_i)^2 + z_i(t - t_i) + f_i \tag{***}$$

이다. 위의 식은 각각의 부분구간 $[t_i, t_{i+1}]$에서 정의되는 Q_i를 2차식의 형태로 구현하였다. 그러나 **표 1**의 데이터만 가지고는 Q_i를 결정할 수 있는 형태가 아니다.

왜냐하면 각각의 서브구간 $[t_i, t_{i+1}]$에서 변수 z_i, z_{i+1}의 값을 현재까지는 모르기 때문이다. 변수 z_i, z_{i+1}의 값을 결정하기 위하여 다음 n 개의 방정식을 식 (***)에 적용하여 보자:

$$Q_i(t_{i+1}) = f_{i+1} \quad (i = 0, 1, \ldots, n-1)$$

위의 방정식을 식 (***)에서 제공한 2차 다항식 Q_i가 만족함으로서 2차 Spline 함수 Q가 정의역 전체구간에서 연속이 되고 주어진 표 1의 데이터를 지나게 된다. 따라서 식 (***)에서 얻은 $Q_i(x)$에 바로 위의 조건을 적용하면

$$\begin{aligned} f_{i+1} = Q_i(t_{i+1}) &= \frac{z_{i+1} - z_i}{2(t_{i+1} - t_i)}(t_{i+1} - t_i)^2 + z_i(t_{i+1} - t_i) + f_i \\ &= \frac{z_{i+1} - z_i}{2}(t_{i+1} - t_i) + z_i(t_{i+1} - t_i) + f_i \end{aligned}$$

이고 정리하여 다음을 얻는다:

$$f_{i+1} = \frac{z_{i+1} - z_i}{2}(t_{i+1} - t_i) + z_i(t_{i+1} - t_i) + f_i$$

위의 식에서 우변에 있는 f_i를 좌변으로 이동한 뒤 양변에 $2/(t_{i+1} - t_i)$를 곱하면

$$(f_{i+1} - f_i)\frac{2}{t_{i+1} - t_i} = z_{i+1} - z_i + 2z_i = z_{i+1} + z_i$$

이다. 그러므로 각각의 $i = 0, 1, \ldots, n-1$ 에 대하여

$$z_{i+1} = -z_i + \frac{2(f_{i+1} - f_i)}{(t_{i+1} - t_i)}$$

이다. 조건식의 하나였던 $Q^{(1)}(t_0) = 0$에 의하여 z_0의 값이 알려지면 위의 관계식에 의하여 반복적으로 모든 z_i $(i = 0, 1, \ldots, n)$의 값이 구해진다. 구해진 모든 z_i의 값을 식 (***)에 대입하여 각각의 Q_i를 2차 다항식의 형태로 구하고 각각의 부분구간 $[t_i, t_{i+1}]$에서 Q_i를 그리면 정의역 전체구간에서 최종적인 2차 스플라인 Q가 구해진다. 이와 같은 2차적 곡선 구현을 Matlab 명령어를 이용하여 결정하여 보자.

8.3 Matlab 프로그램

초기치 $z_0 = 1.0$을 가정하고 다음 [표 1]에 제공된 데이터에 대한 2차 Spline을 구하고 그래프로 나타내는 문제를 이번 절에서 생각하여 보자.

[표 1]

t	1	2	5	6	7
$f(t)$	3.0	3.7	3.9	4.2	5.7

주어진 [표 1]의 데이터를 지나는 2차 Spline을 plot.m을 이용하여 그래프로 나타내면 [그림 1]과 같다. 이 그림을 얻는 함수형 M-파일을 **Remark 1** 에서 설명하는 순서로 만들어보자.

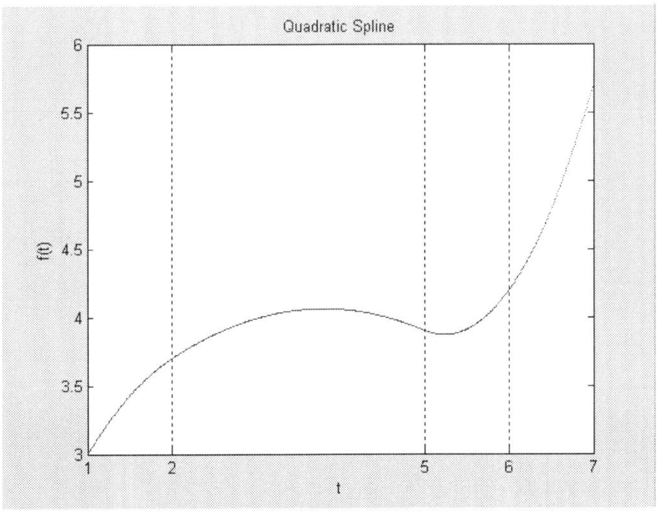

[그림 1]

Remark 1 **프로그램 개요**

1. [표 1]의 데이터를 가지는 행렬변수 t, y를 생성한다.
2. Command Window에서 생성된 t, y를 입력변수로 하는 함수형 M-파

일을 선언한다.

3. 2차 Spline을 구하는 함수형 M-파일이 실행되어 초기치 z_0의 값을 입력 받는다.
4. 각 매듭에서 다음 식을 이용하여 모든 z_i의 값을 구한다.

$$z_{i+1} = -z_i + \frac{2(f_{i+1} - f_i)}{(t_{i+1} - t_i)}$$

5. 구해진 z_i 값을 가지고 다음 식을 이용하여 2차 Spline Q_i을 구한다.

$$Q_i(t) = \frac{z_{i+1} - z_i}{2(t_{i+1} - t_i)}(t - t_i)^2 + z_i(t - t_i) + f_i$$

6. 그래프 명령어를 이용하여 정의역 전체에서 2차 Spline Q를 구한다.

또한 Symbolic 변수를 이용하여 작업창(Command Window)에서 다음과 같이 구간별 2차 다항식 Q_i의 결과를 직접 얻을 수 있다. 단, $Q_0(t) \equiv Q(0)$, $Q_1(t) \equiv Q(1)$, $Q_2(t) \equiv Q(2)$, $Q_3(t) \equiv Q(3)$이다.

```
Q(0) = -3/10*(t-1)^2 + t + 2
Q(1) = -1/9*(t-2)^2 + 2/5*t + 29/10
Q(2) = 17/30*(t-5)^2 - 4/15*t + 157/30        (*)
Q(3) = 19/30*(t-6)^2 + 13/15*t - 1
```

주어진 [그림 1]에서 보는 바와 같이 점과 점을 직선으로 연결하는 1차 Spline의 결과와는 다른 그래프를 보여준다. 일계 도함수까지 연속하게 얻은 곡선이므로 부분 구간 사이 매듭에서 곡선의 변화가 부드럽게 이어지는 것을 확인할 수 있다. 사실 구현된 곡선만을 가지고 보면 매듭이 어디인지 알아내기 어렵다. [그림 1]과 위의 결과를 구하기 위하여 다음과 같은 순서로 진행되는 프로그램을 작성하여 보자.

<Step 1> 작업창에서 변수 t와 y에

```
>> t = [ 1 2 5 6 7 ];
>> y = [ 3.0 3.7 3.9 4.2 5.7];
```

와 같이 입력한다.

<Step 2> 계속하여

```
>> quadspline(t,y)
```

을 실행시키면 작업창에 다음과 같은 요구사항이 나타나게 한다(1과 4는 입력한다):

```
Type the initial value of z_0  =   1
Type the number of the subintervals =    4
```

<Step 3> 위와 같이 입력 후 결과로 그림 1 과 2차 다항식 Q_i 에 대응하는 식 (*)을 얻게 한다.

위의 세 단계를 수행하는 프로그램을 각자 완성할 때 다음과 같이 제공된 프로그램 1 의 내용을 활용하도록 하자.

프로그램 1

```
for n=1:intervalnumber;
   z(n+1) = -z(n) + 2*( f(n+1)-f(n) )/( t(n+1)-t(n));
   for tv = t(n):0.01:t(n+1)
   myq = (z(n+1)-z(n))/(2*(t(n+1)-t(n)))*(tv-t(n))^2 + ...
         z(n)*(tv-t(n)) + f(n);
   plot(tv,myq);
   hold on
   end
end
```

다음은 [프로그램 1] 의 내용을 설명한다:

- Line 1: 반복문 for-end 문의 시작이다. 변수 intevalnumber는 정의역의 부분 (서브)구간 총 개수를 의미한다.
- Line 2: 8.2절에서 설명한 다음 식에 대응한다:

$$z_{i+1} = -z_i + \frac{2(f_{i+1} - f_i)}{(t_{i+1} - t_i)}$$

- Line 3: 하위 반복문 for-end 문의 시작이다. 각각의 부분구간과 관계한다.
- Line 4: 8.2절에서 설명한 식 (***)에 대응한다:

$$Q_i(t) = \frac{z_{i+1} - z_i}{2(t_{i+1} - t_i)}(t - t_i)^2 + z_i(t - t_i) + f_i$$

- Line 5: 명령어 plot.m을 이용하여 서브구간별로 그래프를 그린다.
- Line 6: 정의역 전 구간에서의 2차 Spline [그림 1] 이 얻어진다.
- Line 7: 하위 반복문 for-end 문의 종료이다.
- Line 8: 상위 반복문 for-end 문의 종료이다.

이번 절에서는 Matlab 명령어를 이용하여 2차 Spline 곡선을 구현하는 방법에 대하여 알아보았다.

제8장 연습문제

1. 정의역 $[-3,4]$ 에서 다음과 같이 정의된 함수 $S(t)$ 가 1차 Spline이 될 수 있는지 판단하고 모든 매듭을 구하시오:

$$S(t) = \begin{cases} 2t, & t \in [-3,1] \\ 3-t, & t \in [1,2] \\ \dfrac{1}{4}t + \dfrac{1}{2}, & t \in [2,4] \end{cases}$$

2. 주어진 함수 $Q(t)$ 가 2차 Spline의 성질을 만족하는지 판단하시오:

$$Q(t) = \begin{cases} 2t+3, & -3 \le t \le 1 \\ t^2+4, & 1 \le t \le 2 \\ 4t, & 2 \le t \le 4 \end{cases}$$

3. 정방행렬(Square Matrix) M에 관한 다음 세 가지 사실은 동치(Equivalent)임을 보이시오. 단, $M = (M_1, M_2, \ldots, M_n)$ 이고 각각의 $i = 1,2,\ldots n$ 대하여 M_i 는 행렬 M의 i 번째 열을 의미한다.

   (a) M은 역행렬 M^{-1}을 갖는다.

   (b) M의 열벡터 $M_1, M_2, \ldots, M_n$ 은 1차 독립이다.

   (c) $\det(M) \neq 0$

4. 8.3절 표 1 에 주어진 데이터를 작업창(Command Window)에서 변수 t와 f로 입력한 후(즉, t = [1 2 5 6 7], f = [3.0 3.7 3.9 4.2 5.7]) 하나의 함수형 M-파일 myq.m(t와 f가 입력변수)을 실행함으로써 8.3절 그림 1 과 식 (*)을 구하는 프로그램 myq.m을 작성하시오.

   (a) 명령어 subs.m을 사용하지 않고 프로그램 작성.

   (b) 명령어 subs.m을 사용하여 프로그램 작성.

5. 초기치 $z_0 = 2.0$을 가정한다. 주어진 다음 표에 제공된 데이터에 대한 2차 Spline을 수식으로 구하고 그 수식에 대한 그래프를 구하시오.

t	0	1	2	3	4
$f(t)$	2.3	3.3	1.9	4.2	3.7

6. 주어진 프로그램을 실행하면 데이터 입력과 함께 다음 메뉴 창이 보이면서 'Input is OK?'라는 질문을 한다. 메뉴 창에서 'N'를 한번 선택하고 데이터 입력과 함께 계속하여 'Y'를 두 번 선택한 후 프로그램이 완전히 종료되었을 때 counta와 countb의 값을 구하시오.

	knot 1	knot 2
t	1	2
$f(t)$	10	20

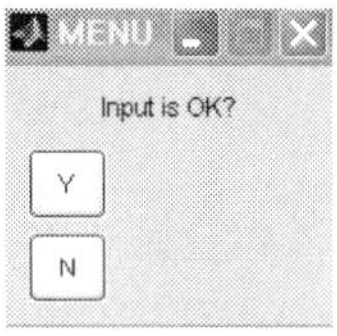

프로그램

```
num = 2;
counta = 1; countb = 1;
for ind = 1:num
 while 1
  fprintf('Write the information about the knot #%d, please. \n',ind);
  tv(ind) = input('Type the value of t  = ');
  f(ind) = input('Type the function value of f(t) =  ');
  cho = menu('Input is OK?','Y','N');
  counta = counta + 1;
  if cho == 1
       break
  else
       continue
  end
  countb = countb + 1;
 end
end
```

7. 명령어 cellplot.m을 이용하여 변수 A가 다음과 같이 분석되었다. 이와 같은 결과(>> `cellplot(A,'legend')` 실행시)가 나오도록 변수 A를 생성하시오. 아래 그림의 결과를 2×2 행렬로 간주할 때 첫 번째 행의 첫 번째 열에는 double 형의 두 개의 수 1과 2가 있고 두 번째 열에 있는 메세지는 'Aerospace'이고 두 번째 행은 차례로 'DinnerPizza', 2020이다.

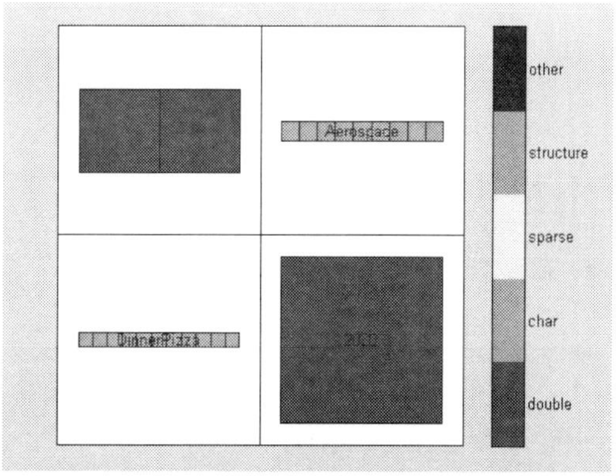

8. 다음에 주어진 학생 두 명에 대한 과목 점수를 이용하여 프로그램을 실행하였을 때의 결과를 쓰시오. 어떤 결과를 예측할 수 있는가? 세 과목 Math(수학), Eng(영어), Mus(음악)에 대한 점수 입력을 각자 자유롭게 입력하였을 경우에 이 프로그램의 결과를 설명하시오.

< 학생 1 >	< 학생 2 >
Math(수학) = 70	Math(수학) = 95
Eng(영어) = 80	Eng(영어) = 93
Mus(음악) = 90	Mus(음악) = 97

프로그램

```
K = cell(1,5);
K{1,1}='Math'
K{1,2}='Eng'
K{1,3}='Mus'
fprintf('\n Type the test scores of Math, English, Music in order!
\n');
for ind = 1:3
fprintf('\n Subject #%d ',ind);
K{1,4}(ind) = input(' Type the test score  =  ');
end
K{1,5} = sum(K{1,4})/length(K{1,4});
if K{1,5} >= 90.0
   movedata(K{:});
else
   [K{1,4:5}] = deal([90 90 90], 90.0);
   movedata(K{:})
end

%
% 함수형 M-file
%
function movedata(sub1,sub2,sub3,scoretest,mysum)
subt{1}=sub1; subt{2}=sub2; subt{3}=sub3;
fprintf('\n These are your test scores: \n');
for ind=1:length(scoretest)
  fprintf('\n  %s = %d ',subt{ind},scoretest(ind));
end
fprintf('\n\n Your average = %5.2f \n', mysum);
```

9. 작업창(Command Window)에서 다음과 같은 결과가 출력되도록 명령어를 이용하여 빈 네모 칸을 채우시오. 단, 변수 ComData에서 1행 1열의 데이터 변경은 없다.

```
>> Data = { [1 2 3], 'Summer' ; 'Hiking', 2100};
>> ComData = { Data, 'Hobby' ; 'Mind', 2:7}

ComData =

   {2x2 cell}    'Hobby'
   'Mind'        [1x6 double]



>> [                                              ]

ComData =

   {2x2 cell}    'Hobby'
   'Thanks'      [ 1000]
```

Chapter 09

3차적 곡선 구현

이번 장에서는 주어진 점을 지나고 구간별로 최대 3차 함수 형태를 가지는 곡선 구현에 대해서 분석한다. 전체적인 흐름은 8장의 내용을 따르나 2계 도함수 값을 고려하기 때문에 2차적 곡선 구현 내용과 비교 시 상대적으로 식이 복잡하다. 또한 8장과 9장에서 배우는 곡선 구현에 관한 내용 전개를 위하여 [ATK], [BUR], [CHA], [CHE], [HIL]을 참고하였고, 이 문헌을 통해 그 심화과정(Interpolation 포함)을 배울 수 있다.

9.1 3차 Spline 정의와 보기

3차적 곡선 구현 설명은 정의 1 에서 설명하는 3차 Spline 함수에서 시작한다.

정의 1

아래의 3가지 조건을 만족하는 함수 $C(t)$를 3차 Spline 이라 정의한다:

1. 함수 $C(t)$의 정의역은 $[a, b]$ 이다.
2. 함수 $C(t)$와 이 함수에 대한 일계, 이계 도함수 $C^{(1)}(t)$, $C^{(2)}(t)$ 가 정의역 $[a, b]$ 에서 연속이다.
3. 정의역 $[a, b]$ 의 부분구간 $[t_i, t_{i+1}]$ 에서 $C(t)$ 가 최대 3차 다항식으로 표현되고 구간 $[a, b]$ 를 분할(Partitioning)하는 매듭은 다음의 관계를 갖는다:

$$a = t_0 < t_1 < \ldots < t_n = b$$

주어진 정의역에서 $n+1$개의 매듭과 대응하는 함수값이 [표 1]과 같이 주어졌다고 가정하자.

[표 1]

t	t_0	t_1	$\cdots$	t_i	t_{i+1}	$\cdots$	t_n
f	f_0	f_1	$\cdots$	f_i	f_{i+1}	$\cdots$	f_n

각각의 부분구간 $[t_i, t_{i+1}]$에서 3차 다항식의 형태를

$$a_i t^3 + b_i t^2 + c_i t + d_i$$

로 표현하고 3차 Spline 함수 $C(t)$에 대한 서브 구간별 표기와 성분은 다음과 같다.

$$C(t) = \begin{cases} C_0(t), & t_0 \le t \le t_1 \\ C_1(t), & t_1 \le t \le t_2 \\ \vdots & \vdots \\ C_{n-1}(t), & t_{n-1} \le t \le t_n \end{cases}$$

각각의 $i = 0, 1, \ldots, n-1$에 대하여 $C_i(t)$는 최대 3차 다항식이다. 이 때, 정의역은 총 n 개의 부분(서브) 구간으로 구성되어 있고 각각의 부분 구간에서 4개의 미지수 $(a_i,\ b_i,\ c_i,\ d_i)$가 생성되므로 전체 정의역 구간에서 정의된 $C(t)$를 구하기 위해서는 $4n$개의 미지수를 결정하여야 한다. 미지수 $4n$개의 결정을 위하여 부과되는 조건은 다음과 같이 세 가지로 생각할 수 있다.

[조 건]

1. [표 1]에 주어진 데이터를 지나야 하므로 각각의 $i = 0, 1, \ldots, n$에 대해서

$$C(t_i) = f_i$$

이다.

2. 정의역상의 내부 매듭 $t_1, t_2, \ldots, t_{n-1}$ 에서 세 함수 C 와 C 의 일계, 이계 도함수 $C^{(1)}$, $C^{(2)}$ 가 정의역 $[a, b]$ 에서 연속이어야 한다. 따라서 각각의 내부 매듭 $t_1, t_2, \ldots, t_{n-1}$에서

$$\lim_{t \to t_i^-} C^{(k)}(t) = \lim_{t \to t_i^+} C^{(k)}(t) \qquad (k = 0, 1, 2)$$

의 방정식을 만족한다.

3. 위의 첫 번째, 두 번째 조건에 의하여 $4n-2$ 개의 조건 방정식이 만들어진다. 미지수의 총 개수 $4n$ 를 결정하기 위하여 2개의 조건이 더 필요하므로 다음에 제공된 식과 같이 두 개의 경계치 조건식이 추가된다 (Natural Cubic Spline).

$$C^{(2)}(t_0) = C^{(2)}(t_n) = 0$$

이번 장에서 언급하는 3차 Spline은 조건 방정식으로 바로 위의 식을 가지게 되고 특별히 Natural Cubic Spline 이라 부른다. 따라서 3차 Spline으로 명칭할 때 다른 종류의 3차 Spline을 언급하지 않으면, 이 책의 범위에서는 위의 조건 방정식을 만족하는 Natural Cubic Spline을 의미한다. 아래의 보기를 통하여 위의 3가지 조건을 실제적으로 적용하여 본다.

보기 1

함수 $C(t)$가 다음 **표 2**의 함수 관계를 만족하는 3차 Spline이 되도록 상수값 $a_1, a_2, a_3, a_4, b_1, b_2, b_3, b_4$ 를 구하시오:

$$C(t) = \begin{cases} a_1 t^3 + a_2 t^2 + a_3 t + a_4, & t \in [-1, 0] \\ b_1 t^3 + b_2 t^2 + b_3 t + b_4, & t \in [0, 2] \end{cases}$$

표 2

t	−1	0	2
$C(t)$	0	1	−1

풀이

표 2 에 주어진 함수관계를 만족하여야 하므로

<단계 1>

식 $C(0)=1$로부터

$$a_4 = C_0(0) = 1, \quad b_4 = C_1(0) = 1 \tag{i}$$

식 $C(-1)=0$로부터

$$0 = C(-1) = C_0(-1) = -a_1 + a_2 - a_3 + 1 \tag{ii}$$

식 $C(2)=-1$로부터

$$-1 = C(2) = C_1(2) = 8b_1 + 4b_2 + 2b_3 + 1 \tag{iii}$$

이다.

<단계 2>

내부 매듭점 $t=0$에서 $C^{(1)}(t)$ 이 연속하기 위하여

$$C_0^{(1)}(t) = 3a_1t^2 + 2a_2t + a_3,$$
$$C_1^{(1)}(t) = 3b_1t^2 + 2b_2t + b_3 \tag{i}$$

에 조건 $C_0^{(1)}(0) = C_1^{(1)}(0)$을 적용하면

$$a_3 = b_3 \tag{ii}$$

이다.

<단계 3>

마찬가지로 내부 매듭점 $t=0$에서 $C^{(2)}$ 이 연속하기 위하여

$$C_0^{(2)}(t) = 6a_1t + 2a_2,$$
$$C_1^{(2)}(t) = 6b_1t + 2b_2 \tag{i}$$

에 조건 $C_0^{(2)}(0)= C_1^{(2)}(0)$을 적용하면

$$a_2= b_2 \tag{ii}$$

이다.

<단계 4>

또한 경계치 조건식

$$0= C_0^{(2)}(-1)= -6a_1+ 2a_2,$$
$$0= C_1^{(2)}(2)= 12b_1+ 2b_2 \tag{i}$$

로부터 두 개의 방정식

$$a_2= 3a_1\text{와}\quad b_2= -6b_1 \tag{ii}$$

이 얻어진다.

<단계 5>

앞의 <단계 1>의 (iii) 식에 있는 방정식 $4b_1+2b_2+b_3= -1$에 세 개의 방정식(<단계 2>의 (ii)식, <단계 3>의 (ii)식, <단계 4>의 (ii)식)을 이용하여

$$-\frac{2}{3}a_2+ 2a_2+ a_3= -1 \tag{i}$$

를 얻는다. 정리한 후 <단계 4>의 (ii)식의 첫 번째 방정식을 이용하여

$$4a_1+ a_3= -1 \tag{ii}$$

을 얻는다. 한 편, <단계 1>의 방정식 (ii)와 <단계 4>의 식 (ii)의 첫 번째 방정식을 이용하면

$$2a_1- a_3= -1 \tag{iii}$$

이 된다. <단계 5>의 두 개의 방정식 (ii)과 (iii)을 연립하여 a_1, a_3의 값을 결정 후 나머지 변수 값을 구할 수 있다. 즉,

$$a_1 = -\frac{1}{3}\,,\ b_1 = \frac{1}{6}\,,\ a_2 = b_2 = -1\,,\ a_3 = b_3 = \frac{1}{3}\,.$$

위의 계수값을 가지는 함수 $C(t)$는 3차 Spline이 된다.

앞의 보기와 풀이과정을 통하여 3차 Spline의 가장 단순한 형태를 구하여 보았다. 이제, 3차 Spline으로 곡선 구현 시 2차 Spline의 경우와 비교할 때 차이점을 생각하여 보자. 2차, 3차 Spline의 정의를 살펴보면 곡선 구현이 각각의 부분구간에서 2차 다항식, 3차 다항식임을 알 수 있다. 또한 3차 Spline에서는 이계 도함수의 연속성까지 고려하고 있다. 이계 도함수가 연속하다는 것은 무엇을 의미할까? 2차 Spline은 일계 도함수의 연속성을 요구하며 일계 도함수는 접선의 기울기를 알려주기 때문에 일계 도함수 값의 변화에 따른 2차 Spline의 기하학적 그림을 예상할 수 있다. 3차 Spline에서는 일계 도함수 뿐만 아니라 이계 도함수까지 연속하게 함으로써 곡률(Curvature) 함수를 연속하게 만든다([STR]). 즉, 3차 Spline은 곡률함수 연속성까지도 요구한다. 참고로, 곡선 $y=f(t)$에 대한 곡률함수(Curvature) $\kappa(t)$는 다음과 같다:

$$\kappa(t) = \frac{|f''(t)|}{[1+(f'(t))^2]^{3/2}} \qquad (*)$$

분수의 형태로 표현된 곡률함수가 어렵게 보여질 수 있으나, 간단히 이야기하면 곡선의 곡률은 곡선의 굽어진 정도를 알려준다. 위의 식 (*)에 제공된 곡률의 정확한 의미를 자세히 알아보자. 벡터함수 $r(t)$에 의하여 정의된 매끈한 곡선(Smooth Curve) C를 가정한다. 이 곡선의 단위 접선(Unit Tangent) 벡터 $T(t)$는 다음과 같다:

$$T(t) = \frac{r'(t)}{|r'(t)|} \qquad (\,r'(t) \neq 0\,)$$

곡선의 호의 길이 s에 관하여 단위 접선 벡터의 변화율의 크기(Magnitude)를 곡률(=κ)이라 하고 수식으로 쓰면

$$\kappa = \left|\frac{dT}{ds}\right|$$

이다. 단위접선 벡터 T가 호의 길이 s로 표현되지 않고 임의의 변수 t에 의해서 표현되어 있을 때에는 연쇄율(Chain Rule)을 적용하여 구할 수 있다. 즉,

$$\frac{dT}{dt} = \frac{dT}{ds}\frac{ds}{dt}$$

이므로

$$\kappa = \left|\frac{dT}{ds}\right| = \left|\frac{\frac{dT}{dt}}{\frac{ds}{dt}}\right| \tag{**}$$

이다. 한편, 정의역 $a \le t \le b$에 대해서 3차원 공간속의 곡선 C: $r(t) = (r_1(t), r_2(t), r_3(t))$의 호의 길이(Arc Length) 함수 s는

$$s(t) = \int_a^t |r'(w)|dw = \int_a^t \sqrt{\left(\frac{dx}{dw}\right)^2 + \left(\frac{dy}{dw}\right)^2 + \left(\frac{dz}{dw}\right)^2}\, dw$$

이므로 관계식

$$\frac{ds}{dt} = |r'(t)|$$

을 얻는다. 위의 식을 (**)에 대입하면

$$\kappa = \frac{|T'(t)|}{|r'(t)|}$$

이다. 또한 곡률을 외적(Cross Product)을 이용하여 표현하면

$$\kappa(t) = \frac{|r'(t) \times r''(t)|}{|r'(t)|^3} \tag{***}$$

이다(연습문제 5번). 위의 식으로 부터 식 (*)의 결과를 유도하여 보자. 즉, 곡선 $y = f(t)$를

$$r(t) = (t, f(t))$$

로 표기하면 식 (***)은 외적의 성질($i \times j = k,\ j \times j = O$)을 이용하여

$$\kappa(t) = \frac{|(1, f'(t)) \times (0, f''(t))|}{(1+(f'(t))^2)^{3/2}} = \frac{|f''(t)|}{(1+(f'(t))^2)^{3/2}}$$

가 된다. 참고로 반지름이 R인 원의 곡률은 $1/R$이다. 즉, 반지름 R이 커지면 곡률은 작아지고 반지름 R이 작아지면 반대로 곡률은 커진다. 기하학적 모양을 생각하면 κ를 왜 곡률로 정의를 했는지 이해가 될 수 있는 결과이다. 또한 포물선 $f(t)=t^2$에서 점 $(0,0), (\sqrt{2},2)$에서 곡률은 각각 $\kappa(0)=2$, $\kappa(\sqrt{2})=\frac{2}{27}$이다. 이 같은 결과들을 각자 계산하여 보자. 다음 절에서는 정의역을 n개의 부분구간으로 나누어 3차 Spline을 구하는 방법을 설명한다.

9.2 3차 Spline 수식

앞 절에서 제공된 표 1의 데이터를 가지고 3차 Spline의 일반적 형태를 유도하여 본다. 전체의 과정을 아래와 같이 세 단계로 나눈다.

- **1단계: $C_i(t)$의 형태 결정**

각각의 부분구간에 대응하는 다항식의 차수가 3차이므로 3차 Spline 성분 $C_i(t)$의 2계 도함수 $C_i^{(2)}(t)$는 1차 다항식(직선)이다. 직선의 단순형태는 $at+b$ (a, b는 상수)의 꼴로 표현할 수 있으나 과정 전개의 편리를 위하여 부분구간 $[t_i, t_{i+1}]$에서

$$C_i^{(2)}(t) = a(t-t_i) + b(t-t_{i+1}) \tag{1}$$

의 형태로 1차 다항식을 구한다. 또한 매듭점에서 2계 도함수 $C^{(2)}(t)$의 연속성을 의미하는 방정식

$$\begin{cases} C_i^{(2)}(t_i) &= z_i \\ C_i^{(2)}(t_{i+1}) &= z_{i+1} \end{cases} \tag{2}$$

를 가정한다(변수 z_i의 값은 나중에 결정된다). 조건 방정식 (2)를 방정식 (1)에 대입하여 풀면

$$C_i^{(2)}(t) = \frac{z_{i+1}}{h_i}(t-t_i) - \frac{z_i}{h_i}(t-t_{i+1}), \quad (h_i = t_{i+1} - t_i) \tag{3}$$

이 된다. 위의 방정식 (3)을 변수 t에 관하여 적분하면

$$C_i^{(1)}(t) = \frac{z_{i+1}}{2h_i}(t-t_i)^2 - \frac{z_i}{2h_i}(t-t_{i+1})^2 + \widetilde{K_i} \tag{4}$$

이고 방정식 (4)를 한번 더 변수 t에 관하여 적분하면

$$C_i(t) = \frac{z_{i+1}}{6h_i}(t-t_i)^3 - \frac{z_i}{6h_i}(t-t_{i+1})^3 + \widetilde{K_i}t + \widetilde{D_i}, \text{ (} \widetilde{K_i}, \widetilde{D_i} \text{ 는 상수)} \tag{5}$$

가 된다. 위의 식의 형태를 약간 변경하면 $C_i(t)$의 최종적 형태는

$$C_i(t) = \frac{z_{i+1}}{6h_i}(t-t_i)^3 + \frac{z_i}{6h_i}(t_{i+1}-t)^3 + K_i(t-t_i) + D_i(t_{i+1}-t)$$
$$\text{(} K_i, D_i \text{ 는 상수)} \tag{6}$$

로서 결정된다. 즉, 각각의 부분구간 $[t_i, t_{i+1}]$에서 3차 Spline 성분 $C_i(t)$는 (6)의 형태를 가지게 된다. 이것에 대한 정확한 수식을 얻기 위해서는 상수 K_i, D_i와 z_i, z_{i+1}의 값을 구해야 한다. 먼저 상수 K_i, D_i의 값을 구하여 보자.

- **2단계: 상수 K_i와 D_i의 값 결정**

상수 K_i, D_i의 값을 구하기 위하여 다음의 조건을 이용한다. 두 가지 조건

$$C_i(t_i) = f_i, \quad C_i(t_{i+1}) = f_{i+1} \tag{7}$$

로부터

$$K_i = \left(\frac{f_{i+1}}{h_i} - \frac{h_i}{6}z_{i+1}\right), \quad D_i = \left(\frac{f_i}{h_i} - \frac{h_i}{6}z_i\right) \tag{8}$$

와 같이 상수 K_i, D_i를 결정할 수 있다. 다음으로 z_i의 값을 구하여 보자.

- **3단계: 변수 z_i의 값 결정**

각각의 $i = 1,2,...,n-1$에 대하여 내부 매듭점 t_i에서 $C_i^{(1)}(t)$의 연속에 대한 조건식

$$C_{i-1}^{(1)}(t_i) = C_i^{(1)}(t_i) \tag{9}$$

을 이용하여 변수 z_i에 대한 관계식을 구하여 보자. 먼저 2단계에서 얻은 상수 K_i, D_i를 방정식 (6)에 대입하고 변수 t에 관하여 미분하면

$$\begin{aligned} C_i^{(1)}(t) = & \frac{z_{i+1}}{2h_i}(t-t_i)^2 - \frac{z_i}{2h_i}(t_{i+1}-t)^2 \\ & + \left(\frac{f_{i+1}}{h_i} - \frac{h_i}{6}z_{i+1}\right) - \left(\frac{f_i}{h_i} - \frac{h_i}{6}z_i\right) \end{aligned} \tag{10}$$

이 된다. 위의 식에서 변수 t에 t_i를 대입하고 정리하면

$$C_i^{(1)}(t_i) = -\frac{h_i}{6}z_{i+1} - \frac{h_i}{3}z_i + b_i \qquad \left(b_i = \frac{f_{i+1}-f_i}{h_i} \right) \tag{11}$$

이다. 방정식 (10)에서 i를 $i-1$로 치환하면

$$\begin{aligned} C_{i-1}^{(1)}(t) = & \frac{z_i}{2h_{i-1}}(t-t_{i-1})^2 - \frac{z_{i-1}}{2h_{i-1}}(t_i-t)^2 \\ & + \left(\frac{f_i}{h_{i-1}} - \frac{h_{i-1}}{6}z_i\right) - \left(\frac{f_{i-1}}{h_{i-1}} - \frac{h_{i-1}}{6}z_{i-1}\right) \end{aligned} \tag{12}$$

이므로 변수 t에 t_{i-1}를 대입하고 정리하면

$$C_{i-1}^{(1)}(t_i) = \frac{h_{i-1}}{6}z_{i-1} + \frac{h_{i-1}}{3}z_i + b_{i-1} \qquad \left(b_{i-1} = \frac{f_i - f_{i-1}}{h_{i-1}} \right) \tag{13}$$

이다. 따라서 조건식 (9) 로부터 세 변수 z_{i-1}, z_i, z_{i+1} 사이의 관계식을 다음과 같이 얻는다. 즉, 각각의 $i = 1,2,\ldots,n-1$에 대하여

$$h_{i-1}z_{i-1} + 2(h_{i-1}+h_i)z_i + h_i z_{i+1} = 6(b_i - b_{i-1}) \tag{14}$$

이다. 또한 앞 절(9.1절)에서 설명한 경계치 조건

$$C^{(2)}(t_0)= C^{(2)}(t_n)= 0$$

으로부터

$$z_0= C_0^{(2)}(t_0)= C^{(2)}(t_0)= 0,$$
$$z_n= C_{n-1}^{(2)}(t_n)= C^{(2)}(t_n)= 0 \tag{15}$$

과 새로운 기호 정의

$$\begin{aligned} \alpha_i &= 2(h_{i-1}+h_i) \\ \beta_i &= 6(b_i- b_{i-1}) \end{aligned} \tag{16}$$

를 이용하여 세 변수 z_{i-1}, z_i, z_{i+1}에 관한 삼중대각(Tridiagonal) 시스템

$$\begin{aligned} & z_0 = 0 \\ & h_{i-1}z_{i-1}+ \alpha_i z_i+ h_i z_{i+1} = \beta_i \quad (1 \le i \le n-1) \\ & z_n = 0 \end{aligned} \tag{17}$$

을 얻는다. 총 $n+1$ 개의 방정식 (17)을 행렬방정식으로 표현하면

$$\begin{pmatrix} 1 & 0 & & & & \\ h_0 & \alpha_1 & h_1 & & & \\ & h_1 & \alpha_2 & h_2 & & \\ & & \ddots & \ddots & \ddots & \\ & & & h_{n-2} & \alpha_{n-1} & h_{n-1} \\ & & & & 0 & 1 \end{pmatrix} \begin{pmatrix} z_0 \\ z_1 \\ z_2 \\ \vdots \\ z_{n-1} \\ z_n \end{pmatrix} = \begin{pmatrix} 0 \\ \beta_1 \\ \beta_2 \\ \vdots \\ \beta_{n-1} \\ 0 \end{pmatrix} \tag{18}$$

이다. 위의 행렬방정식을 간단히

$$AZ= B \tag{19}$$

라고 가정하자. 즉, 다음과 같이 대응된다:

$$A=\begin{pmatrix} 1 & 0 & & & & \\ h_0 & \alpha_1 & h_1 & & & \\ & h_1 & \alpha_2 & h_2 & & \\ & & \ddots & \ddots & \ddots & \\ & & & h_{n-2} & \alpha_{n-1} & h_{n-1} \\ & & & & 0 & 1 \end{pmatrix},\quad Z=\begin{pmatrix} z_0 \\ z_1 \\ z_2 \\ \vdots \\ z_{n-1} \\ z_n \end{pmatrix},\quad B=\begin{pmatrix} 0 \\ \beta_1 \\ \beta_2 \\ \vdots \\ \beta_{n-1} \\ 0 \end{pmatrix} \tag{20}$$

위의 $(n+1)\times(n+1)$ 크기의 행렬 A에서 빈 공란으로 남겨진 성분 원소들은 모두 0이다. 행렬 방정식 (19)를 풀면 마지막 3단계의 결과로서 모든 z_i의 값이 결정된다. 따라서 식 (8)에서 제공된 상수 K_i, D_i의 값이 얻어진다. 결과적으로 방정식 (6)에 주어진 임의의 구간 $[t_i, t_{i+1}]$에서의 3차 Spline 성분 $C_i(t)$가 결정되고 각각의 $i=0,1,\dots,n-1$에 대하여 이러한 과정을 반복함으로써 3차 Spline이 정의역 전체 구간에 대해서 완성된다.

9.3 행렬방정식 해의 존재성

이번 절에서는 앞 절(9.2절) 식 (19)에 제공된 행렬방정식 $AZ=B$의 해가 항상 존재함을 알아본다. 이러한 사실을 보이기 위해 필요한 용어와 정의를 살펴보자.

정의 1

크기가 $n\times n$ 인 행렬 A의 역행렬이 존재하면 행렬 A를 **가역행렬**(Invertible 또는 Nonsingular)이라고 부른다.

정의 2

크기가 $n\times n$ 인 행렬 A의 행렬식은 $|A|$ 또는 $\det(A)$로 표기한다.

아래 정리에서는 가역행렬과 그 행렬의 행렬식과의 관계를 알려준다. 이 정리의 내용은 두 개의 행렬 곱의 행렬식은 각각의 행렬식의 곱([LAN], [MAC])이라는 사실을 이용하여 증명할 수 있다.

정리 1

크기가 $n \times n$ 인 행렬 A가 가역행렬(Invertible)이면 $\det(A) \neq 0$이다.

증명 연습문제 7번 참조.

위 정리의 역이 성립함을 보이기 위하여 필요한 용어(소행렬, 여인수, 수반행렬)를 소개한다.

정의 3

크기가 $n \times n$ 인 행렬 A에서 제 i 행과 제 j 열을 삭제하여 얻은 $(n-1) \times (n-1)$ 크기의 행렬 M_{ij}를 행렬 A의 $ij-$ 소행렬(Minor)이라 하고 다음과 같다:

$$A = \begin{pmatrix} a_{11} & a_{12} & \dots & a_{1j} & \dots & a_{1n} \\ a_{21} & a_{22} & \dots & a_{2j} & \dots & a_{2n} \\ \vdots & \vdots & & \vdots & & \vdots \\ a_{i1} & a_{i2} & \dots & a_{ij} & \dots & a_{in} \\ \vdots & \vdots & & \vdots & & \vdots \\ a_{n1} & a_{n2} & \dots & a_{nj} & \dots & a_{nn} \end{pmatrix}$$

$$M_{ij} = \begin{pmatrix} a_{11} & a_{12} & \dots & a_{1,j-1} & a_{1,j+1} & \dots & a_{1n} \\ a_{21} & a_{22} & \dots & a_{2,j-1} & a_{2,j+1} & \dots & a_{2n} \\ \vdots & \vdots & & \vdots & & & \vdots \\ a_{i-1,1} & a_{i-1,2} & \dots & a_{i-1,j-1} & a_{i-1,j+1} & \dots & a_{i-1,n} \\ a_{i+1,1} & a_{i+1,2} & \dots & a_{i+1,j-1} & a_{i+1,j+1} & \dots & a_{i+1,n} \\ \vdots & \vdots & & \vdots & & & \vdots \\ a_{n1} & a_{n2} & \dots & a_{n,j-1} & a_{n,j+1} & \dots & a_{nn} \end{pmatrix}$$

정의 4

크기가 $n \times n$ 인 행렬 A가 주워졌을 때 A_{ij}는 A의 $ij-$여인수 (Cofactor)라고 부르며 그 값은 다음과 같이 $ij-$ 소행렬의 행렬식에 의하여 정의된다:

$$A_{ij} = (-1)^{i+j} \det(M_{ij})$$

정의 5

크기가 $n \times n$ 인 행렬 A에서 $adj(A)$를 A의 수반행렬(Adjoint)라고 하며 다음과 같이 A의 여인수를 성분으로 하는 행렬의 전치행렬(Transpose)로 정의 된다:

$$adj(A) = \begin{pmatrix} A_{11} & A_{12} & \dots & A_{1j} & \dots & A_{1n} \\ A_{21} & A_{22} & \dots & A_{2j} & \dots & A_{2n} \\ \vdots & \vdots & & \vdots & & \vdots \\ A_{i1} & A_{i2} & \dots & A_{ij} & \dots & A_{in} \\ \vdots & \vdots & & \vdots & & \vdots \\ A_{n1} & A_{n2} & \dots & A_{nj} & \dots & A_{nn} \end{pmatrix}^T$$

아래 정리의 결과를 이용하여 정리 1 의 역이 성립함을 증명할 수 있다.

정리 2

크기가 $n \times n$ 인 행렬 A와 A의 수반행렬과의 관계는 다음과 같다.

$$A \cdot adj(A) = \begin{pmatrix} \det(A) & 0 & 0 & \dots & 0 \\ 0 & \det(A) & 0 & \dots & 0 \\ 0 & 0 & \det(A) & \dots & 0 \\ \vdots & \vdots & \vdots & \ddots & \vdots \\ 0 & 0 & 0 & \dots & \det(A) \end{pmatrix} = \det(A) I \qquad (*)$$

증명

행렬 $K = (k_{ij})$를 행렬 A와 A의 수반행렬 $adj(A)$의 곱이라 하면

$$K = A \cdot adj(A) = \begin{pmatrix} a_{11} & a_{12} & \dots & a_{1j} & \dots & a_{1n} \\ a_{21} & a_{22} & \dots & a_{2j} & \dots & a_{2n} \\ \vdots & \vdots & & \vdots & & \vdots \\ a_{i1} & a_{i2} & \dots & a_{ij} & \dots & a_{in} \\ \vdots & \vdots & & \vdots & & \vdots \\ a_{n1} & a_{n2} & \dots & a_{nj} & \dots & a_{nn} \end{pmatrix} \begin{pmatrix} A_{11} & A_{21} & \dots & A_{j1} & \dots & A_{n1} \\ A_{12} & A_{22} & \dots & A_{j2} & \dots & A_{n2} \\ \vdots & \vdots & & \vdots & & \vdots \\ A_{1i} & A_{2i} & \dots & A_{ji} & \dots & A_{ni} \\ \vdots & \vdots & & \vdots & & \vdots \\ A_{1n} & A_{2n} & \dots & A_{jn} & \dots & A_{nn} \end{pmatrix} \qquad (**)$$

이 된다. 이 때 K의 i-행, j-열 위치의 성분 k_{ij}은 다음과 같다:

$$\begin{aligned} k_{ij} &= (a_{i1}\, a_{i2}\, \dots\, a_{in}) \cdot \begin{pmatrix} A_{j1} \\ A_{j2} \\ \vdots \\ A_{jn} \end{pmatrix} \\ &= a_{i1}A_{j1} + a_{i2}A_{j2} + \dots + a_{in}A_{jn} \\ &= \begin{cases} \det(A) & \text{if } i = j \\ 0 & \text{if } i \neq j \end{cases} \end{aligned}$$

바로 위의 식의 결과를 식 (**)에 대입하면

$$A \cdot adj(A) = \det(A) I \qquad (\ I\text{는 항등행렬}\ )$$

이다.

Remark 1

1. 이미 설명한 **정리 2** 의 증명 과정과 비슷하게 관계식

$$adj(A) \cdot A = \det(A) I$$

을 구할 수 있다(연습문제 8번). 식 (*)의 결과와 함께 표현하면

$$A \cdot adj(A) = adj(A) \cdot A = \det(A) I$$

이다. 이러한 관계식은 다음 내용을 얻게 하여 준다.

2. 크기가 $n \times n$ 인 행렬 A가 $\det(A) \neq 0$ 이면 A의 역행렬이 존재하고 관계식은 다음과 같다.

$$A^{-1} = \frac{1}{\det(A)} adj(A)$$

지금까지 $n \times n$ 행렬 A의 역행렬이 존재하기 위한 필요충분조건은 $\det(A) \neq 0$ 이라는 것을 알아보았다. 이 사실을 이용하여 다음 정리가 증명된다.

정리 3

크기가 $n \times n$ 인 행렬 A와 $n \times 1$ 행렬 Y에 대해서 행렬 방정식 $AX = Y$ 의 해가 유일하게 존재(Uniqueness)하면 행렬 A는 역행렬을 갖는다.

증명

행렬 방정식 $AX = Y$ 에 가우스 소거법을 적용하여 A의 상삼각 행렬(Upper Triangular Matrix) $\widehat{A}$ 을 구한다. 이 때 $\widehat{A}$ 의 모든 대각 원소는 0이 아니다. 만약에 대각원소 중에 0가 있다면 행렬 방정식 $AX = Y$ 의 해는 무한개 존재하게 된다. 이는 해가 유일하다는 조건(Uniquesss)에 위배된다. 따라서, $\widehat{A}$ 의 모든 대각 원소는 0이 아니므로

$$\det(\widehat{A}) \neq 0$$

이다. 또한 적당한 상수 $\alpha(\neq 0)$에 대해서

$$\det(A) = \alpha \det(\widehat{A})$$

의 관계식이 존재하므로 $\det(A) \neq 0$ 이다. 따라서 **Remark 1** 의 두 번째 내용에 의하여 A의 역행렬이 존재한다.

◙

선형 방정식을 행렬 방정식으로 쓰고 행렬 방정식을 사다리꼴 형태(Echelon Form)로 변형하는 과정을 가우스 소거법(Gaussian Elimination)이라 부른다. 사다리꼴 형태로 변형될 때 행하는 기본연산들은 선형 방정식에서 다음과 같은 세 가지 작용을 한다:

- 임의의 두 개의 방정식을 교환한다.
- 0이 아닌 수로 임의의 방정식의 양변에 곱한다.
- 0이 아닌 수로 어떤 방정식의 양변에 곱한 뒤 결과로 얻어진 그 방정식을 다른 방정식에 더한다.

예상할 수 있듯이 위의 세 가지 연산에 의하여 방정식의 해는 변하지 않는다. 참고로 사다리꼴 형태의 행렬은 다음과 같은 성질은 가지고 있다:

- 행의 모든 성분이 0 인 경우 그런 행은 행렬 하위 부분에 존재한다.
- 0 이외의 성분이 존재하는 행에서 맨 앞에서 존재하는 0 이외의 성분 값이 1이다. 이 때 존재하는 1을 리딩(Leading)이라고 부른다.
- 0 이외의 성분이 존재하는 연속하는 두 행이 있을 때 위에 있는 행의 리딩 1은 아래 행에 있는 리딩 1보다 왼쪽에 위치한다.

Remark 2

1. 위의 정리 3 의 역은 성립한다. 그러므로 $n\times n$ 행렬 A에 대해서 행렬 방정식 $AX=Y$ 의 해가 유일하게 존재하기 위한 필요충분조건은 행렬 A 의 역행렬의 존재성이다.
2. 현재까지의 내용을 종합하면 다음 네 개의 명제는 동치이다. 첫 번째 명제와 세 번째 명제가 서로 필요충분조건임을 증명하는 과정을 이미 설명하였고 이 과정에서 세 번째 명제 대신에 네 번째 명제를 이용할 수 있다.

    - $n\times n$ 행렬 A가 가역행렬이다.
    - $\det(A)\neq 0$
    - $n\times n$ 행렬 A와 $n\times 1$ 행렬 Y에 대해서 행렬 방정식 $AX=Y$의 해가 유일하게 존재한다.
    - $n\times n$ 행렬 A에 대해서 행렬 방정식 $AX=O$은 유일해 $X=O$를 갖는다.

앞 절(9.2절) 식 (18)에 대응하는 행렬 방정식 $AZ=B$ 에서 유일해가 항상 존재한다는 결론을 얻기 위한 마지막 단계로 순대각지배 행렬의 정의를 소개한다.

(정의 6)

크기가 $n \times n$ 인 행렬 $A=(a_{ij})$가 각각의 $i=1,2,\ldots,n$ 에 대해서

$$|a_{ii}| > \sum_{\substack{j=1 \\ j \neq i}}^{n} |a_{ij}|$$

이면 순대각지배(Strictly Diagonally Dominant) 행렬이라 부른다.

이와 같이 정의된 순대각지배 행렬은 역행렬을 가지는 강력한 성질이 있으며 그 증명과정은 다음 정리에서 설명한다:

(정리 4)

크기가 $n \times n$ 인 순대각지배(Strictly Diagonally Dominant) 행렬 A는 역행렬을 갖는다.

(증명)

아래와 같이 네 개의 단계로 나누어 증명하여 본다(연습문제 10번).

- **단계 1**: 정리의 명제를 "대우"를 이용하여 증명한다.
- **단계 2**: 위의 **Remark 2** 의 2에서 네 번째 동치 명제를 이용한다.
- **단계 3**: 다음 기호를 도입한다:

$$0 < |\widetilde{x}_m| = \max_{1 \le j \le n} |\widetilde{x}_j| \quad \left(A\widetilde{X} = O,\ \widetilde{X} = (\widetilde{x}_j) \right)$$

- **단계 4**: 행렬 A가 순대각지배(Strictly Diagonally Dominant) 행렬 정의에 모순됨을 유도한다.

◻

앞 절(9.2절) 식 (18)에 대응하는 행렬 방정식 $AZ=B$ 에서 행렬 A가 순대각지배(Strictly Diagonally Dominant) 행렬이므로 위의 정리 결과에 의하여 유일해가 항

상 존재한다. 이번 절의 내용을 통하여 3차 Spline을 항상 구현할 수 있음을 알아보았다. 다음 절에서는 3차 Spline 곡선을 실제적으로 구현하여 보자.

9.4 곡선 예제

강아지를 좋아하는 선호라는 학생이 카메라를 이용하여 사진을 찍은 뒤에 투명한 비닐을 사진위에 두고 강아지의 머리, 등, 꼬리로 이어지는 강아지 등의 윤곽선을 손으로 [그림 1]과 같이 그렸다. 이와 같은 곡선을 일계, 이계 도함수가 연속이 되는 3차 Spline을 이용하여 구현하여 보자. 이 곡선을 구현하기 위하여 곡선위의 점 30개를 선택하였고 각각의 점의 좌표 $(t, f(t))$가 [표 1], [표 2], [표 3]에 주어졌다.

[표 1]

순서	1	2	3	4	5	6	7	8	9	10	11
t	0	4	6	8.9	10	11	13.5	15	17	19	22
f	37	37.7	38	38.3	38.8	41	44	44.2	44.25	43.85	43

[표 2]

순서	12	13	14	15	16	17	18	19	20	21	22
t	23.5	24.7	25.4	26	28	31	33	38	43	51	57
f	42.2	41.5	41.1	40.6	32	26.4	25.2	24.2	24	25	26.5

[표 3]

순서	23	24	25	26	27	28	29	30
t	62	70	73.5	76	77.5	78	79	82
f	26.2	23.2	21	17.55	12	7	2.2	0

그림 1

세 개의 표에서 제공된 점을 (t, f)-좌표계에 표시하면 그림 2와 같다. 보는 바와 같이 곡선의 변화가 많은 곳에서는 선택된 점이 많고 변화가 적은 곳에서는 상대적으로 선택된 점이 적다.

다음 절에서는 그림 2에서 표시된 30개의 점을 지나는 3차 Spline을 구하여 본다.

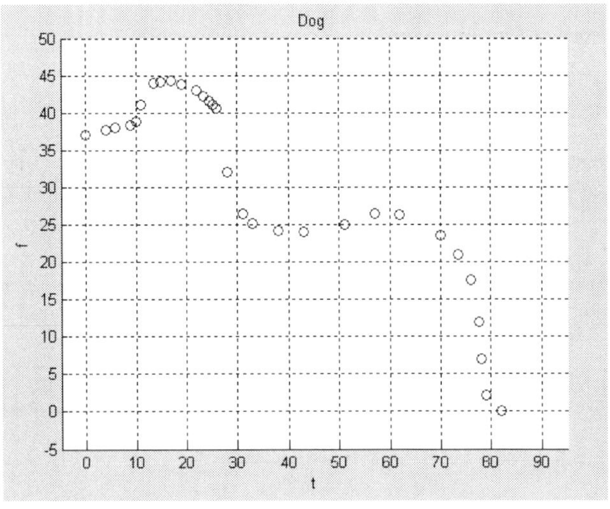

그림 2

9.5 Matlab 프로그램

앞 절(9.4절) 세 개의 표에서 제공된 30개의 점을 지나는 3차 Spline을 구하는 프로그램에 대한 개요는 다음과 같다.

절 차

- **Step 1:** 표 1 부터 표 3 에 있는 점의 좌표를 새롭게 생성된 두 변수에 입력한다.
- **Step 2:** 각각의 부분(서브) 구간에서 대응되는 분할간격 h_i 와 9.2절 식 (11)에서 제공된 b_i 의 값을 생성한다:

$$b_i = \frac{f_{i+1} - f_i}{h_i}, \quad h_i = t_{i+1} - t_i$$

- **Step 3:** 9.2절 식 (16)에서 정의한 α_i, β_i 의 값을 생성한다:

$$\begin{aligned} \alpha_i &= 2(h_{i-1} + h_i) \\ \beta_i &= 6(b_i - b_{i-1}) \end{aligned}$$

- **Step 4:** 9.2절 식 (19)에서 설명한 행렬 방정식 $AZ = B$ 에서 행렬 A 와 B 를 생성한다:

$$A = \begin{pmatrix} 1 & 0 & & & & \\ h_0 & \alpha_1 & h_1 & & & \\ & h_1 & \alpha_2 & h_2 & & \\ & & \ddots & \ddots & \ddots & \\ & & & h_{n-2} & \alpha_{n-1} & h_{n-1} \\ & & & & 0 & 1 \end{pmatrix}, \quad B = \begin{pmatrix} 0 \\ \beta_1 \\ \beta_2 \\ \vdots \\ \beta_{n-1} \\ 0 \end{pmatrix}$$

- **Step 5:** 행렬방정식 $AZ = B$ 을 풀어 변수 $Z = (z_i)$의 값을 구한다.
- **Step 6:** 9.2절 식 (8)에서 정의한 상수 K_i, D_i 의 값을 생성한다:

$$K_i = \left(\frac{f_{i+1}}{h_i} - \frac{h_i}{6} z_{i+1}\right), \quad D_i = \left(\frac{f_i}{h_i} - \frac{h_i}{6} z_i\right)$$

- **Step 7:** 각각의 부분구간에서 9.2절 식 (6)에서 설명한 $C_i(t)$ 를 생성하고 반복문

을 통하여 전체 정의역에서 3차 Spline을 완성한다.

$$C_i(t) = \frac{z_{i+1}}{6h_i}(t-t_i)^3 + \frac{z_i}{6h_i}(t_{i+1}-t)^3 + K_i(t-t_i) + D_i(t_{i+1}-t)$$

- **Step 8:** 완성된 3차 Spline을 그래프로 나타낸다.

앞에서 설명한 8가지 Step을 Matlab 명령어로 해석하여 실행하면 앞 절(9.4절) 그림 2 에 있는 점을 지나는 3차 Spline 곡선은 다음 그림 1 과 같이 나타난다.

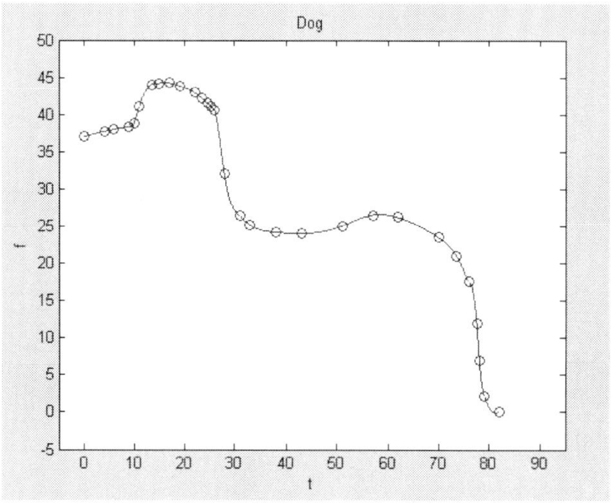

그림 1

제9장 연습문제

1. 매끈한(Smooth) 곡선 $C: r(t)=(x(t), y(t), z(t))$ 상의 두 점 $r(t_0)$와 $r(t_0+\triangle t)$ 사이에 곡선의 호가 있다. 이 때, $\triangle t \to 0$ 이면 $r(t_0)=(x(t_0), y(t_0), z(t_0))$와 $r(t_0+\triangle t)=(x(t_0+\triangle t), y(t_0+\triangle t), z(t_0+\triangle t))$ 사이의 현의 길이 $\triangle L$과 호의 길이 $\triangle s$의 길이의 비는 1이 된다. 수식으로 표현하면

$$\lim_{\triangle t \to 0} \frac{\triangle s}{\triangle L} = 1$$

이다. 위의 식을 이용하여

$$\frac{ds}{dt} = |r'(t)|$$

의 관계식을 유도하여라.

2. 변수 t가 $t=0$에서 $t=2$까지 변하였을 때 대응하는 곡선 C의 호의 길이를 구하시오.

(a) $C: r(t)=(\cos t, \sin t, t)$

(b) $C: r(t)=(-1, \frac{t^2}{2}, \frac{t^3}{3})$

3. 평면에서 반지름이 R인 원의 곡률을 구하시오.

4. 포물선 $f(t) = t^2$ 위의 두 점 $(0,0), (\sqrt{2}, 2)$ 에서의 곡률을 구하시오.

5. 9.1절 식 (***)의 결과 $\kappa(t) = \dfrac{|r'(t) \times r''(t)|}{|r'(t)|^3}$ 를 다음과 같은 순서로 증명하시오.

(a) 변수 t에 관계없이 $r(t)$의 크기가 항상 일정하면 $r(t)$와 $r'(t)$는 임의의 t에 대하여 직교(Orthogonal)한다. 즉, 임의의 t에 대해서 $|r(t)| = \alpha$ (α는 상수) 이면 $r(t) \cdot r'(t) = 0$ 임을 보이시오.

(b) $T(t) = \dfrac{r'(t)}{|r'(t)|}$ 와 $\dfrac{ds}{dt} = |r'(t)|$ 를 이용하여 외적 $r'(t) \times r''(t)$ 을 구한다.

(c) 위의 (a) 결과를 이용하여 $|r'(t) \times r''(t)|$ 을 구한다.

(d) 위의 (c)의 결과에서 $|T'(t)|$에 대응하는 식을 구한 뒤 $\kappa = \dfrac{|T'(t)|}{|r'(t)|}$ 를 계산한다.

6. 주어진 함수 $C(t)$가 아래 표의 함수 관계를 만족하는 3차 Spline(Natural Cubic Spline)이 되도록 상수값 $a_1, a_2, a_3, a_4, b_1, b_2, b_3, b_4$ 를 구하시오:

$$C(t) = \begin{cases} a_1 t^3 + a_2 t^2 + a_3 t + a_4, & t \in [-1, 0] \\ b_1 t^3 + b_2 t^2 + b_3 t + b_4, & t \in [0, 2] \end{cases}$$

t	−1	0	2
$C(t)$	0	2	1

7. 크기가 $n \times n$ 인 행렬 A가 가역행렬(Invertible)이면 $\det(A) \neq 0$ 임을 증명하시오. 단, 두 개의 행렬 곱의 행렬식은 각각의 행렬식의 곱이라는 사실을 이용하여라.

8. 9.3절 [정리 2]의 증명 과정을 이용하여 관계식

$$adj(A) \cdot A = \det(A)I$$

을 유도하시오.

9. 크기가 $n \times n$ 인 행렬 A와 $n \times 1$ 행렬 Y에 대해서 행렬 A의 역행렬이 존재하면 행렬 방정식 $AX = Y$ 의 해가 유일하게 존재함을 보이시오.

10. $n \times n$ 크기의 순대각지배(Strictly Diagonally Dominant) 행렬 A는 역행렬을 갖는다는 사실을 증명하시오.

참고문헌

[ATK] K.E. Atkinson, *An introduction to Numerical Analysis*, 2nd Edition, John Wiley & Sons, 1989.

[BIR] G. Birkhoff and G. Rota, *Ordinary differential equations*, Fourth edition, John Wiley & Sons, New York, 1989

[BUR] R.L. Burden and J.D. Faires, *Numerical analysis*, Seventh edition, Brooks/Cole, 2001

[BUT] J.C. Butcher, *"The non-existence of ten-stage eighth-order explicit Runge-Kutta methods"*, BIT 25 (1985), 521-542

[CHA] S.C. Chapra and R.P. Canale, *Numerical Methods for Engineers*, Fifth Edition, McGraw-Hill, 2006

[CHE] W. Cheney, D. Kincaid, *Numerical Mathematics and Computing*, Thomson (Brooks/Cole), 2004.

[FUL] W. Fulks, *Advanced Calculus*, Third edition, John Wiley & Sons, New York, 1978

[HAL] C.A. Hall and T.A. Porsching, *Numerical Analysis of Partial Differential Equations*, Prentice-Hall, 1990

[HAR] P. Hartman, *Ordinary differential equation*, John Wiley & Sons, 1964.

[HIL] F.B. Hildebrand, *Introduction to Numerical Anaylsis*, Mcgraw-Hill, 1956.

[KRE] E. Kreyszig, *Advanced Engineering Mathematics*, John Wiley, 1999.

[LAN] S. Lang, *Linear Algebra*, Third edition, Springer-Verlag, 1987

[MAC] C. C. MacDuffee, *The Theory of matrices*, Corrected Reprint of First Edition, Chelsea Pubishing Company, New York, 1956

[MAG] E.B. Magrab, S. Azarm, B. Balachandran, J. Duncan, K. Herold, G. Walsh, *An Engineer's Guide to Matlab*, Prentice Hall, 2000.

[MAT] *Matlab, Language of Technical Computing*, Mathworks, Inc. (Getting Started with Matlab 7, Symbolic Math Toolbox User's Guide 포함)

[ONE] P. V. O'neil, *Advanced Engineering Mathematics*, Brooks/Cole, 2003.

[RUD] W. Rudin, *Principles of mathematical analysis*, Third edition, Mcgraw-Hill, Auckland, 1976

[STR] D.J. Struik, *Lectures on Classical Differential Geometry*, 2nd Edition, Addison-Wesley, 1957.

[Z1] 김용수, Matlab 입문과 활용, 높이깊이, 2004

[Z2] 김창근, MatLab을 이용한 수치해석, 제 2판, 교우사, 2005.

[Z3] 김창근, Matlab 사용법과 그 응용, 제 2판, 교우사, 2005.

[Z4] 임종수, Matlab 7, 높이깊이, 2007.

정답 및 해설

제1장 연습문제 해답

1. 변수명은 알파벳으로 시작한다. 변수 명 사이에 빈 공간을 허용하지 않는다.

2. (1) B = reshape(A, m, n)

A의 크기를 m행 n열의 행렬 B로 변경한다. A가 $m \times n$ 개의 원소를 가지고 있지 않으면 에러가 생긴다. A의 원소가 B의 원소로 변경될 때 열 우선이다. 즉, A의 원소가 B의 1열, 2열, ...의 순으로 대입된다.

(2)
```
>> mycode = char(reshape(32:127, 32, 3)')
mycode =
 !"#$%&'()*+,-./0123456789:;<=>?
@ABCDEFGHIJKLMNOPQRSTUVWXYZ[\]^_
`abcdefghijklmnopqrstuvwxyz{|}~
```

(3)
```
>> mynum = double(mycode)
mynum =
Columns 1 through 13
  32   33   34   35   36   37   38   39   40   41   42   43   44
  64   65   66   67   68   69   70   71   72   73   74   75   76
  96   97   98   99  100  101  102  103  104  105  106  107  108

Columns 14 through 26
  45   46   47   48   49   50   51   52   53   54   55   56   57
  77   78   79   80   81   82   83   84   85   86   87   88   89
 109  110  111  112  113  114  115  116  117  118  119  120  121
```

```
Columns 27 through 32
  58   59   60   61   62   63
  90   91   92   93   94   95
 122  123  124  125  126  127
```

(4)
```
>> mytest = double('birthday')
      mytest =
          98   105   114   116   104   100    97   121
```

3.
```
>> A = [ 1 2 3; 4 5 6 ]
>> B = cell(size(A))
B =
    []    []    []
    []    []    []
>> C = cell(2,3)
C =
    []    []    []
    []    []    []
```

4.
```
>> md = {'teacher', 'man' ;  'sports', 'football'}
md =
    'teacher'    'man'
    'sports'     'football'
>> ac = {'Elementary', 44, md}
ac =
    'Elementary'    [44]    {2x2 cell}
>> ac{3}
ans =
    'teacher'    'man'
    'sports'     'football'
>> [ac{3}{2,1:2}] = deal('close friends',1)
>> ac{3}
ans =
```

```
'teacher'          'man'
'close friends'    [  1]
```

7. `K1 = 0,  K2 = 0,  K3 = 1, K4 = 11/3`

9.
```
>> MSG = fprintf(' %d is less than %5.2f.',K1,K2)
   MSG = 23
```

10.
```
t =
     1.0000    2.0000    3.0000    4.0000    5.0000
          0    0.6931    1.0986    1.3863    1.6094
 fid = 1
```

```
>> fprintf(fid,'%5.1f %10.2e\n',t)
  1.0  0.00e+000
  2.0  6.93e-001
  3.0  1.10e+000
  4.0  1.39e+000
  5.0  1.61e+000
```

11.
```
>> fprintf('%5s%11s\n','k','log(k)'); fprintf('%5.1f %10.4f\n',t);
    k      log(k)
  1.0     0.0000
  2.0     0.6931
  3.0     1.0986
  4.0     1.3863
  5.0     1.6094
```

제2장 연습문제 해답

1. (1) \int $\int$　　(2) \leq $\leq$　　(3) \partial ∂
   (4) $\neq$ \neq　　(5) $\pm$ \pm　　(6) \in $\in$

2. (1) - solid　　(2) : dotted
   (3) -- dashed　　(4) -. dash-dot

3. % : format의 시작
   - : 왼쪽 정렬
   17 : 총자리수
   5 : 소수점 이하 자리수
   g : 필요하지 않은 0 생략

4. (a)

```
function y = h(x)
  y = sin(x)/sqrt(3);

>> x = pi/2;
>> hvalue = h(x)
```

5.

```
stepsize = 0.1;
 [u, v] = meshgrid(-1:stepsize:1, 0:stepsize:1);
 R = sqrt(u.^2 + v.^2);
 h = sin(R)./R;
 mesh(u,v,h);
```

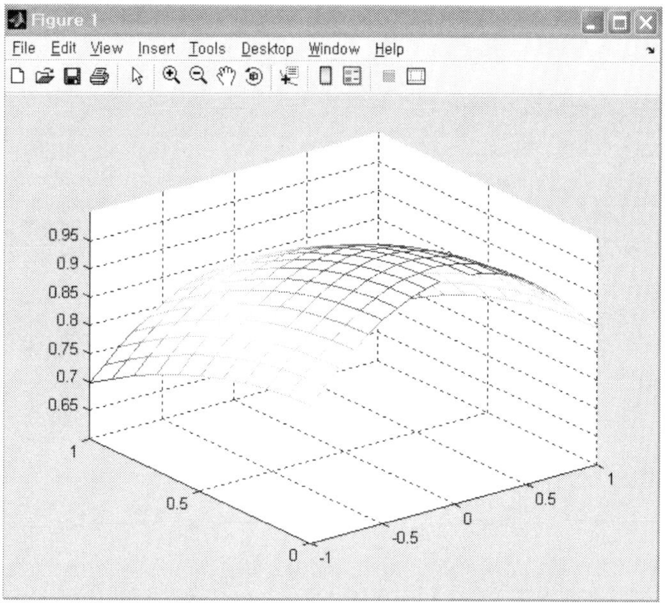

6.

```
function y = ft(x)
y = x.^2;

>> quad(@ft,0,2)
```

7.

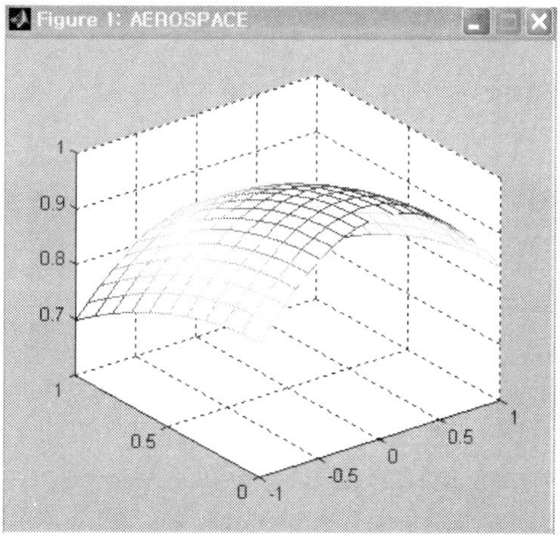

11.
```
>> mh(3,'a','b','c')

  a1 -> c

  a2 -> b
  c1 -> b

  a3 -> c
  b1 -> a

  b2 -> c
  a1 -> c

>>
```

제3장 연습문제 해답

1. (a)

```
fid = fopen('databank.txt','w');
peoplelist{chk,1} = input('\n Type the name =   ','s');
peoplelist{chk,2} = input('\n Type the hobby =   ','s');
peoplelist{chk,3} = input('\n Type the score of math =   ');
fprintf(fid,'%10s%10s%10d\n',peoplelist{chk,1},peoplelist{chk,2},...
peoplelist{chk,3});
fclose(fid)
```

(b)

```
nextfid = fopen('databank.txt','r')
namemath{ind,1} = fscanf(nextfid,'%s',1);
```

```
namemath{ind,2} = fscanf(nextfid,'%s',1);
namemath{ind,3} = fscanf(nextfid,'%d',1);
fclose(nextfid)
```

2.
```
for ind = 1:maxnum-1
    for indj = ind+1:maxnum
        if namemath{ind,5} < namemath{indj,5}
            temp = namemath(ind,:);
            namemath(ind,:) = namemath(indj,:);
            namemath(indj,:) = temp;
        end
    end
end
```

3.
```
function y = averscore(inputdata)
    numinput = length(inputdata);
    y = sum(inputdata)/numinput;
```

4. (a)
```
for ind = 1:maxnum-1
    for indj = ind+1:maxnum
        if namemath{ind,5} < namemath{indj,5}
            [tempnamemath{1,:}]  = ...
             deal(namemath{ind,1},namemath{ind,2},...
             namemath{ind,3}, namemath{ind,4}, namemath{ind,5});
            [namemath{ind,:}] = ...
             deal(namemath{indj,1}, namemath{indj,2}, ...
             namemath{indj,3}, namemath{indj,4}, namemath{indj,5} );
            [namemath{indj,:}] = ...
             deal(tempnamemath{1,1}, tempnamemath{1,2},...
             tempnamemath{1,3},tempnamemath{1,4},tempnamemath{1,5} );
        end
```

```
      end
   end
```

또는 그룹 식 치환으로 변경하면

```
tempnamemath = cell(1, 5);
for ind = 1:maxnum-1
   for indj = ind+1:maxnum
      if namemath{ind,5} < namemath{indj,5}
         [tempnamemath{1,:}]  =  deal(namemath{ind,:});
         [namemath{ind,:}] = deal(namemath{indj,:});
         [namemath{indj,:}] = deal(tempnamemath{1,:}) ;
%
% [   ] = deal(  ) 이용시 위와 같은 그룹 치환을 할 때
% namemath와 tempnamemath에 대해서 셀배열(Cell Array)에 관한
% 정의가 되어 있어야 한다.
%
      end
   end
end
```

(b)

```
avervector = [namemath{:,5}];
%  [ ] 없이  namemath{:, 5} 만 쓰기 쉽다.
[neworder, oldorder] = sort(avervector,'descend');
tempnamemath = cell(maxnum, 5);
for ind=1:maxnum
   [tempnamemath{ind,:}] = deal(namemath{oldorder(ind),:});
end
for ind=1:maxnum
   [namemath{ind,:}] = deal(tempnamemath{ind,:});
end
```

제4장 연습문제 해답

1. (a) Exact solution : $y(t) = t^2(e^t - e)$

(c)

Nodes	Exact	Euler	Error
1.00	0.000000	0.000000	0.000000
1.10	0.345920	0.271828	0.074092
1.20	0.866643	0.684756	0.181887
1.30	1.607215	1.276978	0.330237
1.40	2.620360	2.093548	0.526812
1.50	3.967666	3.187445	0.780221
1.60	5.720962	4.620818	1.100144
1.70	7.963873	6.466396	1.497477
1.80	10.793625	8.809120	1.984505
1.90	14.323082	11.747997	2.575085
2.00	18.683097	15.398236	3.284861

(d)

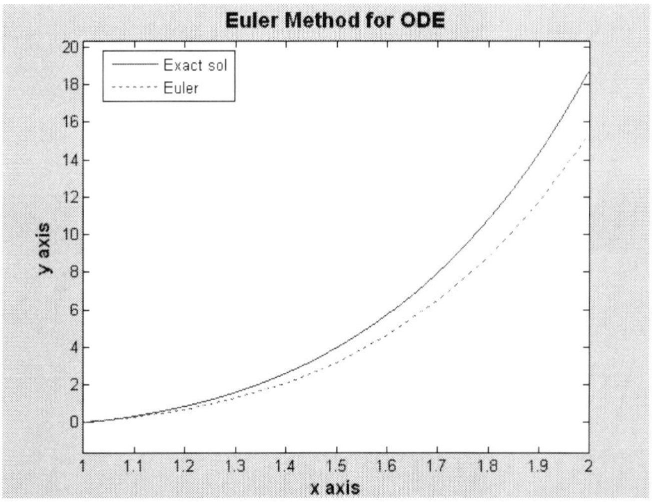

2. (a) $x^2 y' = 1 + y \quad (x \neq 0,\ y \neq -1)$

풀이

주어진 미분 방정식은 변수 분리되어

$$\frac{dy}{1+y} = \frac{dt}{t^2}$$

로 쓸 수 있고 적분하면

$$\ln|1+y| = -\frac{1}{t} + C_1$$

이다(C_1은 상수). 로그 성질을 이용하여 다음 식을 얻는다.

$$|1+y| = e^{C_1} \cdot e^{-\frac{1}{t}}$$

상수 관계식 $C = \pm e^{C_1}$을 이용하여 위의 식은

$$1+y = \pm e^{C_1} \cdot e^{-\frac{1}{t}} = Ce^{-\frac{1}{t}}$$

이 된다. 따라서 일반해는 다음과 같다:

$$y = -1 + Ce^{-\frac{1}{t}}.$$

(b) 선형 미분 방정식 $\quad y' - y = e^{2t}$

풀이

$p(t) = -1$ 이고 $q(t) = e^{2t}$ 이므로

$$\begin{aligned} y(t) &= e^{-\int -1\,dt}\left(\int e^{2t} e^{\int -1\,dt}\, dt + C\right) \\ &= e^{t}\left(\int e^{2t} e^{-t}\, dt + C\right) \\ &= e^{t}\left(\int e^{t}\, dt + C\right) \\ &= e^{2t} + Ce^{t}. \end{aligned}$$

(c) $e^t \sin y - 2t + (e^t \cos y + 1)y' = 0$

풀이

$M = e^t \sin y - 2t$, $N = e^t \cos y + 1$ 일 때

$$\frac{\partial M}{\partial y} = e^t \cos y = \frac{\partial N}{\partial t}$$

이므로 주어진 미분 방정식은 완전 타입이다.

$$\frac{\partial u}{\partial t} = e^t \sin y - 2t \quad \text{와} \quad \frac{\partial u}{\partial y} = e^t \cos y + 1$$

의 두 번째 식으로 부터

$$\begin{aligned} u(t, y) &= \int e^t \cos y + 1\, dy \\ &= e^t \sin y + y + r(t) \end{aligned}$$

을 얻고 변수 t에 관하여 미분한 식은

$$\begin{aligned} \frac{\partial}{\partial t} u(t, y) &= \frac{\partial}{\partial t}(e^t \sin y + y + r(t)) \\ &= e^t \sin y + r'(t) \end{aligned}$$

이다. 위의 결과를 이용하면 $r'(t) = -2t$ 이므로 $r(t) = -t^2$ 이다. 따라서

$$e^t \sin y + y - t^2 = C \qquad (C\text{는 상수})$$

로서 음함수적 표현으로 일반해가 얻어졌다.

(d) $\dfrac{2ty}{y-1} - y' = 0$

풀이

$$\frac{\partial}{\partial y}\left(\frac{2ty}{y-1}\right) \neq 0 = \frac{\partial}{\partial t}(-1)$$

이므로 완전 미분 방정식이 아니다. 주어진 미분 방정식에 적분인자 $k = k(y)$를 곱하면

$$\frac{2tk(y)y}{y-1} - k(y)y' = 0$$

이므로

$$M = \frac{2tk(y)y}{y-1}\ ,\quad N = -k(y)$$

라 하자. 완전 미분 방정식이 되기 위한 필요충분조건 $\dfrac{\partial M}{\partial y} = \dfrac{\partial N}{\partial t}$ 로 부터

$$2t\left(\frac{dk}{dy}\left(\frac{y}{y-1}\right) - k\frac{1}{(y-1)^2}\right) = 0 \qquad (\ t \neq 0\ )$$

이고 이항하여 정리하면

$$\frac{1}{k}\,dk = \frac{1}{y(y-1)}\,dy = \left(-\frac{1}{y} + \frac{1}{y-1}\right)dy$$

이다. 로그의 성질을 이용하여

$$\ln|k| = -\ln|y| + \ln|y-1| = \ln\left|\frac{y-1}{y}\right|,\quad k(y) = \frac{y-1}{y}$$

으로 적분인자가 결정된다. 구한 적분인자 k를 곱한

$$2t\,dt - \left(\frac{y-1}{y}\right)dy = 0$$

은 완전 미분 방정식이 되고

$$\frac{\partial u}{\partial t} = 2t\ ,\quad u(t,y) = t^2 + r(y),$$

$$\frac{\partial u}{\partial y} = r'(y),\ \frac{\partial u}{\partial y} = -\frac{y-1}{y} = \frac{1}{y} - 1$$

로부터

$$r(y) = \ln|y| - y$$

이다. 따라서

$$u(t,y) = t^2 + \ln|y| - y = C \qquad (\ t \neq 0,\ y \neq 0,\ C\text{는 상수}\ )$$

와 같이 일반해가 얻어진다.

(e) Riccati 미분 방정식 $y' = \frac{1}{t}y^2 + \frac{1}{t}y - \frac{2}{t}$

풀이

$y \equiv 1$은 주어진 미분 방정식을 만족한다. 그러므로 변수변환

$y = 1 + \frac{1}{x}$ 로부터

$y' = -\frac{1}{x^2}x'$이 되고 대입하면

$$-\frac{1}{x^2}x' = \frac{1}{t}\left(1+\frac{1}{x}\right)^2 + \frac{1}{t}\left(1+\frac{1}{x}\right) - \frac{2}{t}$$
$$= \frac{1}{t}\left(1+\frac{2}{x}+\frac{1}{x^2}\right) + \frac{1}{t}\left(1+\frac{1}{x}\right) - \frac{2}{t}$$

이다. 정리하면

$$x' + \frac{3}{t}x = -\frac{1}{t}$$

와 같이 선형 미분 방정식을 얻는다.

$$\int \frac{3}{t}\,dt = \ln|t^3| \quad (= \ln t^3 : \text{계산의 단순성을 위하여}),$$
$$\int \left(-\frac{1}{t}\right)e^{\ln t^3}\,dt = -\frac{t^3}{3}$$

이므로 선형 방정식 해법에 의하여

$$x(t) = e^{-\ln t^3}\left(-\frac{t^3}{3} + C\right), \quad t^3 x = -\frac{t^3}{3} + C \quad (\ C\text{는 상수}\ )$$

이다. 따라서 주어진 Riccati 미분 방정식의 일반해는

$$y = 1 + \frac{1}{x} = \frac{3C + 2t^3}{3C - t^3} = \frac{C_1 + 2t^3}{C_1 - t^3} \qquad (\ C_1 = 3C\ )$$

이다.

(f) $y' + ty = ty^2$: $y = \dfrac{1}{1 + Ce^{(t^2/2)}}$

(g) $t^3 y' = t^2 y - y^3$: $y^2 = \dfrac{t^2}{\ln(t^2) + C}$

5. (a) $\cos(t) = 1 - \dfrac{t^2}{2!} + \dfrac{t^4}{4!} - \dfrac{t^6}{6!} + \dots + \dfrac{(-1)^n}{(2n)!} t^{2n} + \dots$

(b) $\tan^{-1}(t) = t - \dfrac{t^3}{3} + \dfrac{t^5}{5} - \dfrac{t^7}{7} + \dots$

풀이

$$f(t) = \tan^{-1}(t),\ f'(t) = \frac{1}{1+t^2} = \frac{i}{2(t+i)} - \frac{i}{2(t-i)}$$

$$f^{(n)}(t) = \frac{(n-1)!(-1)^{n-1} i}{2} \left(\frac{1}{(t+i)^n} - \frac{1}{(t-i)^n} \right),$$

$$f^{(n)}(0) = \frac{(n-1)!(-1)^{n-1}}{2 i^{n-1}} \left(1 - (-1)^n\right)$$

n	1	2	3	4	5	6	7	8	9	10
$f^{(n)}(0)$	1	0	−2!	0	4!	0	−6!	0	8!	0

$$\tan^{-1}(t) = f(0) + f^{(1)}(0) + \frac{f^{(2)}(0)}{2!} t^2$$

$$+ \frac{f^{(3)}(0)}{3!} t^3 + \frac{f^{(4)}(0)}{4!} t^4 + \frac{f^{(5)}(0)}{5!} t^5 + \frac{f^{(6)}(0)}{6!} t^6 + \frac{f^{(7)}(0)}{7!} t^7 + \dots$$

(c) $\ln(t) = \displaystyle\sum_{k=1}^{n} \frac{(-1)^{k+1}}{k} (t-1)^n$

$f(t) = \ln(t)$ 일 때

$$f(t) = \sum_{k=0}^{n} \frac{f^{(k)}(1)}{k!}(t-1)^k, \quad f^{(k)}(1) = (-1)^{k+1}(k-1)!$$

6. (a) 4차

$$e^{-t} = \sum_{k=0}^{n} \frac{(-1)^k t^k}{k!} = 1 - t + \frac{t^2}{2!} - \frac{t^3}{3!} + \frac{t^4}{4!} - \dots$$

$$P_4(t) = 1 - t + \frac{t^2}{2!} - \frac{t^3}{3!} + \frac{t^4}{4!},$$

$$P_4\left(\frac{1}{2}\right) \approx 0.606770833, \ e^{-1/2} = 0.606530659$$

(b) 1차

$$f(t) = t^{1/4}, \quad f^{(1)}(t) = \frac{1}{4}t^{-3/4},$$

$$f^{(2)}(t) = -\frac{3}{16}t^{-7/4}, \ f^{(3)}(t) = -\frac{21}{64}t^{-11/4}$$

중심 81에 대한 Taylor 급수는 $f(t) = \sum_{k=0}^{\infty} \frac{f^{(k)}(81)}{k!}(t-81)^k$

$(83)^{1/4} = f(83) = 3 + \frac{1}{2 \cdot 3^3} - \frac{1}{8 \cdot 3^6} + \frac{1}{16 \cdot 3^{11}} - \dots$ 에서

$$\left|(83)^{1/4} - \left[3 + \frac{1}{2 \cdot 3^3}\right]\right| < 0.001$$

8. 함수 $f(u) = e^u$에 Taylor 정리(중심 0)를 적용하면

$$e^u = 1 + u + \frac{u^2 e^{\xi}}{2}$$

를 만족하는 점 ξ가 0와 u 사이에 존재한다. 그러므로

$$0 \le 1 + u \le 1 + u + \frac{u^2 e^{\xi}}{2} = e^u$$

m은 양수이므로 $0 \le (1+u)^m \le (e^u)^m = e^{mu}$ 이다.

9. 부등식 $a_{i+1} \le (1+s)a_i + v$을 반복 적용하면

$$
\begin{aligned}
a_{i+1} &\le (1+s)a_i + v \\
&\le (1+s)[(1+s)a_{i-1} + v] + v \\
&\le (1+s)[(1+s)[(1+s)a_{i-2} + v] + v] + v \\
&\vdots \\
&\le (1+s)^{i+1}a_0 + [1 + (1+s) + (1+s)^2 + \dots + (1+s)^i]v
\end{aligned}
$$

이다. 또한

$$1 + (1+s) + (1+s)^2 + \dots + (1+s)^i = \frac{(1+s)^{i+1} - 1}{(1+s) - 1} = \frac{(1+s)^{i+1} - 1}{s}$$

이므로

$$a_{i+1} \le (1+s)^{i+1}a_0 + \frac{(1+s)^{i+1} - 1}{s}v = (1+s)^{i+1}\left(a_0 + \frac{v}{s}\right) - \frac{v}{s}$$

이다. 4.2절 **Remark 2** 에서 $u = s$, $m = i+1$를 적용하면

$$a_{i+1} \le e^{(i+1)s}\left(a_0 + \frac{v}{s}\right) - \frac{v}{s}$$

의 부등식을 얻는다.

제5장 연습문제 해답

1. (c) 2차 Taylor Method의 근사값은 Euler Method의 근사값에 비하여 상대적으로 정확한 값이 얻어 졌기 때문에 이론해(Exact Solution)와 거의 겹쳐 보인다.

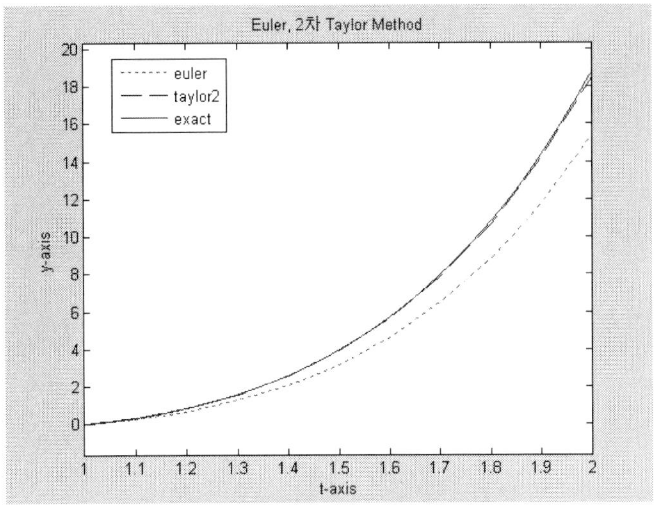

(f)

Nodes	Exact	Euler	Error_E	Taylor2	Error_T2
1.00	0.00000	0.00000	0.00000	0.00000	0.00000
1.10	0.34592	0.27183	0.07409	0.33979	0.00613
1.20	0.86664	0.68476	0.18189	0.85214	0.01450
1.30	1.60722	1.27698	0.33024	1.58177	0.02545
1.40	2.62036	2.09355	0.52681	2.58100	0.03936
1.50	3.96767	3.18745	0.78022	3.91098	0.05668
1.60	5.72096	4.62082	1.10014	5.64308	0.07788
1.70	7.96387	6.46640	1.49748	7.86038	0.10349
1.80	10.79362	8.80912	1.98450	10.65951	0.13411
1.90	14.32308	11.74800	2.57508	14.15268	0.17040
2.00	18.68310	15.39824	3.28486	18.46999	0.21310

3. (a)

```
>> dsolve('Dy = y - t^2 + 1','y(0) = 1/2')
ans = 1+t^2+2*t-1/2*exp(t)
>> pretty(ans)
                         2
                    1 + t  + 2 t - 1/2 exp(t)
```

(b)

```
>> dsolve(' t*Dy-4*y = t^6*exp(t)', 'y(1) = 0')
ans = t^5*exp(t)-t^4*exp(t)
```

(c)

```
>> dsolve('D3y + Dy = 2*sin(t)','y(0)=1,Dy(0)=1,D2y(0)=-1')
ans = -cos(t)-sin(t)*t+2+sin(t)
```

(d)

```
>> dsolve('D3y - 6*D2y + 11*Dy - 6*y = 0')
ans = C1*exp(t)+C2*exp(2*t)+C3*exp(3*t)
```

(e)

```
>> dsolve('t^2*D2y-5*t*Dy+8*y-24=0','y(1)=3, y(2)=1')
ans = 3+1/6*t^2-1/6*t^4
```

(f)

```
>> [y1, y2] = dsolve('Dy1 + Dy2 = exp(t)', 'Dy1 + y1 + y2 = 1')
y1 = C1-t*C1-t*C2+t-exp(t)
y2 = t*C1+C2+t*C2-t+2*exp(t)
```

(g)

```
>> [y1, y2] = dsolve('Dy1 - y1 + 2*y2 = 4*cos(t) - 2*sin(t)', ...
                 'Dy2-3*y1+4*y2 = 5*cos(t) - 5*sin(t)', ...
                 'y1(0)=1, y2(0)=2')
y1 = cos(t)+sin(t)
y2 = 2*cos(t)
```

제6장 연습문제 해답

1. (b) 위의 (a) 결과에서 $h = 0.1, t_i = 0.1i$ 를 대입하여 아래의 표를 구한다.

Nodes	Exact	Midpoint	Error_M	Taylor2	Error_T2
1.00	0.00000	0.00000	0.00000	0.00000	0.00000
1.10	0.34592	0.34094	0.00498	0.33979	0.00613
1.20	0.86664	0.85491	0.01173	0.85214	0.01450
1.30	1.60722	1.58671	0.02051	1.58177	0.02545
1.40	2.62036	2.58881	0.03155	2.58100	0.03936
1.50	3.96767	3.92253	0.04514	3.91098	0.05668
1.60	5.72096	5.65939	0.06157	5.64308	0.07788
1.70	7.96387	7.88269	0.08118	7.86038	0.10349
1.80	10.79362	10.68931	0.10431	10.65951	0.13411
1.90	14.32308	14.19171	0.13137	14.15268	0.17040
2.00	18.68310	18.52031	0.16278	18.46999	0.21310

(c) 명령어 plot.m을 이용하여 아래의 그래프를 구한다.

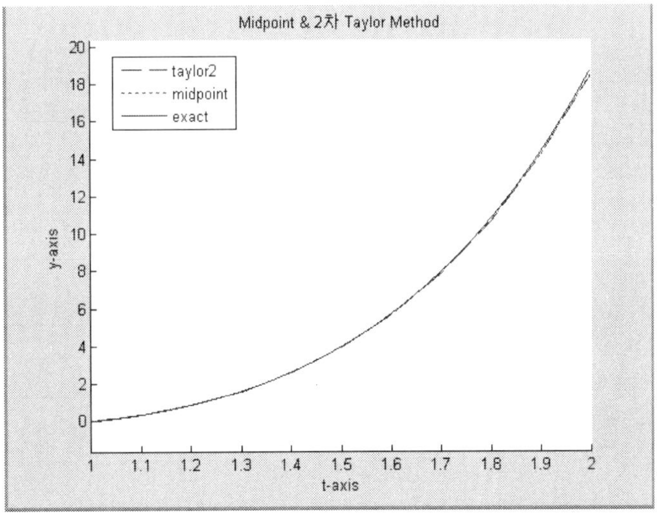

부분적으로 확대하면 다음과 같다:

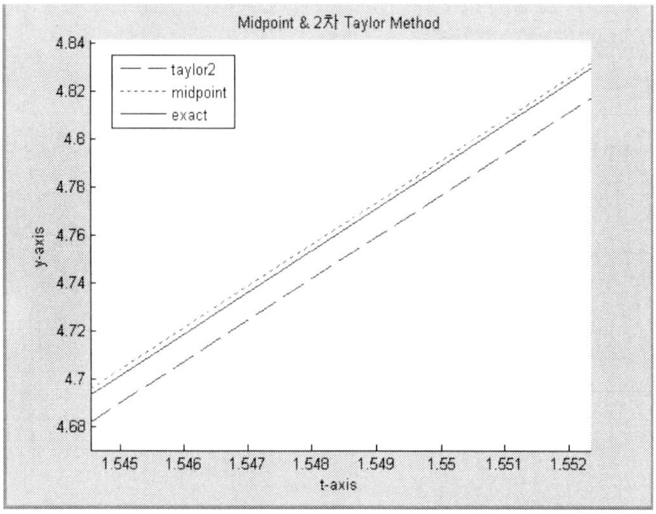

2. (a) $e^t \ln(1+y) \approx y + \dfrac{(2ty - y^2)}{2}$

(b) $$\sin t \sin y \approx f(0,0) + (tf_t(0,0) + yf_y(0,0)) + \frac{1}{2}(t^2 f_{tt}(0,0) + 2ty f_{ty}(0,0) + y^2 f_{yy}(0,0)) = ty$$

(c) $te^y \approx t + ty + \dfrac{ty^2}{2}$

(d) $1/(1-t-y) \approx 1 + t + y + (t+y)^2 + (t+y)^3$

3. $|f(0.1, 0.1) - P_2(0.1, 0.1)| < 0.002$

6. (a)

```
>> syms k
>> s1 = symsum(1/k^2,1,inf)
```

(b)

```
>> syms x k
>> s2 = symsum(x^k,k,0,inf)
```

(c)

```
>> syms x
>> expt5 = taylor(exp(x),5,0)
>> pretty(expt5)
```

(d)

```
>> syms x
>> tcone =taylor(exp(x),5,1)
tcone =
exp(1)+exp(1)*(x-1)+1/2*exp(1)*(x-1)^2+1/6*exp(1)*(x-1)^3+1/24*exp(1)*
(x-1)^4
```

제7장 연습문제 해답

2. (a)

tvalue	Rvalue	RK4	Error
1.000	0.00000000	0.00000000	0.00000000
1.100	0.34591988	0.34591029	0.00000959
1.200	0.86664254	0.86662169	0.00002084
1.300	1.60721508	1.60718135	0.00003373
1.400	2.62035955	2.62031131	0.00004825
1.500	3.96766629	3.96760190	0.00006440
1.600	5.72096153	5.72087932	0.00008220
1.700	7.96387348	7.96377179	0.00010169
1.800	10.79362466	10.79350178	0.00012288
1.900	14.32308154	14.32293573	0.00014581
2.000	18.68309708	18.68292657	0.00017051

(c)

tvalue	Rvalue	RK4 h=0.100	Error	Midpoint h=0.050	Error	Euler h=0.025	Error
1.000	0.00000000	0.00000000	0.00000000	0.00000000	0.00000000	0.00000000	0.00000000
1.100	0.34591988	0.34591029	0.00000959	0.34457926	0.00134062	0.32547330	0.02044658
1.200	0.86664254	0.86662169	0.00002084	0.86349049	0.00315204	0.81653158	0.05011096
1.300	1.60721508	1.60718135	0.00003373	1.60172028	0.00549480	1.51639394	0.09082114
1.400	2.62035955	2.62031131	0.00004825	2.61192539	0.00843416	2.47574250	0.14461705
1.500	3.96766629	3.96760190	0.00006440	3.95562541	0.01204088	3.75388487	0.21378142
1.600	5.72096153	5.72087932	0.00008220	5.70456955	0.01639198	5.42008731	0.30087422
1.700	7.96387348	7.96377179	0.00010169	7.94230190	0.02157157	7.55510222	0.40877125
1.800	10.79362466	10.79350178	0.00012288	10.76595281	0.02767185	10.25291714	0.54070752
1.900	14.32308154	14.32293573	0.00014581	14.28828750	0.03479403	13.62275554	0.70032600
2.000	18.68309708	18.68292657	0.00017051	18.64004751	0.04304957	17.79136450	0.89173258

4. (a)

```
>> g = inline('2*t^3 + 1')
g =
    Inline function:
    g(t) = 2*t^3 + 1
>> f = inline('t^2+2*sin(t)*exp(y)','t','y')
f =
    Inline function:
    f(t,y) = t^2+2*sin(t)*exp(y)
```

(b)

```
>> feval(g, 1)   ( 또는 g(1) )
ans =  3
>> feval(f,1,2)   ( 또는 f(1,2) )
ans =  13.4354
```

(c) 참고사항: 3절 **표 1** 의 결과를 얻기 위하여 프로그램 실행 시 명령어 inputdlg.m의

사용으로 다음과 같은 윈도우 창이 나타나게 할 수 있다.

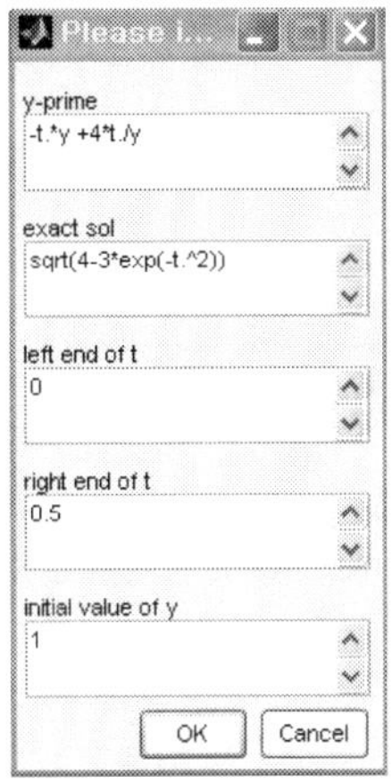

5. (a)

```
>> findsym(f)
ans = n, t
>> findsym(g)
ans = a, t, y
```

(b)

```
>> subs(h,2)
ans =  20
>> subs(g,t,7)
ans = cos(a+7*y)
```

(c)

```
>> findsym(g,1)
ans = y
```

6. (a)

```
>> AB = eval('A+B')
AB =  47.4547
```

(b)

```
>> M = [ 1 6 8 2 ;  8 2 3 9 ]
mrow =   2
mcol =   4
```

제8장 연습문제 해답

1. $S(t)$는 1차 Spline의 정의를 만족한다. 매듭은 -3, 1, 2, 4이다.

2. 주어진 Q는 각각의 구간에서 조각적 다항식(최대 2차)이다. 또한 Q, Q' 가 정의역 $[-3, 4]$에서 연속이다. 정의역 $[-3, 4]$에서 그림을 그려보면 연속이 되는 것을 알 수 있다. 2차 Spline의 3가지 조건 모두를 만족하므로 Q는 2차 Spline이다.

3. 참고서적 [LAN] VI, 5 절 (정리 5.3) 내용을 참조하시오.

4. 본문 8.3절에 있는 **프로그램 1** 과 Symbolic 변수를 이용하시오.
   (b) 명령어 subs.m과 double.m을 이용하시오.

5. 8.3절 내용을 참고하여 Command Window에서 다음과 같이 실행한다.

```
>> x = [ 0 1 2 3 4 ];
>> y = [ 2.3 3.3 1.9 4.2 3.7]
>> quadspline(x,y)

Q(0) = -t^2+2*t+23/10
Q(1) = -7/5*(t-1)^2+33/10
Q(2) = 51/10*(t-2)^2-14/5*t+15/2
Q(3) = -79/10*(t-3)^2+37/5*t-18
```

7.

```
>> A = { [1 2],'Aerospace'; 'DinnerPizza',2020}
```

```
>> cellplot(A,'legend')
```

8.

결과 1

```
 Type the test scores of Math, English, Music in order!

 Subject #1  Type the test score  =  70
 Subject #2  Type the test score  =  80
 Subject #3  Type the test score  =  90

 These are your test scores:

  Math = 90
  Eng = 90
  Mus = 90

 Your average = 90.00
>>
```

결과 2

```
 Type the test scores of Math, English, Music in order!

 Subject #1  Type the test score  =  95
 Subject #2  Type the test score  =  93
 Subject #3  Type the test score  =  97

 These are your test scores:

  Math = 95
  Eng = 93
  Mus = 97
```

```
Your average = 95.00
>>
```

제9장 연습문제 해답

1. $\triangle x = x(t_0 + \triangle t) - x(t_0)$, $\triangle y = y(t_0 + \triangle t) - y(t_0)$,
$\triangle z = z(t_0 + \triangle t) - z(t_0)$ 일 때

$$\triangle L = \sqrt{(\triangle x)^2 + (\triangle y)^2 + (\triangle z)^2}$$

이다. 따라서

$$\begin{aligned}\frac{\triangle s}{\triangle t} &= \frac{\triangle s}{\triangle L}\frac{\triangle L}{\triangle t} \\ &= \frac{\triangle s}{\triangle L}\frac{\sqrt{(\triangle x)^2 + (\triangle y)^2 + (\triangle z)^2}}{\triangle t} \\ &= \frac{\triangle s}{\triangle L}\sqrt{\left(\frac{\triangle x}{\triangle t}\right)^2 + \left(\frac{\triangle y}{\triangle t}\right)^2 + \left(\frac{\triangle z}{\triangle t}\right)^2}\end{aligned}$$

이므로 조건식

$$\lim_{\triangle t \to 0}\frac{\triangle s}{\triangle L} = 1$$

을 이용하면

$$\begin{aligned}\frac{ds}{dt} &= \lim_{\triangle t \to 0}\frac{\triangle s}{\triangle t} \\ &= \lim_{\triangle t \to 0}\frac{\triangle s}{\triangle L}\sqrt{\left(\frac{\triangle x}{\triangle t}\right)^2 + \left(\frac{\triangle y}{\triangle t}\right)^2 + \left(\frac{\triangle z}{\triangle t}\right)^2} \\ &= \sqrt{\left(\frac{dx}{dt}\right)^2 + \left(\frac{dy}{dt}\right)^2 + \left(\frac{dz}{dt}\right)^2} \quad = |r'(t)|\end{aligned}$$

3. C: $r(t) = (R\cos t, R\sin t)$ 일 때

$$r'(t) = (-R\sin t, R\cos t), \ |r'(t)| = R$$

$$T(t) = \frac{r'(t)}{|r'(t)|} = (-\sin t, \cos t), \quad T'(t) = (-\cos t, -\sin t)$$

$$\kappa = \frac{|T'(t)|}{|r'(t)|} = \frac{1}{R}$$

4. $f(t) = t^2$, $\kappa(t) = \dfrac{|f''(t)|}{[1+(f'(t))^2]^{3/2}} = \dfrac{2}{[1+4t^2]^{3/2}}$

곡률 $\kappa(0) = 2$, $\kappa(\sqrt{2}) = \dfrac{2}{27}$

5. (a)

$$\alpha^2 = |r(t)|^2 = r(t) \cdot r(t)$$

$$0 = \frac{d}{dt}(r(t) \cdot r(t)) = 2\,r(t) \cdot r'(t)$$

$$r(t) \cdot r'(t) = 0$$

이므로 $r(t)$와 $r'(t)$는 임의의 t에 대하여 직교한다.

(b)-(d)

$$T(t) = \frac{r'(t)}{|r'(t)|} \text{ 와 } \frac{ds}{dt} = |r'(t)| \text{ 에서}$$

$$r'(t) = |r'(t)|\,T(t) = \frac{ds}{dt}T(t) \text{ 이므로}$$

$$r''(t) = \frac{d^2s}{dt^2}T(t) + \frac{ds}{dt}T'(t)$$

$$r'(t) \times r''(t) = \frac{ds}{dt}T(t) \times \left(\frac{d^2s}{dt^2}T(t) + \frac{ds}{dt}T'(t)\right)$$

$$= \left(\frac{ds}{dt}\right)^2 (T(t) \times T'(t))$$

$$|r'(t) \times r''(t)| = \left(\frac{ds}{dt}\right)^2 |T(t) \times T'(t)|$$

$$= \left(\frac{ds}{dt}\right)^2 |T(t)||T'(t)|\sin(\pi/2)$$

$$= \left(\frac{ds}{dt}\right)^2 |T'(t)|$$

$$|T'(t)| = \frac{|r'(t) \times r''(t)|}{\left(\frac{ds}{dt}\right)^2} = \frac{|r'(t) \times r''(t)|}{|r'(t)|^2}$$

그러므로 $\kappa = \frac{|T'(t)|}{|r'(t)|} = \frac{|r'(t) \times r''(t)|}{|r'(t)|^3}$

6. 표에 주어진 함수관계를 만족하여야 하므로

$$a_4 = C_0(0) = 2,\ b_4 = C_1(0) = 2$$
$$0 = C(-1) = C_0(-1) = -a_1 + a_2 - a_3 + 2$$
$$1 = C(2) = C_1(2) = 8b_1 + 4b_2 + 2b_3 + 2$$

내부 매듭점 $x = 0$에서 $C^{(1)}$이 연속하기 위하여

$$C_0^{(1)}(x) = 3a_1x^2 + 2a_2x + a_3,$$
$$C_1^{(1)}(x) = 3b_1x^2 + 2b_2x + b_3$$

에 조건 $C_0^{(1)}(0) = C_1^{(1)}(0)$을 적용하면 $a_3 = b_3$이다. 내부 매듭점 $x = 0$에서 $C^{(2)}$이 연속하기 위하여

$$C_0^{(2)}(x) = 6a_1x + 2a_2,$$
$$C_1^{(2)}(x) = 6b_1x + 2b_2$$

에 조건 $C_0^{(2)}(0) = C_1^{(2)}(0)$을 적용하여 $a_2 = b_2$이다. 또한 경계치 조건식

$$0 = C_0^{(2)}(-1) = -6a_1 + 2a_2,$$
$$0 = C_1^{(2)}(2) = 12b_1 + 2b_2$$

로부터 방정식 $a_2 = 3a_1$와 $b_2 = -6b_1$이 얻어진다. 조건의 결과를 연립하여 풀면 즉, 방정식 $8b_1 + 4b_2 + 2b_3 = -1$에서

$$-\frac{4}{3}a_2 + 4a_2 + a_3 = -1$$

를 얻는다. 정리된 방정식 $\frac{8}{3}a_2 + a_3 = -1$ 에 $a_2 = 3a_1$ 을 이용하여 $8a_1 + a_3 = -1$ 을 얻는다. 한 편,

$$0 = C(-1) = C_0(-1) = -a_1 + a_2 - a_3 + 2$$

에 방정식 $a_2 = 3a_1$ 을 이용하여 $2a_1 - a_3 = -2$ 이 된다. 연립하여 a_1, a_3 의 값을 결정 후 나머지 변수 값을 구할 수 있다.

7. 두 개의 행렬 곱의 행렬식은 각각의 행렬식의 곱이라는 사실을 이용하여

$$\begin{aligned} 1 &= \det(I) \quad (\ I\text{는 항등행렬}\ ) \\ &= \det(AA^{-1}) \quad (\ A\text{는 가역행렬}\ ) \\ &= \det(A)\det(A^{-1}) \end{aligned}$$

이므로 $\det(A) \neq 0$ 이다.

8. $adj(A) \cdot A = D = (d_{ij})$ 일 때

$$D = \begin{pmatrix} A_{11} & A_{21} & \dots & A_{j1} & \dots & A_{n1} \\ A_{12} & A_{22} & \dots & A_{j2} & \dots & A_{n2} \\ \vdots & \vdots & & \vdots & & \vdots \\ A_{1i} & A_{2i} & \dots & A_{ji} & \dots & A_{ni} \\ \vdots & \vdots & & \vdots & & \vdots \\ A_{1n} & A_{2n} & \dots & A_{jn} & \dots & A_{nn} \end{pmatrix} \begin{pmatrix} a_{11} & a_{12} & \dots & a_{1j} & \dots & a_{1n} \\ a_{21} & a_{22} & \dots & a_{2j} & \dots & a_{2n} \\ \vdots & \vdots & & \vdots & & \vdots \\ a_{i1} & a_{i2} & \dots & a_{ij} & \dots & a_{in} \\ \vdots & \vdots & & \vdots & & \vdots \\ a_{n1} & a_{n2} & \dots & a_{nj} & \dots & a_{nn} \end{pmatrix}$$

이 때 D의 i-행, j-열 위치의 성분 d_{ij} 은 다음과 같다:

$$d_{ij} = (A_{1i}\, A_{2i} \cdots A_{ni}) \cdot \begin{pmatrix} a_{1j} \\ a_{2j} \\ \vdots \\ a_{nj} \end{pmatrix}$$

$$= A_{1i}a_{1j} + A_{2i}a_{2j} + \ldots + A_{ni}a_{nj}$$

$$= \begin{cases} \det(A) & \text{if } i = j \\ 0 & \text{if } i \neq j \end{cases}$$

위의 식의 결과로부터 $adj(A) \cdot A = \det(A)I$ (I는 항등행렬)이다.

10. 만약에 A의 역행렬이 존재하지 않는다고 가정하여 보자. 행렬 방정식 $AX = O$는 영벡터가 아닌 해 $\widetilde{X}$를 갖는다. 즉, $A\widetilde{X} = O$ ($\widetilde{X} \neq O$)
$\widetilde{X}$는 영벡터가 아니므로 0이 아닌 성분이 존재한다. 따라서 다음과 같이 성분의 절대값 중에 가장 큰 성분의 첨자를 m이라 하자:

$$0 < |\widetilde{x_m}| = \max_{1 \le j \le n} |\widetilde{x_j}|$$

각각의 $i = 1, 2, \ldots, n$에 대해서

$$\sum_{j=1}^{n} a_{ij}\widetilde{x_j} = 0$$

이므로

$$a_{mm}\widetilde{x_m} = -\sum_{\substack{j=1 \\ j \neq m}}^{m} a_{mj}\widetilde{x_j}$$

위 식의 양변에 절대값을 작용시키고 정리하면

$$|a_{mm}\widetilde{x_m}| = \left|\sum_{\substack{j=1 \\ j \neq m}}^{m} a_{mj}\widetilde{x_j}\right| \le \sum_{\substack{j=1 \\ j \neq m}}^{m} |a_{mj}||\widetilde{x_j}|$$

이다. 계속하여 위 식의 양변을 $|\widetilde{x_m}|$으로 나누면

$$|a_{mm}| \le \sum_{\substack{j=1 \\ j \neq m}}^{m} |a_{mj}| \frac{|\widetilde{x_j}|}{|\widetilde{x_m}|} \le \sum_{\substack{j=1 \\ j \neq m}}^{m} |a_{mj}|$$

위의 부등식은 행렬 A가 순대각지배 행렬의 정의에 모순이 된다. 그러므로 행렬 방정식 $AX = O$은 유일해 영벡터 O를 가진다. 즉, A는 역행렬을 갖는다.

찾아보기

(ㄱ)

(ㄴ)

(ㄷ)

(ㄹ)

(ㅁ)

(ㅂ)

(ㅅ)

(ㅇ)

(ㅈ)

(ㅊ)

(ㅍ)

(E)

(F)

(G)

(H)

(I)

(K)

(L)

(M)

(N)

(O)

(P)

(Q)

(R)

저자약력

김 경 중

현재 한국항공대학교 교수
서울대학교 Post-Doc
Katholieke Leuven University Post-Doc(Belgium)
연세대학교 Ph.D

MATLAB과 응용

2010년 8월 1일 초판 인쇄
2010년 8월 5일 초판 발행

지은이 / 김경중
펴낸이 / 오판근
펴낸곳 / 교우사

주　소 / 서울 동대문구 제기2동 148-19
전　화 / 925-2861(代), 편집부 / 925-2825
팩　스 / 925-2860

E-mail / kyowoo@kyowoo.co.kr
http://www.kyowoo.co.kr

출판등록 / 1994. 3. 24 제6-0256호

ISBN 978-89-8172-857-1 (93410)

값 20,000 원